Im Anfang war der Urknall!?

Hanspeter Heinz
Manfred Negele
Manfred Riegger (Hg.)

Im Anfang war der Urknall!?

Kosmologie und Weltentstehung. Naturwissenschaft und Theologie im Gespräch

VERLAG FRIEDRICH PUSTET · REGENSBURG

Bibliografische Information Der Deutschen Bibliothek

Die Deutsche Bibliothek verzeichnet diese Publikation in der Deutschen Nationalbibliografie; detaillierte bibliografische Daten sind im Internet über http://dnb.ddb.de abrufbar.

www.pustet.de

ISBN 3-7917-1979-3

Umschlaggestaltung: Atelier Seidel, Neuötting
Druck und Bindung: Friedrich Pustet, Regensburg
Printed in Germany 2005

Inhalt

Vorwort

> „Ich habe den tollen Einfall, die ganze materielle Welt, alles was wir heute von den Erscheinungen der Himmelsräume, von den Nebelsternen bis zur Geographie der Moose auf den Granitfelsen wissen, alles in einem Werke darzustellen, und in einem Werke, das zugleich in lebendiger Sprache anregt und das Gemüt ergötzt. Jede große und wichtige Idee, die irgendwo aufglimmt, muss neben den Tatsachen hier verzeichnet sein.“

Mit diesen Worten beschreibt der große Naturforscher und Universalgelehrte Alexander von Humboldt die Bedeutung des „Kosmos“, in der gleichnamigen Erstausgabe, die zwischen 1845 bis 1862 erschienen ist. Er lässt Muschelverkalkungen und Sternschnuppen vom Ursprung der Welt erzählen, berichtet von Schwarzen Löchern, fernen Kometen, der bezaubernden Schönheit der Tropen und des Eismeers. Er zeigt uns das Staunen und weckt die Lust weiterzufragen.

Im Unterschied zu Humboldts klassischem Werk für Gelehrte bietet das vorliegende Buch unter weitgehendem Verzicht auf wissenschaftliche Fachsprachen eine Einführung in neuere Forschungen über Kosmologie und Weltentstehung. Es präsentiert aktuelle unterschiedliche Zugänge und Thesen von Natur- und Geisteswissenschaften, bringt sie miteinander ins Gespräch und will zum Weiterfragen anregen, nicht zuletzt im Blick auf den schulischen Religionsunterricht.

Der vorliegende Band dokumentiert die Vorträge der Interdisziplinären Tage, die die Katholisch-Theologische Fakultät Augsburg im November 2004 veranstaltet hat. Die Interdisziplinären Tage gehen auf eine studentische Initiative vor 25 Jahren zurück. Studierende der Fakultät waren in der Themenwahl, der Programmgestaltung und Organisation stets federführend beteiligt.

Der Titel „Im Anfang war der Urknall…!?“ erinnert an die ersten Worte der Bibel, welche die Schöpfungserzählungen einleiten. Diese Formulierung legt nahe, dass jüdisch-christliche bzw. religiöse Schöpfungsvorstellungen heute durch naturwissenschaftliche Erklärungsversuche über den Anfang der Welt, besonders die Urknalltheorie, ersetzt werden. Den naturwissenschaftlichen Theorien trauen viele Menschen ein größeres Antwortpotential als religiösen Traditionen zu. Zweifellos spielen Naturwissenschaften in modernen westlichen Gesellschaften eine im historischen und interkulturellen Vergleich überaus wichtige Rolle. Verschiedene Aspekte dieser naturwissenschaftlichen Gesellschaftsprägung werden in diesem Band beleuchtet. Doch wie Wittgenstein schon feststellte, sind mit naturwissenschaftlichen Forschungen die Probleme des Lebens noch nicht gelöst.

Auf die Urfrage der Menschen aller Zeiten nach Weltentstehung und Kosmologie werden aus vielen Perspektiven Antworten in Form von elementarem Wissen und in verständlicher Sprache vorgestellt.

Für eine konstruktive Auseinandersetzung zwischen Naturwissenschaften und Theologie ist es wichtig, das Selbstverständnis und Erkenntnisweisen dieser Disziplinen offenzulegen. Zuerst ist die Art und Weise (Methode) herauszustellen, wie die jeweiligen Wissenschaften mit ihren Inhalten umgehen. Denn von der sachbezogenen, rückwärtsblickenden Perspektive der Naturwissenschaften, die sich v. a. durch Beobachtung und Experiment auszeichnet, ist die Theologie dadurch zu unterscheiden, dass sie vornehmlich nach dem Sinn fragt (Erfahrung und Deutung) und deshalb bei der Frage nach dem Anfang zurück *und* zugleich nach vorne blickt. Während die Sprache der Naturwissenschaften auf Klassifizierungen und Formeln setzt (Urknall, Kosmogonie, Kosmologie), sind zwar auch in der Theologie Begriffe vonnöten, doch wird v. a. „erzählt“, dass Gott Himmel und Erde schafft und erhält. In Erzählungen ist der Symbolgehalt von entscheidender Bedeutung. Wenngleich sowohl in den Naturwissenschaften als auch in der Theologie in der Theoriebildung eine Systematisierung angestrebt wird, ist doch die Theologie im Unterschied zu den Naturwissenschaften immer auf den Glauben verwiesen. Diese kurze Verhältnisbestimmung mag davor bewahren, mit einer falschen Brille beide Wissenschaften zu beurteilen.

Im ersten und zweiten Teil des Bandes werden naturwissenschaftliche und theologisch-philosophische Grundgedanken kontrastiert und miteinander ins Gespräch gebracht. Nach dieser Grundlegung eröffnet der dritte Teil den Bereich der ästhetisch-praktischen Vermittlung unter anderem auf den Gebieten der Kunst (der Musikwissenschaft) und des schulischen Religionsunterrichts. Unter Achtung der Differenzen zwischen den Disziplinen wird so eine konstruktive Begegnung ermöglicht.

Mit dieser Konzeption hebt sich der vorliegende Band von anderen Projekten ab, denn er weiß sich der Humboldtschen Tradition verpflichtet.

Wir danken den Autorinnen und Autoren für ihre Beiträge, die ihre jeweilige Meinung wiedergeben, und ganz besonders dem Bistum Augsburg für den großzügigen Druckkostenzuschuss.

Augsburg, im Mai 2005

Hanspeter Heinz
Manfred Negele
Manfred Riegger

Naturwissenschaftliche Grundlegung

Die Welt und ich – Wir beide

Die Idee der Komplementarität und das Verhältnis der Wissenschaften

Ernst Peter Fischer

In dem Augsburger Interdisziplinären Gespräch zwischen Naturwissenschaft und Theologie bzw. zwischen Rationalität und Religiosität soll es um die Frage gehen, ob die Welt eine Schöpfung Gottes ist, wie es in der Bibel steht und was in der Zürcher Übersetzung so klingt:

> „Im Anfang schuf Gott den Himmel und die Erde. Die Erde war aber wüst und öde, und Finsternis lag auf der Urflut, und der Geist Gottes schwebte über den Wassern. Und Gott sprach: Es werde Licht! Und es ward Licht. Und Gott sah, dass das Licht gut war, und Gott schied das Licht von der Finsternis. Und Gott nannte das Licht Tag, und die Finsternis nannte er Nacht. Und es ward Abend und es ward Morgen: ein erster Tag.“ (Gen 1,1-5)

Oder lässt sich der Beginn der Welt mit mathematisch-naturwissenschaftlicher Hilfe verstehen, wobei die beste Erklärung, die in unseren Tagen von Seiten der Physiker und Kosmologen angeboten wird, den Namen „Urknall“ hat. Dieses Wort kann man nicht ohne Hinweis auf die Tatsache erwähnen, dass das ursprünglich im Englischen als „Big Bang“ bezeichnete explosionsartige Erscheinen der Welt vor allem ironisch gemeint war. Der Schöpfer des Wortes, Fred Hoyle, wollte den Vertretern einer Theorie, in der das Universum aus einem Punkt heraus entsteht, durch das in seinen Augen alberne Wort und das schlichte Bild, das es auslöst, klarmachen, wie gehaltlos ihr Denken ist. Bekanntlich ist der Schuss nach hinten losgegangen, denn es ist gerade die anspruchslose Klarheit, die dem Urknall zu seinem offenbar unaufhaltsamen Siegeszug verhilft. In der Gegenwart braucht man jedenfalls nichts mehr zu erklären, wenn man das Wort „Urknall“ benutzt. Jeder scheint zu wissen, was mit diesem Big Bang am Anfang der Welt gemeint ist (was sich allerdings als Irrtum erweist, wie noch erläutert wird).

Der Urknall ist nicht vom Himmel gefallen, sondern als Modell der Physik durch die Theorien von Albert Einstein möglich geworden, die als Relativitätstheorien bekannt sind. In ihnen bleiben die vier Grundgrößen unserer physikalischen Weltbeschreibung – Raum, Zeit, Energie und Masse – nicht die zugleich absoluten und isolierten Größen, mit denen die klassische Physik operiert. Vielmehr verbindet Einstein das Quartett, das nach den Vorstellungen der Urknalltheoretiker aus der einen Substanz entstanden ist, die es allein im oder am punktförmigen Anfang gegeben haben kann. Dabei sollten vor allem Kirchenvertreter beachten, dass der Gedanke – „Aus Einem Alles“ – zum einen stark alchemistisch ist und zum zweiten gerade keine (christliche) Dreizahl, sondern eine (heidnische) Vierzahl verehrt. Unabhängig von dieser Warnung für allzu eifrige Verfechter des Urknalls sei auf eine Bemerkung von Carl Friedrich von Weizsäcker hingewiesen, der einmal sinngemäß formuliert hat, dass eine Gesellschaft, die den Anfang der Welt mit einem Knall erklären will, weniger über den Beginn des Kosmos und mehr über sich selbst aussagt.

Tertium datur

Kehren wir zu der Frage zurück, ob die Welt als Schöpfung oder als Urknall entstanden ist. Solche Formulierungen werden gewöhnlich in der Form der ausschließenden Logik verstanden, der zufolge es entweder einen Urknall oder einen Schöpfungsakt gegeben hat und ein Drittes nicht in Frage kommt. „Tertium non datur“, wie früher noch auf der Schule gelehrt wurde, leider ohne die Ergänzung, dass dieses strikte Verbot längst aufgehoben worden ist, und zwar in der Physik selbst. Es gibt nämlich doch ein Drittes, und zwar vor allem dann, wenn es um die atomaren Dimensionen der Wirklichkeit geht. Licht kann sowohl eine Welle als auch ein Teilchen sein, und für ein Elektron gilt dasselbe. Statt „Entweder-oder“ gilt „Sowohl-als-auch“, und diese Idee hat den Namen der Komplementarität bekommen, wobei dieses vielleicht kompliziert klingende Wort eine einfache Quelle hat, nämlich das lateinische Wort *completum* für das Ganze.

Das Konzept der Komplementarität geht in der Geschichte der physikalischen Wissenschaften auf den dänischen Physiker Niels Bohr (1885-1962) zurück.[1] Er wollte mit dieser Idee um 1927 herum die Verrücktheiten verständlich machen, die den Physikern in die Quere gekommen waren, als sie sich der Bühne näherten, auf der die Atome ihr Stück von der Wirklichkeit aufführen. Zwar hatten die Nachfolger Newtons zunächst gedacht, dass es bei den Atomen so zugeht wie bei den Sternen und dass ein Elektron genauso um einen Kern kreist wie ein Planet um die Sonne. Doch dann stellte sich heraus, dass die Bahn des Elektrons überhaupt nicht gegeben war, sondern stattdessen gemacht wurde, und zwar durch die Physiker selbst, während sie dem Treiben der Atome zuschauten. Damit war sie verschwunden, die Objektivität der Klassischen Physik, die uns eine Welt vorgegaukelt hatte, in der ein Ich nicht vorkam.

Bohr verstand diese Situation sofort, und der Gedanke befriedigte ihn außerordentlich, dass er nun Zuschauer und Mitspieler zugleich beim Schauspiel des Lebens sein konnte, das die atomare Bühne bot. Es gibt keine Welt ohne Ich, und es gibt kein Ich ohne Welt, es gibt nur beide gemeinsam. Bohr fasste dies als „Komplementarität" zusammen, und er wollte damit sagen, dass man zu jeder Beschreibung der Natur eine komplementäre Form finden kann, die (in der Tiefe) gleichberechtigt ist, obwohl sie (an der Oberfläche) völlig anders erscheint. Eine Wahrheit erkennt man daran, so pflegte Bohr zu sagen, dass auch ihr Gegenteil eine Wahrheit ist, was im übrigen heißt, dass sie sich nicht klar ausdrücken lässt. Positiv gewendet: Wenn ich die Wahrheit ausspreche, behält sie ihr Geheimnis. Ästhetisch formuliert: Wenn ich die Wahrheit sagen will, muss ich dies poetisch tun – in Bildern und Gleichnissen zum Beispiel.

Als Bohr seinen Gedanken zum ersten Mal öffentlich aussprach, ging es nur um Physik. Er musste sich dabei das Rampenlicht mit den berühmten Unbestimmtheitsrelationen teilen, die Werner Heisenberg (1901-1976) mathematisch abgeleitet hatte. Die Komplementarität stand zunächst im Schatten dieser präzisen Unschärfen, und viele Physiker lebten in dem Glauben, als ob Bohrs Idee nur philosophisch verzieren würde, was wissenschaftlich eher eine quantitative Qualität zu haben schien. Doch diese Zeiten sind vorbei, und heute ist verstanden, dass die Komplementarität die größere Entdeckung ist. An ihr kommt auch der nicht vorbei, der die Unbestimmtheit technisch längst hintergangen hat.

Die Komplementarität ist meiner Ansicht nach wichtiger als alles, was wir haben, auch wenn es in unserem Kulturkreis noch nicht viele Menschen wissen. Das östliche Denken hat die Idee der sich ergänzenden Gegenstücke schon längst in sich aufgenommen und ihm als Yin-Yang-Symbol auch einen angemessenen – künstlerischen – Ausdruck verliehen. Das westliche Denken laboriert stattdessen immer noch an dem Schnitt herum, den der Philosoph René Descartes (1596-1650) ihm verpasst hat, als er die Seele aus dem Körper löste. Seitdem trennen wir uns als Subjekte von der Welt der Objekte, die wir der Wissenschaft überlassen – mit dem Ergebnis, dass wir als fühlende Menschen in ihr nicht mehr vorkommen und ausgeschlossen bleiben.

Bohrs Komplementarität versucht, diese Spaltung zu überwinden, ohne ihre dazugehörenden Gegensätze zu verwischen. Ich denke, die wichtigste Entdeckung am Ende der beiden christlichen Jahrtausende besteht in der Einsicht, dass die alte Idee der polaren Gegensätze eine neue Form braucht. Mit dieser Vorgabe liegt die wichtigste Aufgabe der abendländischen Kultur darin, ihr eigenes Symbol für das Denken zu finden, das mich in der Welt und uns beide zusammen hält. Unsere Kultur muss dies bewusst tun und dabei das Beste aufbieten, das sie hat, nämlich die komplementären Formen der Erkenntnissuche, die wir Kunst und Wissenschaft nennen. Zusammen nur – im interdisziplinären Gespräch – ergeben sie die Humanität, die unsere Kultur auszeichnen könnte.

Alexander von Humboldt

Dieser zuletzt formulierte Gedanke geht auf Alexander von Humboldt (1769-1859) zurück, dessen Leben und Forschen ein Musterbeispiel für die Möglichkeiten bietet, die derjenigen gewinnt, der sich komplementär orientiert. Für Alexander von Humboldt ist die Natur etwas, das man sowohl beobachten und vermessen als auch erleben und genießen kann. Der Mond ist sowohl ein berechenbares Objekt am Himmel (zu dem man inzwischen sogar hinfliegen kann) als auch die Quelle des freundlichen Lichts, das „Busch und Tal mit Nebelglanz" erfüllt, wie es in einem Goethe Gedicht heißt. Bei Alexander von Humboldt wird natürlich auch der „Kosmos" aus zwei Richtungen verstanden, wie er in seinem gleichnamigen Hauptwerk schreibt:[2] Es ist sowohl „aus dem inneren Sinn" heraus möglich, wenn einem der Kosmos als „ein harmonisch geordnetes Ganzes" vorschwebt, als auch von außen her, was in dem Fall das „Ergebnis langer, mühevoll gesammelter Erfahrungen" meint.[3]

Und die Komplementarität reicht noch weiter: Denn „in diesen beiden Epochen der Weltansicht spiegeln sich zwei Arten des Genusses ab", die Alexander von Humboldt einem gebildeten Menschen zugesteht. „Den einen erregt das dunkle Gefühl des Einklangs", und „der andere Genuss entspringt aus der Einsicht in die Ordnung des Weltalls und in das Zusammenwirken der physischen Kräfte."[4]

Humboldt zeigt uns seinen „Kosmos" als „Naturgemälde", was seine Welt bei aller vorgeführten Dualität zu einer Einheit macht. Allerdings findet sich diese Einheit nicht außen, sondern innen. Humboldts Einheit findet sich in der von Menschen erlebten Natur. Sie steckt in der menschlichen Seele, aus der heraus die Erde ganz selbstverständlich als „unsere Weltinsel" im Kosmos aufgefasst wird, als ein Ort, der für uns gedacht ist. Wir sind eben keine Zufallsprodukte, sondern „Kinder des Weltalls", wie es eine Formulierung aus dem 20. Jahrhundert ausgedrückt hat, als Hoimar v. Ditfurth ein Sachbuch unter diesem Titel schrieb.

Komplementarität und Kausalität

Auffallend an Humboldts Naturverständnis ist auch die Selbstverständlichkeit, mit der er nicht nur Kausalfaktoren zur Erklärung von Naturerscheinungen heranzieht, sondern an komplementäre Möglichkeiten denkt. Humboldt geht konkret häufig von Gestalten und Formen aus, die er vorgegeben findet und nicht ableitet. Für ihn steckt in jeder Naturgestalt eine Geschichte, die sich (mit poetischen Mitteln) erzählen lässt und nicht unbedingt ein strenges Gesetz braucht, nach dem sie abläuft.

Wem dies altmodisch und überholt vorkommt, hat die moderne Quantenphysik und die dazugehörige Lektion der Atome noch nicht erfasst.

Bohrs Idee der Komplementarität meint nämlich auch, dass Kausalfaktoren nicht für das Verständnis von Licht und Atomen ausreichen. Vielmehr kehrt Bohr zu Humboldts morphologischem Naturverständnis zurück, indem er etwa die Stabilität von Atomen nicht im Sinne einer (deterministischen) Newtonschen Physik, sondern durch das dauerhafte Bestehen von Gestalten (bekannt als so genannte „stationäre Zustände") deutet. In den Worten von Werner Heisenberg: „Man kann die Stabilität der Atome nur verstehen, wenn man annimmt, dass immer wieder dieselben symmetrischen Gestalten aus physikalischen Prozessen hervorgehen."[5] Statt „wenn man annimmt" kann man auch sagen, „wenn man darauf vertraut."

Die Zweiteilung der Welt

Um den Gedanken der Komplementarität auf die Alternative „Schöpfung oder Urknall" anwenden zu können, braucht man sich nur zu vergegenwärtigen, welche uns allen vertrauten Zweiteilungen der Welt mit Bohrs Konzept erfasst werden: Es zeigt sich unter anderem in der Unterscheidung zwischen Dingen, über die man sich einigen kann, und Dingen, die einem etwas bedeuten. Es gibt weiter sowohl Fragen, die man durch Informationen beantworten kann (Wie viele Buchstaben hat dieser Satz?), als auch Fragen, bei denen dies nicht geht (Warum gefällt mir dieser Satz nicht?). Die Wirklichkeit enthält sowohl rationale als auch irrationale Elemente, und wir kennen seit Jahrtausenden zwei komplementäre Weisen des Zugangs zur Welt: Die östlich-meditative Weise, die nach innen zielt und in der ein Ich anstrebt, ohne Welt zu sein. Und die westlich-aktive Weise, die nach außen geht und versucht, eine Welt zu beschreiben, in der ein Ich nicht vorkommt. Zudem kennen wir alle die zwei berühmten Kulturen, die sich als literarische bzw. als wissenschaftliche Intelligenz zeigen und die unterschiedliche Wahrheiten anpeilen, wie es etwa in den Worten von Raymond Chandler ausgedrückt wird:

> „Es gibt zwei Arten von Wahrheit: Die Wahrheit, die den Weg weist, und die Wahrheit, die das Herz wärmt. Die erste Wahrheit ist die Wissenschaft, und die zweite ist die Kunst. Keine ist unabhängig von der anderen oder wichtiger als die andere. Ohne Kunst wäre die Wissenschaft so nutzlos wie

eine feine Pinzette in der Hand eines Klempners. Ohne Wissenschaft wäre die Kunst ein wüstes Durcheinander aus Folklore und emotionaler Scharlatanerie (emotional quackery). Die Wahrheit der Kunst verhindert, dass die Wissenschaft unmenschlich wird, und die Wahrheit der Wissenschaft verhindert, dass die Kunst sich lächerlich macht".[6]

„Die Wissenschaft und das abendländische Denken"

Von den Physikern um Bohr hat vor allen Dingen der zu wenig bekannte Wolfgang Pauli (1900-1958) die Bedeutung der Komplementaritätsidee betont. Bei seinen philosophischen Arbeiten ging es ihm „um die ganzheitlichen Beziehungen zwischen 'Innen` und \`Außen\`, welche die heutige Naturwissenschaft nicht enthält (die aber die Alchemie vorausgeahnt hat und die sich in meiner Traumsymbolik nachweisen lässt)." Konkret müssen sich für Pauli die Wissenschaft und die Religion als komplementäre Pole ergänzen. Er konstatiert nämlich: „Für das Abendland charakteristisch ist die Wissenschaft und heute das Fehlen einer ihrer Zwecke im seelischen Haushalt des geistigen Menschen erfüllenden religiösen Tradition."[7]

In einem 1954 gehaltenen Vortrag über „Die Wissenschaft und das abendländische Denken" hat er betont:

> „Ich glaube, dass es das Schicksal des Abendlandes ist, die beiden Grundhaltungen, die kritisch rationale, verstehen wollende auf der einen Seite und die mystisch irrationale, das erlösende Einheitserlebnis suchende auf der anderen Seite immer wieder in Verbindung miteinander zu bringen. In der Seele des Menschen werden immer beide Haltungen wohnen, und die eine wird stets die andere als Keim ihres Gegenteils schon in sich tragen. Dadurch entsteht eine Art dialektischer Prozess, von dem wir nicht wissen, wohin er führt. Ich glaube, als Abendländer müssen wir uns diesem Prozess anvertrauen und das Gegensatzpaar als komplementär anerkennen."[8]

Die Alchemie des Urknalls

Im Bild der Komplementarität gehören Urknall und Schöpfung zusammen. Ihre Einheit steckt in der Seele des abendländischen Menschen, der sowohl mit naturwissenschaftlicher Rationalität als auch mit gläubigem Vertrauen versucht, seine Fragen über den Ursprung der Welt zu beantworten. Dabei ist nicht nur nebenbei zu beachten, dass der Big Bang eine alchemistische Struktur aufweist, in der aus einer Urform (einem Urstoff) ein Quartett entsteht, das Quartett aus Raum, Zeit, Materie und Energie. Bemerkenswerterweise unterscheidet sich dieses Schema kaum von dem Gedankenmodell der Antike, bei dem ebenfalls aus einer Urmaterie (Prima materia) eine Vierheit entstanden ist, nämlich das Quartett aus Wasser, Erde, Feuer und Luft. Trotz aller Wissenschaft also nichts Neues unter der Sonne, wie es bekanntlich schon in der Bibel heißt.

Die Poesie der Wissenschaft

Wenden wir uns zuletzt der Frage zu, ob wir tatsächlich den Urknall verstehen, wenn wir nicht die Sprache verwenden, in der seine Existenz nachgewiesen wurde, also die Sprache der Mathematik. Als Kronzeuge soll der theoretische Physiker Rudolf Kippenhahn zitiert werden, der in seinen Texten deutlich macht, warum der Urknall kompliziert ist. In Kippenhahns Worten:

> „Es ist ein weit verbreiteter Irrtum, der Urknall habe an einem bestimmten Punkt im Raum begonnen." „Der Urknall fand nicht an einem Punkt in einem sonst leeren Raum statt, er war überall in einem unendlich ausgedehnten Raum." Und weiter: „Bisweilen liest man in allgemeinverständlichen Darstellungen des Bildes vom Urknall Formulierungen wie ´als das Weltall noch so klein war wie ein Apfel oder eine Kirsche´. Das sind ungenaue Formulierungen. Gemeint ist damit nicht das gesamte Weltall, sondern nur der heute sichtbare Teil des Weltalls."[9]

Um dem jetzt vielleicht verwirrten Leser zu helfen, schlägt Kippenhahn ein Gedankenexperiment vor: Wir denken uns dazu die Materie gleichmäßig als Kugel über den Raum verteilt und drücken sie bis auf ein Tausendstel des heutigen Durchmessers zusammen. Dann enthält das Weltall mehr Strahlung als Materie, und statt der heute nachgewiesenen 3°K ist es 3000°K heiß. Diese Temperatur stelle eine Grenze dar, denn als die Strahlung und die Materie noch heißer waren, gab es noch keine Atome. Vor dieser Zeit waren die Elektronen frei, und sie machten das Weltall undurchsichtig. Weiter zurück sehen ist unmöglich. Hinter diesen Zustand der Welt können die Physiker nicht schauen. Sie können natürlich weiter rechnen, und wenn sie dies tun, kommen sie bis auf die so genannte Planck-Zeit an den Urknall heran. Von dem, was in ihr passiert ist, haben Wissenschaftler nicht die leiseste Ahnung. Die Physiker sprechen von einer „Weißen Epoche" der Welt, und über sie wissen wir weniger als Sokrates, nämlich gar nichts. Damit kann man nach Kippenhahn den Urknall wie folgt charakterisieren:

> „Das Bild vom Urknall sagt nicht, dass die Welt mit unendlicher Dichte und Temperatur begonnen hat, sondern nur, dass der Kosmos aus der Weißen Epoche mit einer Expansionsbewegung herausgekommen ist, die den Eindruck erweckt, als hätte sie gerade erst mit unendlicher Dichte und Temperatur begonnen."[10]

Kann man wirklich nicht mehr sagen? Nicht in der Sprache der Wissenschaft, aber vielleicht in der Sprache der Poesie. Und an dieser Stelle haben wir Glück, denn es war Einstein selbst, der es für uns getan hat. Auf die Frage eines Reporters, ob man die Einsichten der Allgemeinen Relativitätstheorie in einem Satz zusammenfassen kann, hat Einstein „Ja" geantwortet und dies konkretisiert:

> „Früher hat man geglaubt, wenn alle Dinge aus der Welt verschwinden, so bleiben noch Raum und Zeit übrig; nach der Relativitätstheorie verschwinden aber Zeit und Raum mit den Dingen."[11]

Das ist der Urknall in die umgekehrte Richtung. Wir können ihn verstehen, wenn wir uns komplementär um ihn kümmern. Er ist dann unsere Schöpfung.

Anmerkungen

[1] Vgl. *E. P. Fischer*, Eine Welt, die keine Teile hat – Niels Bohr oder die Lektion der Quanten, Gelsenkirchen 2004.

[2] *A. von Humboldt*, Kosmos – Entwurf einer physischen Weltbeschreibung, Neuausgabe 2004 für Die andere Bibliothek, Frankfurt am Main 2004.

[3] Ebd., 9.

[4] Ebd., 10.

[5] *W. Heisenberg*, Gesammelte Werke, Abteilung C, Band III, München 1985, 347 und die folgenden Zitate.

[6] *F. MacShane* (Hg.), The Notebooks of Raymond Chandler, New York 1976, 7.

[7] Details zum Ganzen in *E. P. Fischer*, Brücken zum Kosmos – Wolfgang Pauli zwischen Kernphysik und Weltharmonie, Lengwil 2004.

[8] *W. Pauli*, Physik und Erkenntnistheorie, Braunschweig 1984, 103.

[9] *R. Kippenhahn*, Die Expansion im Großen, zitiert nach: E. P. Fischer und K. Wiegandt (Hg.), Mensch und Kosmos, Frankfurt 2004, 112-130.

[10] Ebd.

[11] Zitiert nach *A. Fölsing*, Albert Einstein, Frankfurt am Main 1993, 257.

Gott erschuf die Welt … und niemand sah zu

Physik angesichts der Einmaligkeit des Urknalls

Gert-Ludwig Ingold

1. Anfang ohne Zeugen

> „… die große Verlegenheit, die Gott der Wissenschaft bereitet, besteht darin, daß er nur ein einzigesmal gesehen worden ist, und das bei der Erschaffung der Welt, ehe noch geschulte Beobachter da waren."[1]

Mit diesen Worten weist Robert Musil in seinem Roman *Der Mann ohne Eigenschaften* durch die Hauptfigur Ulrich auf eine Schwierigkeit hin, die für den Naturwissenschaftler entsteht, wenn es um die Anfänge des Universums geht. Ist es sinnvoll, über einen Vorgang nachzudenken, der nicht direkt beobachtet wurde?

Selbst wenn beim Urknall Zuschauer zugegen gewesen wären, so hätte es sich doch um ein einmaliges Ereignis gehandelt. Hieraus ergibt sich ein weiteres Problem, auf das Musil ebenfalls hinweist:

> „Was etwas gelten soll und einen Namen tragen, das muss sich wiederholen lassen, muss in vielen Exemplaren vorhanden sein, und wenn du noch nie den Mond gesehen hättest, würdest du ihn für eine Taschenlampe halten; …"[2]

Wie kommen wir mit der fehlenden Reproduzierbarkeit zurecht? Selbst wenn das Universum zyklisch wäre, sich also in ferner Zukunft zusammenzöge, um in einem weiteren Urknall wieder neu zu entstehen, würde uns das heute nichts nützen. Kann die Entstehung unseres Universums angesichts dieser Probleme, die die Fundamente einer beobachtenden Wissenschaft berühren, überhaupt Gegenstand physikalischer Forschung sein? Im Folgenden sollen einige Facetten dieses Problems diskutiert werden.[3]

Das Unterfangen, sich dem Urknall aus physikalischer Sicht zu nähern, ist keineswegs aussichtslos, wie schon die Tatsache beweist, dass der Nobelpreisträger für Physik des Jahres 1979, Steven Weinberg, ein Buch mit dem Titel *The First Three Minutes* verfasst hat, in dem es gerade um die ersten drei Minuten des Universums geht. Genau genommen beginnt Weinbergs Schilderung zwar erst eine hundertstel Sekunde nach dem Urknall, aber diese Beschränkung ist nur durch den Stand des damaligen Wissens bedingt und wird in keiner Weise ausgenutzt, um die angesprochenen, grundsätzlichen Probleme zu umgehen. Offenbar kann man sehr wohl in physikalisch sinnvoller Weise über den Ursprung der Welt nachdenken, auch wenn Weinberg zugibt:

> „I cannot deny a feeling of unreality in writing about the first three minutes as if we really know what we are talking about."[4]

Als Physiker werden wir vielleicht nie mit Sicherheit wissen, was beim Urknall wirklich passiert ist, aber das hindert uns nicht daran, ein auf Beobachtungen und geeignete Theorien gestütztes, plausibles Bild davon zu entwerfen, wie es wohl gewesen sein muss.

2. Der Blick zurück

Nachdem wir daran, dass die Entstehung unseres Universums nicht unmittelbar beobachtet wurde, nichts mehr ändern können, müssen wir heute versuchen, diesen Mangel durch möglichst umfangreiche indirekte Beobachtungen zu beheben. Je zahlreicher und je verschiedenartiger diese sind, umso eher werden wir in der Lage sein, konkurrierende theoretische Vorstellungen zu beurteilen und Modelle, die nicht im Einklang mit der Realität stehen, zu identifizieren und zu verbessern oder zu verwerfen.

Will man etwas über die Geschichte des Universums in Erfahrung bringen, so liegt es zunächst nahe, auf astronomische Beobachtungen zurückzugreifen. Schließlich waren es Messungen an den Spektren anderer Galaxien, aus denen Edwin Hubble 1929 schloss, dass das Universum nicht statisch ist, sondern sich im Laufe der Zeit ausdehnt. Lässt man umgekehrt die zeitliche Entwicklung in Gedanken rückwärts laufen, so sollte sich das Universum immer weiter zusammenziehen, bis es schließlich in einem Punkt konzentriert ist. Ein solches Szenario war bereits einige Jahre vor Hubbles Beobachtung auf der Basis von Einsteins allgemeiner Relativitätstheorie von Alexander Friedmann in einer damals wenig beachteten Arbeit theoretisch beschrieben worden.

Die Beobachtung von Sternen oder Galaxien in den Tiefen des Weltalls ist immer eine Reise in die Vergangenheit. Die Vorgänge, die wir heute auf der Erde beobachten können, haben sich in den meisten Fällen vor sehr langer Zeit abgespielt, da das Licht, das wir empfangen, sich zwar schnell, aber nicht unendlich schnell ausbreitet. Selbst vom Andromeda-Nebel, einer Galaxie in unserer Nachbarschaft, ist das Licht bereits zwei Millionen Jahre unterwegs. Unter Umständen existiert ein beobachtetes astronomisches Objekt heute schon gar nicht mehr. Obwohl uns räumlich sehr weit entfernte Objekte auch zeitlich weit zurückblicken lassen, sehen wir dabei nur ein Stadium des Universums, in dem sich aus der ursprünglich im Wesentlichen homogenen Materieverteilung bereits Sterne gebildet hatten. Zu diesem Zeitpunkt war das Universum möglicherweise schon eine Milliarde Jahre alt, vielleicht auch nur hundert Millionen Jahre. Auf jeden Fall war die Frühphase kurz nach dem Urknall schon lang Geschichte.

Wie schon Galilei dreihundert Jahre zuvor, beobachtete Hubble im sichtbaren Bereich des elektromagnetischen Spektrums, wenn auch mit erheblich verbesserten Methoden. Neben dem großen Teleskop des Mount Wilson Observatoriums standen ihm die spektroskopischen Methoden zur Verfügung, die seit dem 19. Jahrhundert entwickelt worden waren. Die technologischen Fortschritte in der zweiten Hälfte des 20. Jahrhunderts führten dazu, dass die Astronomen heute nicht länger auf den sichtbaren Bereich des Spektrums beschränkt sind, sondern Be-obachtungen vom kurzwelligen Röntgenbereich mit Hilfe von Satelliten bis hin zu den langwelligen Radiowellen durchführen können. Damit ist uns heute praktisch das gesamte elektromagnetische Spektrum zugänglich. Wir werden später jedoch sehen, dass es in Zukunft vielleicht möglich sein wird, noch eine Strahlung ganz anderer Art aus dem Weltall zu empfangen und damit weitere wertvolle Informationen über die Anfangsphase des Universums zu gewinnen.

Beschäftigen wir uns zunächst aber noch etwas mehr mit dem, was uns die elektromagnetische Strahlung über die Anfänge des Universums verrät. Im Jahre 1964 wurde zum ersten Mal ein Blick zurück in jene Zeit geworfen, als noch keine Sterne entstanden waren. Arno Penzias und Robert Wilson beobachteten mit einem eigentlich für die Satellitenkommunikation gedachten Radioteleskop ein unerwartetes Mikrowellensignal, dessen Ursprung sie im Weltall ausmachten. Zwei Eigenschaften machen dieses Signal besonders bemerkenswert: Es kommt nicht von einer lokalisierten Quelle, z.B. einer fernen Galaxie, sondern gleichmäßig aus allen Richtungen des Weltalls. Außerdem entspricht die Abhängigkeit der Intensität dieser Strahlung von der Frequenz mit sehr hoher Genauigkeit dem, was man für die Abstrahlung eines Körpers mit einer Temperatur von knapp drei Grad über dem absoluten Temperaturnullpunkt erwartet. Man spricht daher auch von der Drei-Kelvin-Hintergrundstrahlung.

Diese Hintergrundstrahlung ist ein Relikt aus einer Zeit etwa 400.000 Jahre nach dem Urknall. Vor dieser Zeit bestand das Universum aus einem Plasma freier geladener Teilchen, vor allem Elektronen und Protonen, die mit den Photonen, also den Quanten des elektromagnetischen Feldes – den Lichtteilchen –, ständig wechselwirkten. Dies hatte zur Konsequenz, dass sich die Photonen nicht sehr weit frei bewegen konnten und dass sie die gleiche Temperatur wie das Plasma hatten. Die Situation änderte sich jedoch, als die durch die Expansion des Universums sinkende Temperatur etwa 4000 Grad erreicht hatte und Elektronen und Protonen zu neutralen Wasserstoffatomen zusammenfanden. In dieser Zeit entkoppelten die Photonen, so dass wir noch heute elektromagnetische Strahlung aus dieser Phase des Universums beobachten können. Tatsächlich sollte es nicht erstaunen, dass Licht praktisch ungestört das Weltall durchqueren kann. Andernfalls wäre es nicht möglich, astronomische Objekte in den Tiefen des Universums zu beobachten. Seit der Entkopplung von der restlichen Materie ist die einzige Veränderung, die die Photonen der Hintergrundstrahlung erfahren haben, eine Abkühlung aufgrund der Ausdehnung des Universums. So beobachten wir heute eine Strahlung mit einer Temperatur knapp über dem absoluten Nullpunkt, die uns ein Abbild des Weltalls in einem relativ frühen Stadium zeigt.

Aus diesem Grunde wurde die Drei-Kelvin-Hintergrundstrahlung in den letzten 15 Jahren sehr detailliert vermessen.[5] Die Ergebnisse zeigen, dass die Temperatur der Strahlung, wenn man die Bewegung der Erde herausrechnet, äußerst isotrop, also in allen Richtungen gleich, ist. Dieser Befund rechtfertigt zumindest für die Frühphase des Universums die Verwendung des bereits erwähnten Modells von Friedmann für die Expansion des Weltalls, das auf einer homogenen Materieverteilung basiert. Andererseits gibt es winzige Fluktuationen der Temperatur der Hintergrundstrahlung in der Größenordnung von einem hundertstel Promille, die auf Inhomogenitäten der Materie zum Zeitpunkt der Entkopplung der Photonen hinweisen. Solche Unregelmäßigkeiten könnten die Ausgangsbasis für die spätere Strukturbildung im Universum gewesen sein.

Die Möglichkeit, einen Blick auf das Weltall im Alter von einigen Hunderttausend Jahren werfen zu können, ist jedoch nur die eine Seite der Entkopplung der Photonen von der restlichen Materie. Die andere Seite der Medaille ist, dass das Universum vor diesem Zeitpunkt für elektromagnetische Strahlung undurchsichtig war. Ist uns also die Sicht auf unser eigentliches Ziel, den Urknall, versperrt?

Nicht unbedingt. Einen Ausweg könnten Gravitationswellen bieten, die nur äußerst schwach mit der Materie im Universum wechselwirken. Diese Wellen werden gemäß der Vorhersage von Einsteins allgemeiner Relativitätstheorie abgestrahlt, wenn sich Massen in geeigneter Weise beschleunigt bewegen. Dieser Vorgang hat große Ähnlichkeit mit der Abstrahlung von elektromagnetischen Wellen durch eine Antenne, in der Ladungen eine oszillierende Bewegung ausführen.

Bis heute sind Gravitationswellen noch nicht direkt nachgewiesen worden. Hier erweist sich ihre nur sehr schwache Ankopplung an Materie als Nachteil. Es gibt jedoch indirekte Nachweise, so dass kaum an ihrer Existenz gezweifelt wird. Gegenwärtig sind mehrere Experimente im Aufbau oder in der Planung, die in der Lage sein sollten, Gravitationswellen nachzuweisen.[6] Auf dieser Grundlage ließe sich eine Gravitationswellenastronomie entwickeln, deren Aufgabe unter anderem die Untersuchung einer entsprechenden Hintergrundstrahlung wäre. Solche Beobachtungen könnten Aufschluss über eine sehr frühe Phase des Universums geben. Auch wenn dies im Moment alles noch Zukunftsmusik ist, so sind Resultate denkbar, die unsere Vorstellungen vom Urknall eventuell entscheidend beeinflussen werden.

3. Physik jenseits der Alltagserfahrung

Neben den astronomischen Beobachtungen, von denen bis jetzt die Rede war, gibt es noch einen vollkommen anderen Zugang, der uns Einblicke in die Natur des Urknalls und der sich daran anschließenden Vorgänge geben kann. Wie wir am Beispiel der Drei-Kelvin-Hintergrundstrahlung gesehen haben, geht die Expansion des Universums mit einer Abkühlung einher. Lassen wir die Zeit rückwärts laufen, so nimmt daher die Temperatur und damit auch die Energiedichte im Universum immer mehr zu. Nun folgt aber aus der speziellen Relativitätstheorie die Möglichkeit der Umwandlung von Materie in Energie und umgekehrt. Dies ist gerade der Inhalt von Einsteins berühmter Formel $E=mc^2$. Prozesse, in denen aus Energie Elementarteilchen erzeugt oder Elementarteilchen ineinander umgewandelt werden, sollten somit kurz nach dem Urknall eine wichtige Rolle gespielt haben.

Solche Prozesse finden heute routinemäßig in den großen Elementarteilchenbeschleunigern statt, wo zum Beispiel Protonen oder Elektronen mit sehr großer Energie zur Kollision gebracht werden und dabei andere Elementarteilchen erzeugt werden. Die Vorgänge im frühen Universum lassen sich also zumindest teilweise im Labor nachvollziehen. Aus einem einmaligen Ereignis vor langer Zeit wird so ein reproduzierbarer Vorgang in der Gegenwart.

Je weiter unser Verständnis der Elementarteilchen zu hohen Energien reicht, umso weiter können wir in die Vergangenheit des Universums zurückblicken, und genau dies hat Steven Weinberg erlaubt, über die ersten drei Minuten zu schreiben. Da die Elementarteilchenbeschleuniger immer nur eine begrenzte Energie zur Verfügung stellen können, bleibt uns experimentell ein sehr kurzer Zeitraum nach dem Urknall notwendigerweise verschlossen. Dies hindert theoretische Physiker jedoch nicht daran, Vorstellungen über die Physik bei noch höheren Energien zu entwickeln. Ist es nicht etwas verwegen, ohne Rückhalt durch das Experiment in solche Bereiche vorzudringen? Können wir überhaupt hoffen, ein physikalisches Verständnis in immer mikroskopischeren Dimensionen zu erreichen und damit letztlich vielleicht auch den Anfang des Universums zu verstehen?

In der Bibel finden wir hierzu im Buch Kohelet die Worte:

> „Gott hat das alles zu seiner Zeit auf vollkommene Weise getan. Überdies hat er den Menschen eine Vorstellung von der Ewigkeit eingegeben, doch ohne dass der Mensch das Tun, das Gott getan hat, von seinem Anfang bis zu seinem Ende wieder finden könnte.“ (Koh 3,11; Einheitsübersetzung)

Lässt man die Geschichte der Physik Revue passieren, so kommt man zum Schluss, dass wir noch keineswegs an den Grenzen der physikalischen Erkenntnis angelangt sind.

Nachdem sich im frühen 17. Jahrhundert die Idee durchgesetzt hatte, die Vorgänge in der Natur mathematisch zu beschreiben, wurde im Laufe von drei Jahrhunderten eindrucksvoll nachgewiesen, dass ein solcher Zugang für die Alltagswelt tatsächlich möglich ist. Vielleicht ist es letztlich gar nicht so erstaunlich, dass intelligente Lebewesen im Laufe der Zeit adäquate Methoden entwickeln, die ein Verständnis ihrer Umwelt und insbesondere auch präzise Vorhersagen erlauben.

Weniger offensichtlich mag es erscheinen, dass eine solche Beschreibung der Natur auch noch funktioniert, wenn die Alltagserfahrung nicht mehr als Grundlage dienen kann und unter Umständen schon eine geeignete Begriffsbildung Schwierigkeiten bereitet. Doch bereits im ersten Viertel des 20. Jahrhunderts drang die Physik mit drei Theorien erfolgreich in solche Bereiche vor. Mit der Quantenmechanik wurde eine Theorie der mikroskopischen Welt entwickelt, deren Interpretation zwar für lang anhaltende Debatten sorgte, deren Vorhersagen aber vollkommen in Einklang mit den experimentellen Beobachtungen stehen. Einsteins spezielle Relativitätstheorie wird erst bei extrem hohen Geschwindigkeiten relevant, wo zum Beispiel das selbstverständlich erscheinende Konzept der Gleichzeitigkeit hinterfragt werden muss. Die allgemeine Relativitätstheorie schließlich ist in erster Linie auf kosmischen Skalen von Bedeutung, ihr Verständnis erlaubt aber unter anderem erst die korrekte Funktion des GPS-Navigationssystems.[7]

In welch erstaunlichem Maße diese Theorien erfolgreich sind, sei anhand der Quantentheorie kurz illustriert. Die grundlegenden Aspekte der endgültigen Theorie stammen aus der Zeit um 1925 und waren für die Beschreibung einzelner Teilchen entwickelt worden. Zehn Jahre später wurde entdeckt, dass die Quantentheorie, angewandt auf mehrere Teilchen, eine merkwürdige Kopplung zwischen zwei Teilchen zulässt, für die Erwin Schrödinger den Begriff „Verschränkung" prägte.[8] Dabei kann die Manipulation des einen Teilchens den Zustand des anderen, eventuell sehr weit entfernten Teilchens beeinflussen. Diese, der Intuition widersprechende, nichtlokale Eigenschaft war für Einstein ein Grund, an der Vollständigkeit der Quantentheorie zu zweifeln.

Man könnte nun erwarten, dass eine durch Verschränkung verursachte instantane Wirkung über große Distanzen zu einem Problem zum Beispiel mit der speziellen Relativitätstheorie führt, die einen Informationsaustausch maximal mit Lichtgeschwindigkeit erlaubt. Allerdings zeigt sich, dass hier kein Widerspruch besteht und dass die Verschränkung auch innerhalb der Quantentheorie keine Probleme aufwirft. Obwohl also das Konzept der Verschränkung ursprünglich nicht in die Theorie eingebaut war, hat sie dort in ganz natürlicher Weise ihren Platz. Eine solch bemerkenswerte innere Konsistenz ist sicherlich ein wesentliches Merkmal für die Qualität der Theorie, ganz abgesehen davon, dass ohne das durch die Quantentheorie erzielte Verständnis die vielfältigen technischen Fortschritte des 20. Jahrhunderts nicht denkbar gewesen wären. Eine mathematische Beschreibung der Welt jenseits der Alltagserfahrung ist also zweifelsohne möglich.

4. Die vier Wechselwirkungen

Die schon angesprochenen Prozesse der Erzeugung und Vernichtung von Elementarteilchen im frühen Universum können beschrieben werden, wenn man die Quantentheorie mit der speziellen Relativitätstheorie verknüpft. Um eine Vorstellung von den Fortschritten der Elementarteilchenphysik und den noch offenen Herausforderungen, die die Vorgänge beim Urknall sehr direkt betreffen, zu bekommen, müssen wir uns etwas mit den fundamentalen Wechselwirkungen beschäftigen.[9] Zwei dieser Wechselwirkungen sind schon lange bekannt, da sie auch über sehr große Distanzen wirken können und daher auch im Alltagsleben bemerkbar werden. Dies ist zum einen die Gravitation, die Newtons Apfel zu Boden fallen ließ, die Erde auf ihrer Bahn um die Sonne hält und auch die Dynamik von Materie auf kosmischen Skalen bestimmt. Dennoch ist die Gravitation die mit Abstand schwächste der vier Wechselwirkungen.

Die andere aus dem Alltag bekannte Wechselwirkung ist die elektromagnetische Wechselwirkung, die die Kraft zwischen elektrischen Ladungen bestimmt und um ein Vielfaches stärker als die Gravitation ist. Allerdings gibt es auf großen Distanzen keine elektrisch geladenen Regionen, so dass für die globale Bewegung der Materie im Kosmos die Gravitation dennoch dominiert.

Die elektromagnetische Wechselwirkung war die erste der fundamentalen Wechselwirkungen, die im Rahmen einer Elementarteilchentheorie beschrieben wurde. Bei der Entwicklung dieser so genannten Quantenelektrodynamik war es von Vorteil, dass die Wechselwirkung zwischen elektrischen Ladungen auf der Basis der klassischen Physik bereits gut verstanden war. Wesentlich für die weitere Entwicklung der Theorie der Elementarteilchen erwies sich die Tatsache, dass am Beispiel der elektromagnetischen Wechselwirkung ein abstraktes, auf Symmetrieargumenten beruhendes Prinzip gefunden wurde, mit dessen Hilfe sich eine Wechselwirkung in die Theorie einbauen lässt. Auf diese Weise konnten Theorien für weitere fundamentale Wechselwirkungen entwickelt werden, obwohl die klassische Physik dabei nicht mehr zur Unterstützung herangezogen werden konnte.

Ein weiterer glücklicher Umstand ist die Tatsache, dass die elektromagnetische Wechselwirkung zwar viel stärker als die Gravitation, dennoch aber verhältnismäßig schwach ist. Dadurch ist es möglich, die Wechselwirkung als Störung aufzufassen und ihre Auswirkungen mit sehr großer Genauigkeit zu berechnen. Hochpräzisionsmessungen machen so die Quantenelektrodynamik zu der experimentell am besten überprüften Theorie. Damit bestätigt sich, dass eine mathematische Beschreibung der Natur auch weit jenseits der Alltagserfahrung möglich ist.

Neben der Gravitation und der elektromagnetischen Wechselwirkung gibt es noch zwei weitere fundamentale Wechselwirkungen. Die so genannte schwache Wechselwirkung ist zum Beispiel für eine bestimmte Art des radioaktiven Kernzerfalls, den Betazerfall, verantwortlich, während die starke Wechselwirkung die Stabilität von Atomkernen ermöglicht. Beide Wechselwirkungen wirken nur auf sehr kurzen Entfernungen, so dass sie im Alltag nicht unmittelbar in Erscheinung treten. Nach dem Erfolg der Quantenelektrodynamik bestand die nächste Etappe darin, für die schwache Wechselwirkung eine entsprechende Theorie zu entwickeln. Dabei stellte sich heraus, dass eine mit den experimentellen Beobachtungen verträgliche Theorie sowohl die elektromagnetische als auch die schwache Wechselwirkung umfassen muss und die beiden im Rahmen einer vereinheitlichten elektroschwachen Wechselwirkung beschreibt.

Auch die starke Wechselwirkung, die stärkste der vier Wechselwirkungen, lässt sich zu dieser Theorie hinzufügen, so dass wir heute drei der vier fundamentalen Wechselwirkungen auf einer gemeinsamen Basis beschreiben können, dem so genannten Standardmodell der Teilchenphysik. Viele experimentelle Befunde weisen darauf hin, dass diese Theorie eine korrekte Beschreibung der Elementarteilchen bis zu den heute in Elementarteilchenbeschleunigern erreichbaren Energien liefert. Allerdings steht vor allem der Nachweis des so genannten Higgs-Teilchens, das in der Theorie eine Schlüsselrolle bei der Erklärung der Masse der Elementarteilchen spielt, zum gegenwärtigen Zeitpunkt noch aus, so dass Überraschungen nicht ausgeschlossen werden können.

Wenn das Standardmodell den experimentellen Test vollständig bestehen sollte, so sind wir keineswegs schon am Ziel angelangt, denn bis jetzt steht die Gravitation noch abseits. Das Traumziel wäre aber eine Vereinheitlichung aller vier fundamentalen Wechselwirkungen. Abgesehen davon, dass eine solche Theorie als eine Art Weltformel die Basis für die gesamte Physik bilden könnte, gibt es zwei weitere Gründe, die diesen Schritt in unserem Zusammenhang besonders interessant machen. Zum einen sollte es diese Theorie erlauben, das Geschehen praktisch unmittelbar am Urknall zu erfassen, und zum anderen wird durch sie die Anzahl an grundlegenden Parametern, die die Vorgänge in der Natur bestimmen, festgelegt.

Eine vereinheitlichte Beschreibung der Gravitation und der anderen drei Wechselwirkungen erfordert eine quantenmechanische Beschreibung der Gravitation. Aus dieser Überlegung kann man bereits abschätzen, wann eine solche Theorie überhaupt von Bedeutung sein wird, nämlich auf den so genannten Planck-Skalen. Daraus folgt, dass die quantenmechanische Beschreibung der Gravitation nur unter sehr exotischen Bedingungen relevant sein wird, und der Urknall war eben eine solch exotische Situation. Die Planck-Länge beispielsweise ist unvorstellbar klein: Im Verhältnis zum Durchmesser eines Haares ist sie so klein wie der Durchmesser eines Haares im Verhältnis zum Durchmesser des sichtbaren Universums. Die quantenmechanische Beschreibung der Gravitation wird also nur auf Längen benötigt, die um viele Größenordnungen kleiner als ein Atomkern sind. Die Zeit, die das Licht benötigt, um die Planck-Länge zu durchlaufen, die so genannte Planck-Zeit, ist ebenfalls von extremster Kürze. Aber zur Beschreibung einer Zeit von der Größenordnung der Planck-Zeit nach dem Urknall benötigt man eine Quantentheorie der Gravitation, vielleicht auch noch etwas länger, aber das spielt bei der Kleinheit der Planck-Zeit keine wesentliche Rolle. Umgekehrt übersteigen die Energien, um die es dann geht, die in den größten Beschleunigern zugänglichen Energien um etwa zwanzig Größenordnungen. Ein direkter experimenteller Nachweis der Richtigkeit einer vereinheitlichten Theorie aller Wechselwirkungen erscheint daher äußerst unwahrscheinlich, aber es ist durchaus denkbar, bei wesentlich niedrigeren Energien indirekte Hinweise zu finden.

Eine quantenmechanische Beschreibung der Gravitation zu finden, hat lange Zeit große Schwierigkeiten bereitet. Im Rahmen der allgemeinen Relativitätstheorie werden die Effekte der Gravitation auf die Geometrie der Raum-Zeit abgebildet. Für die konventionelle Theorie der Elementarteilchen stellt eine vorgegebene Raum-Zeit den Hintergrund dar, vor dem sich die Wechselwirkungen zwischen den Teilchen abspielen. Soll eine vereinheitlichte Theorie auch die Gravitation umfassen, so wird die Raum-Zeit selbst zu einem quantenmechanischen Objekt. Es ist daher wahrscheinlich, dass unsere konventionellen Vorstellungen von Raum und Zeit direkt am Urknall keine Gültigkeit hatten. Zumindest muss man sich von der Vorstellung verabschieden, dass das Universum aus einem Punkt entstanden ist. Damit eröffnet sich die Möglichkeit, dass das Universum eine Vorgeschichte vor dem Urknall hat und dass es unter Umständen sogar möglich ist, die Existenz des Vorgängeruniversums nachzuweisen.[10] Eine Möglichkeit hierfür könnte eine zukünftige Gravitationswellenastronomie bieten.

Ein vielversprechender Kandidat für die vereinheitlichte Theorie, aus der sich die ganze Physik ableiten können soll, ist die Stringtheorie.[11] Weltweit arbeiten theoretische Physiker und Mathematiker an diesem äußerst anspruchsvollen Projekt. Angesichts der zumindest zur Zeit fehlenden Anbindung an das Experiment demonstriert dies eine bemerkenswerte Zuversicht in die Fähigkeit, eine Theorie alleine auf der Basis der existierenden Erfahrung mit Quantentheorie sowie spezieller und allgemeiner Relativitätstheorie zu konstruieren. Ob eines Tages überzeugende Belege für die Richtigkeit der Theorie gefunden werden, wird sich noch zeigen müssen. Daher wird gelegentlich statt experimenteller Evidenz als Argument für die Richtigkeit der ultimativen physikalischen Theorie gefordert, dass diese sich als die einzig mögliche Theorie erweisen muss.

Bis jetzt haben wir argumentiert, dass uns die Elementarteilchenphysik bei hohen Energien Aufschluss über die Vorgänge im frühen Universum geben kann. Damit wäre immerhin schon für Zeiten kurz nach dem Urknall die Möglichkeit experimenteller Untersuchungen gegeben. Aber ist eigentlich garantiert, dass die physikalischen Gesetze wie wir sie heute kennen und beobachten schon zu Beginn des Universums gültig waren? Ist also anzunehmen, dass die Prozesse in den heutigen Elementarteilchenbeschleunigern tatsächlich etwas mit den Vorgängen im frühen Universum zu tun haben?

5. Vielleicht war früher alles anders

Diese Frage bringt uns zurück zu dem anfangs angesprochenen Problem, dass beim Urknall keine Beobachter zugegen waren. Prinzipiell kann wohl nicht ausgeschlossen werden, dass die Physik zu Zeiten des Urknalls eine ganz andere war, das Szenario aber so geschickt aufgebaut ist, dass wir unseren Irrtum durch Beobachtungen nicht aufdecken können. Nimmt man diesen Standpunkt ein, so kann man von Seiten der Physik sofort aufhören, über den Urknall nachzudenken. Angesichts der bis jetzt so erfolgreichen Naturbeschreibung durch die Physik erscheint es aber gerechtfertigt, einen optimistischeren Standpunkt einzunehmen. Man kann hoffen, dass eine physikalische Theorie, die im Einklang mit den experimentellen Beobachtungen steht, für alle Zeiten gültig ist. Damit ist nicht grundsätzlich ausgeschlossen, dass es zeitliche Änderungen in den physikalischen Gesetzen gibt, aber solche Änderungen sollten im Rahmen einer umfassenderen Theorie beschrieben werden können. Dies setzt voraus, dass uns die Natur mit ausreichenden Hinweisen versorgt, die uns die Konstruktion einer solchen Theorie erlauben.

Die ewige Gültigkeit der physikalischen Gesetze wird keineswegs stillschweigend vorausgesetzt. So wird seit einiger Zeit der Frage nachgegangen, ob die Naturkonstanten vielleicht gar nicht so konstant sind, wie wir im Allgemeinen annehmen, sondern ob sie sich vielleicht im Laufe der Zeit verändert haben. Dabei steht die Feinstrukturkonstante, die die Stärke der elektromagnetischen Wechselwirkung angibt, im Mittelpunkt des Interesses, nachdem astronomische Beobachtungen an Quasaren Hinweise auf eine zeitliche Änderung dieser Größe ergeben hatten. Inzwischen hat man die Feinstrukturkonstante mit einer ganzen Reihe verschiedener Methoden auf eine zeitliche Variation in verschiedenen Entwicklungsphasen des Universums hin untersucht.[12] Mit Hilfe von hochpräzisen Atomuhren lässt sich herausfinden, ob sich die Feinstrukturkonstante zur Zeit noch ändert. Eine Möglichkeit, in die Vergangenheit zu blicken, bietet ein natürlicher Kernreaktor, der in Gabun vor etwa zwei Milliarden Jahren aktiv war. Die heute vorgefundene Gesteinszusammensetzung lässt auf den Ablauf der damaligen Kernprozesse schließen, der wiederum von der Feinstrukturkonstante abhängt. In ähnlicher Weise kann man auch die Zusammensetzung von Meteoriten und die Häufigkeit leichter Atomkerne im Universum analysieren. Lediglich eine Quasarbeobachtung hat bis jetzt ein Resultat ergeben, das auf eine zeitliche Änderung der Feinstrukturkonstanten schließen lässt. Ob es sich hier um einen echten Effekt handelt, müssen weitere Beobachtungen entscheiden. Es gibt jedenfalls bereits Vorstellungen, wie man eine solche zeitliche Variation in die bestehenden Theorien einbauen könnte.

Die Feinstrukturkonstante ist nur einer von mindestens 19 Parametern, die das bereits erwähnte Standardmodell der Elementarteilchen charakterisieren. Im Rahmen des Modells sind die Werte dieser Parameter nicht festgelegt, sie müssen aus dem Experiment bestimmt werden. Sind einige dieser Parameterwerte aus einer fundamentaleren Theorie erklärbar? Wie viel Parameter bleiben letztendlich unerklärbar, charakterisieren also unser Universum und hätten vielleicht auch andere Werte annehmen können?

6. Das Universum – für den Menschen gemacht?

Das Bestreben des Physikers ist es natürlich, möglichst wenig freie Parameter in einer Theorie zu haben, um ein möglichst vollständiges Verständnis der Natur zu erreichen. Eine vereinheitlichte Beschreibung aller fundamentalen Wechselwirkungen sollte eine Theorie liefern, aus der sich zumindest einige Parameter des einfacheren Standardmodells herleiten lassen. Andererseits könnte es auch dann noch Parameter geben, deren Wert nicht erklärbar ist oder in einem Zufallsprozess festgelegt wird. In diesem Falle wäre unser Universum nicht das einzig denkbare, und man könnte sich sogar vorstellen, dass tatsächlich noch weitere Universen mit anderen Eigenschaften existieren. Solche Szenarien werden von einigen spekulativen Theorien beschrieben, bei denen schwarze Löcher die Verbindung zu anderen Universen herstellen oder unser Universum aus Domänen mit verschiedenen Eigenschaften besteht. Nachdem bis jetzt noch keine Anzeichen für eine solche Domänenstruktur festgestellt wurden, müssten diese Bereiche größer als das für uns beobachtbare Universum sein.

Wie wir im Folgenden sehen werden, hat die Antwort auf die Frage, wie viel freie Parameter das Universum besitzt und ob es eventuell mehr als ein Universum im gerade geschilderten Sinne gibt, erhebliche Konsequenzen für das Selbstverständnis des Menschen.

Nachdem wir uns bei der bisherigen Diskussion auf die Eigenschaften der Elementarteilchen und ihre Rolle im frühen Universum konzentriert haben, wollen wir zunächst noch eine weitere, ganz wesentliche Eigenschaft unserer Welt betrachten, die uns vielleicht viel zu selbstverständlich ist. Wir leben in einem dreidimensionalen Raum, der zusammen mit der Zeitkoordinate zur vierdimensionalen Raum-Zeit der speziellen Relativitätstheorie wird. Andererseits weisen die Versuche, die Gravitation mit den anderen drei Wechselwirkungen zu vereinheitlichen, darauf hin, dass man höherdimensionale Räume annehmen muss. Dabei sind einige Dimensionen auf die Größe der Planck-Länge eingerollt und für uns daher de facto nicht sichtbar. Auf diese Weise ergibt sich dann effektiv unser dreidimensionaler Raum. Es ist also vorstellbar, dass der Raum nicht zwingend dreidimensional sein muss, sondern dass die Dimensionalität des Raumes eine Eigenschaft ist, die erst in einer extrem frühen Phase des Universums festgelegt wurde.

Es mag erschreckend wirken, dass das Universum unter Umständen ganz anders aussehen könnte, als wir es gewohnt sind, und nicht ohne Grund: Intelligentes Leben, zumindest in der Form wie wir es kennen, kann es nur in dreidimensionalen Räumen geben. In einem zweidimensionalen Raum würde die Nahrungsaufnahme und -verarbeitung wie beim Menschen, also mittels eines durchgehenden Systems aus Mund, Speiseröhre, Magen und Darm, das Lebewesen in zwei unzusammenhängende Teile aufspalten. Während sich hierfür noch eine Lösung finde ließe, ist nicht zu erwarten, dass eine zweidimensionale Vernetzung von Zellen die für intelligentes Leben notwendige Komplexität eines Gehirns erlaubt. Auch das System des Blutkreislaufs wäre in einem zweidimensionalen Raum in der uns vertrauten Form nicht möglich.

Die Unmöglichkeit von Leben in vier und mehr Raumdimensionen hat dagegen einen viel fundamentaleren Grund: Im Gegensatz zum dreidimensionalen Raum kann es hier keine stabilen Planetenbahnen geben. Es mag sein, dass diese Argumente zu sehr von unserer Vorstellung von intelligentem Leben geprägt sind. In jedem Falle wären aber vernunftbegabte Lebewesen in Räumen mit mehr oder weniger als drei Dimensionen radikal verschieden von den uns vertrauten Lebensformen.

Wenn die Anzahl der Raumdimensionen eine so entscheidende Rolle für unsere Existenz spielt, muss man sich fragen, wie es sich mit den vorher im Zusammenhang mit dem Standardmodell der Elementarteilchen erwähnten Parametern verhält. Auch wenn es auf den ersten Blick unwahrscheinlich klingen mag, dass die Stärke der fundamentalen Wechselwirkungen maßgeblich die Möglichkeit von Leben in einem Universum beeinflusst, so ist dies dennoch der Fall. Schließlich waren die Atome, aus denen wir bestehen, nicht von Anbeginn vorhanden, sondern mussten zunächst durch Kernreaktionen erzeugt werden. Da der Kohlenstoff die leichteste Atomsorte mit einer hinreichend komplexen Chemie ist, um als Basis für Leben dienen zu können, musste seine Erzeugung möglich sein. Andererseits durfte es nicht zu einer praktisch vollständigen Umwandlung in schwerere Atomkerne kommen. Interessanterweise ist es so, dass die Erzeugung von Kohlenstoff in unserem Universum besonders effizient abläuft, während die Umwandlung von Kohlenstoff zum schwereren Sauerstoff erheblich langsamer vonstatten geht.

Eine zentrale Rolle bei solchen Überlegungen spielt die starke Wechselwirkung, die für den Zusammenhalt der Kernbausteine verantwortlich ist. Wäre diese Wechselwirkung zu schwach, so könnte schon das Helium, das nach dem Wasserstoff zweitschwerste Element, bereits nicht mehr existieren, von Kohlenstoff ganz zu schweigen. Darüber hinaus würde den Sternen ein Mechanismus zur Energieerzeugung fehlen, der ihre Stabilität zumindest für einige Zeit garantiert. Der entgegengesetzte Fall hätte dazu geführt, dass wesentlich schwerere Elemente gebildet worden wären als dies in unserem Universum der Fall ist, womit es wiederum nicht zu kohlenstoffbasiertem Leben gekommen wäre.

Aber auch die anderen Wechselwirkungsstärken können nicht erheblich verändert werden, ohne die Möglichkeit von Leben im Universum zu gefährden. Die elektromagnetische Wechselwirkung beispielsweise spielt eine wichtige Rolle bei der chemischen Bindung. Wäre diese Wechselwirkung wesentlich schwächer, so könnten sich keine Moleküle bilden, während der umgekehrte Fall wiederum die Existenz von schweren Atomkernen verhindern würde. Von der Stärke der schwachen Wechselwirkung hängt es ab, ob Sterne, die zuvor schwere chemische Elemente synthetisiert haben, als Supernova explodieren und so diese Elemente in das Weltall verteilen können. Da es keinen anderen Mechanismus der Elementsynthese gibt, stehen nur auf diese Weise die chemischen Elemente zur Verfügung, die für das Entstehen von Leben erforderlich sind. Schließlich spielt auch die Gravitation eine Rolle, da sie wohl für die Entwicklung von Materiehäufungen im Universum verantwortlich war und so erst die Bildung von Sternen ermöglichte. Andererseits hätte eine zu starke Gravitation die Bildung von Planeten verhindert.[13]

Wie diese und ähnliche Überlegungen zeigen, ist es keineswegs selbstverständlich, dass sich in einem Universum Leben entwickeln kann. Aus diesem Umstand ergeben sich nun interessante Verbindungen zwischen unserer Existenz einerseits und der ultimativen physikalischen Theorie andererseits. Es wäre zu hoffen, dass sich eine solche Theorie als parameterfrei erweist, also keine Größen mehr enthält, die nur experimentell bestimmt werden können. Dann wäre aus physikalischer Sicht im Prinzip alles verstanden. Ob eine solche Theorie tatsächlich existiert, ist a priori allerdings nicht klar.

Ist dies jedoch der Fall, so wäre es denkbar, dass das Universum nur so beschaffen sein kann wie wir es kennen. Dann stellt sich sofort die Frage, warum sich zwingend ein Universum ergibt, in dem Leben möglich ist. Jenseits der Physik könnte man hierauf eine teleologische Antwort geben.

Es ist allerdings durchaus wahrscheinlich, dass selbst eine parameterfreie Theorie noch die Möglichkeit vieler verschiedenartiger Universen enthält. Man kann sich dies wie beim Roulette vorstellen, bei dem die Kugel abhängig von den Anfangsbedingungen in einer der verschiedenen Mulden zu liegen kommt. Im Falle des Universums könnten ebenfalls die Anfangsbedingungen oder aber quantenmechanische Prozesse zu einem ganz bestimmten Universum aus einer Vielzahl möglicher Universen führen. Dann könnte es sein, dass wir einfach das große Los gezogen haben, indem ein Universum entstand, das unsere Existenz ermöglicht. Wäre ein ganz anderes Universum entstanden, so hätten wir es nie erfahren, da unsere Existenz ausgeschlossen gewesen wäre.

Als weitere Möglichkeit wäre es denkbar, dass unser Universum nicht einzigartig, sondern nur eines von vielen tatsächlich realisierten Universen ist. Es wäre möglich, dass im Laufe der Zeit immer wieder Universen entstehen, die sich in ihren Eigenschaften unterscheiden. Ebenso kann man sich vorstellen, dass unser Universum, das möglicherweise erheblich größer ist als der für uns sichtbare Teil, aus riesigen Domänen mit verschiedenen physikalischen Eigenschaften besteht. In diesem Falle würden wir in einem bestimmten Universum oder einem bestimmten Teilbereich eines Universums leben, weil dort geeignete Bedingungen vorherrschen, so wie das Leben auf der Erde entstand und nicht auf einem anderen Planeten des Sonnensystems wo die Entwicklung von Leben ausgeschlossen war.

Man kann nun versuchen, unsere Existenz in diesem Universum zu verwenden, um dessen Eigenschaften zu begründen. Eine solche Argumentation wird nach Brandon Carter als anthropisches Prinzip[14] bezeichnet, das in einer Reihe verschiedener Varianten existiert. In seiner extremsten Form geht dieses Prinzip davon aus, dass das Universum den Zweck hat, Leben zu beherbergen. Hierbei bewegt man sich jedoch weit jenseits der Grenzen physikalischer Prinzipien. Insbesondere steht eine solche Überlegung im Gegensatz zur Lektion, die uns Kopernikus erteilte, und die dem Menschen eine Sonderstellung im Universum verwehrt. In der Physik hat es sich sehr bewährt, Kopernikus in diesem Punkt zu folgen.

Andererseits ist klar, dass zumindest die Eigenschaften des Universums in dem Bereich, in dem wir uns befinden, unsere Existenz zulassen müssen. Diese triviale Aussage wird interessanter, wenn man unsere Existenz benutzt, um Eigenschaften unseres Universums zu erklären. Obwohl eine solche Argumentation nicht im Widerspruch zum kopernikanischen Prinzip steht,[15] gehen die Meinungen darüber, ob eine solche Art der Erklärung akzeptabel ist, allerdings weit auseinander.

Die Zukunft wird sicherlich weitere Einsichten in die Frühphase des Universums bringen und vielleicht wird man eines Tages wissen, ob unser Universum ein Unikat ist oder nur eines unter vielen. Die Antwort hierauf wird das menschliche Selbstverständnis möglicherweise revolutionieren. Hält man sich die Entwicklung unseres Verständnisses des Universums im Laufe der letzten vierhundert Jahre vor Augen, so wäre es schon reizvoll zu wissen, was die Physik in vierhundert Jahren zu diesem Thema sagen wird und wie weit wir heute von der Beantwortung einiger der grundlegendsten Fragen entfernt sind.

Anmerkungen

1 *R. Musil*, Der Mann ohne Eigenschaften, Reinbek 2003, erstes Buch, Kapitel 85.

2 Ebd.

3 Für eine kompakte Einführung in die Physik des Urknalls siehe z.B.: *H.-J. Blome, H. Zaun*, Der Urknall, München 2004.

4 *S. Weinberg,* The First Three Minutes, New York 1993, 9.

5 Für aktuelle Resultate siehe z.B.: http://map.gsfc.nasa.gov.

6 Siehe z.B.: www.geo600.uni-hannover.de, www.virgo.infn.it, www.ligo.caltech.edu, lisa.jpl.nasa.gov.

7 Eine Einführung in die spezielle und allgemeine Relativitätstheorie gibt z.B.: *T. Filk, D. Giulini*, Am Anfang war die Ewigkeit, München 2004.

8 Für eine kompakte Einführung siehe z.B.: *G.-L. Ingold*, Quantentheorie, München 2002, Kapitel 6.

9 Für eine kompakte Einführung siehe z.B.: *H. Fritzsch*, Elementarteilchen, München 2004.

10 *G. Veneziano*, Die Zeit vor dem Urknall, in: Spektrum der Wissenschaft, August 2004, 30.

11 Eine Einführung gibt z.B.: *B. Greene*, Das elegante Universum, Berlin 2002.

12 *K. A. Olive, Y.-Z. Qian*, Were Fundamental Constants Different in the Past?, in: Physics Today, Oktober 2004, 40.

13 *J. Demaret, D. Lambert*, Le Principe Anthropique, Paris 1994, Kapitel 5.

14 *J. D. Barrow, F. J. Tipler*, The Anthropic Cosmological Principle, Oxford 1986.

15 *S. Roush*, Copernicus, Kant, and the anthropic cosmological principles, in: Studies in History and Philosophy of Modern Physics, 34 (2003) 5-35.

Vom Anfang und Ende der Welt

Klaus Mainzer

1. Eine kurze Geschichte der Kosmologie[1]

Wir werden geboren, wachsen, altern und sterben. Unser Leben ist ein Sein zum Tode. Ist das auch das Schicksal der Menschheit und des Kosmos?

Die Grundfragen nach Kosmos und Leben stellen bereits die vorsokratischen Naturphilosophen, die ersten Physiker, wie sie auch genannt wurden. Die Welt ist nach Heraklit (ca. 500 v. Chr.) in einer ständigen Veränderung ohne Anfang und Ende:

> „Das All steuert der Blitzstrahl (d.i. das Feuer). Die Weltordnung (logos), dieselbe für alle (und alles), schuf weder einer der Götter noch der Mensch, sondern sie war immer und ist und wird sein ewig lebendiges Feuer, erglimmend nach Maßen und erlöschend nach Maßen." [2]

Der ständige Kampf der Gegensätze wird allerdings nach Heraklit von einem ewigen Weltgesetz (logos) der Harmonie gesteuert:

> „Das Gegensätzliche strebt zur Vereinigung, aus dem Unterschiedlichen entsteht die schönste Harmonie, und der Kampf lässt alles so entstehen."[3]

Was ist dieses Weltgesetz, dieser Logos, der das All bestimmt? Griechische Astronomen beobachten bereits eine perfekte Drehungssymmetrie des Himmels. Am Horizont drehen sich die Sterne um einen Himmelspol. Der Horizont trennt die sich drehenden und immer sichtbaren (zirkumpolaren) Sterne um den Himmelspol von den auf- und untergehenden Himmelskörpern. Die Erde ruht für den Erdbeobachter. Erstmals erklären griechische Wissenschaftler diese Beobachtung durch ein mathematisches Sphärenmodell: Die Sterne sind auf einer Himmelsphäre fixiert, die sich um eine Achse durch den Sphärenmittelpunkt mit der ruhenden Erde dreht. An den beiden Enden der Himmelsachse sind die beiden Himmelpole. Für den ruhenden Erdbeobachter drehen sich die Sterne um den sichtbaren Himmelspol. Der Horizont ist eine tangentiale Kreisscheibe, welche die Erde am Standort des Beobachters berührt und bis zur Himmelssphäre reicht. Die zirkumpolaren Sterne sind daher immer sichtbar. Die übrigen sichtbaren Sterne gehen für den Erdbeobachter am Rand der Horizontscheibe auf und unter. Dieses mathematische Bezugssystem zur Beschreibung von Sternbewegungen relativ zur Erde wird noch heute in der Astronomie benutzt.

In der griechischen Naturphilosophie wird es jedoch real gedeutet: Die Erde ist der Mittelpunkt der Welt. Nach Aristoteles drehen sich sieben kristallartige Kugelschalen mit den Planeten Mond, Merkur, Venus, Sonne, Mars, Jupiter und Saturn konzentrisch um die ruhende Erdkugel. Dort streben die schweren Elemente Erde und Wasser „nach unten“ zum Weltmittelpunkt in der Erde, die leichten „nach oben“ zur Mondsphäre. Der endliche Kosmos wird durch die Fixsternsphäre abgeschlossen. Eine selbst unbewegte Anfangsursache, der „unbewegte Beweger“ des Aristoteles, hat das Sphärensystem in Bewegung gesetzt. Augustinus deutet diese Anfangsursache später als den christlichen Schöpfergott.

Als schließlich rückläufige Schleifen der Planetenbahnen beobachtet werden, erklärt sie Platon für bloßen Schein. Sie müssen durch vollkommene gleichförmige Sphärenbewegungen erklärt werden, um die perfekte Symmetrie des Himmels zu „retten“. Diese platonische Forderung wurde zum Kern eines astronomischen Forschungsprogramms in Antike und Mittelalter, um Unregelmäßigkeiten in der Himmelsbeobachtung auf reguläre Sphärensymmetrien zurückzuführen. Nach Apollonius von Perga (210 v. Chr.) kreist ein Planet tatsächlich gleichförmig auf einer kleineren Sphäre (Epizykel), dessen Mittelpunkt sich gleichförmig auf einem Großkreis (Deferenten) um den Erdmittelpunkt bewegt. Bei geeigneten Drehungs- und Radienproportionen erzeugen die zusammengesetzten Kreisbewegungen Planetenschleifen. Die wechselnde Helligkeit des Planeten für einen Erdbeobachter wird durch die unterschiedliche Erdnähe des Planeten auf seinen Schleifenbahnen erklärt. Durch geeignete ineinandergeschachtelte Epizykel- und Deferentenbewegungen, Ausgleichs- und Exzenterpunkte lassen sich alle möglichen Kurven und Figuren erzeugen, die Beobachtungsdaten ad hoc angepasst werden können. Damit entsteht im Mittelalter ein ebenso raffinierter wie auch komplizierter „Himmelscomputus" allerdings ohne platonische Zentralsymmetrie und ohne Erklärung durch die aristotelische Physik.

Wie lassen sich die komplizierten ad-hoc Annahmen der geozentrischen Astronomie vermeiden? Nehmen wir an, dass Planeten sich gleichförmig auf Kreisbahnen um die Sonne und nicht um die Erde bewegen. Dann werden rückläufige Planetenschleifen ohne die Epizykel-Deferenten-Hypothese als Effekte der Erdbewegung um die Sonne erklärbar. In seinem Hauptwerk „De revolutionibus" (1543) tauscht N. Kopernikus daher die Stellung der Erde durch die Sonne aus und erhält ein vereinfachtes Beschreibungsmodell der Himmelsbewegungen. Nur der Mond umkreist noch die Erde. Die Schwere ist nun ein natürliches Streben der Elemente nach dem Mittelpunkt ihrer jeweiligen Planeten. Der Kosmos bleibt allerdings endlich und konzentrisch. Die Himmelssymmetrie ist nun einfacher. Galileis genaue Fernrohrbeobachtungen (z.B. Erdmond, Jupitermonde und Venusphasen) erschüttern zwar das geozentrische Weltsystem, ohne es endgültig widerlegen zu können. Das gelingt strenggenommen erst durch Beobachtung der Fixsternparallaxe Anfang des 19. Jahrhunderts. Solange bleibt ein geozentrisches Beschreibungsmodell im Prinzip möglich.

Die neue Physik des geozentrischen Weltbildes liefert I. Newton. Bereits im Titel seiner „Philosophiae naturalis principia mathematica" (1687) wird der Anspruch gegenüber der aristotelischen Physik deutlich: Newton liefert die mathematischen Prinzipien einer (neuen) Naturphilosophie! Diese Prinzipien sind seine Mechanikgesetze. Himmelskörper wechselwirken in einem absolut ruhenden unendlich leeren Raum nach Newtons Gravitationsgesetz umgekehrt proportional zum Quadrat ihrer Abstände. Daraus lassen sich Keplers Planetenbahnen mathematisch zwingend ableiten und Beobachtungen erklären und prognostizieren. In der klassischen Physik ersetzt Newton zwar die aristotelische Physik durch Mechanik und Gravitationsgesetz. Newtons absoluter Raum ist aber ebenso ein statischer, wenn auch unbegrenzter und leerer Behälter, in dem sich die kosmischen Ereignisse abspielen. Seine absolute Zeit geht davon aus, dass überall in diesem Raum die Uhren mit absoluter Gleichzeitigkeit gehen können.

Auch Einstein glaubte zunächst in der Tradition Newtons an ein statisches, unbegrenztes Universum. Tatsächlich wäre aber Newtons Universum nicht stabil, da es sich aufgrund der Gravitation seiner Massen zusammenziehen müsste. Bei Newton bliebe der Raum wie ein unbegrenzter leerer statischer Behälter zurück, in dem sich die Massen zusammenklumpen. Nach Einstein werden die Weltlinien der Raum-Zeit durch die Stärke von Gravitationsfeldern beeinflusst. Aufgrund starker Gravitation können sie abgelenkt, gekrümmt und zusammengezogen werden oder bei weniger starker Gravitation auseinanderdriften. Die Raum-Zeit kann in diesem Sinn nach der Allgemeinen Relativitätstheorie expandieren oder kontrahieren. Daher nahm Einstein 1917 zum Ausgleich der Gravitation eine kosmologische Konstante an, um Expansion und Kontraktion zu verhindern und das Universum im Großen (global) statisch und stabil zu halten. Lokale Veränderungen sind damit nicht ausgeschlossen.

Physikalisch war Einsteins Ausgleichskonstante eine ad-hoc-Annahme, die durch kein physikalisches Gesetz erzwungen wird. Warum, so fragte der belgische Astronom Georges Lemaître (1894-1966), sollte man dann aber darauf nicht besser verzichten und Expansion und Kontraktion des Universums als natürliches Verhalten nach der Allgemeinen Relativitätstheorie zulassen? Da Lemaître nicht nur Astronom, sondern auch Theologe war, verband sich diese Interpretation mit einem weltanschaulichen Interesse. Ein Universum, das in einem Schöpfungsakt aus einer Keimzelle entsteht, sich nach den Gesetzen Einsteins entfaltet und wieder kontrahiert, schien der Schöpfungstheologie zu entsprechen.

Einstein wurde jedoch erst durch ein empirisches Argument zur Aufgabe der kosmologischen Konstante bewogen. Den Anstoß lieferten Beobachtungen der Spektroskopie. Spektren von sehr weit entfernten Galaxien wiesen Rotverschiebungen (d.h. hin zu größeren Wellenlängen) auf. Edwin Hubble deutete sie 1929 als Maß der Fluchtgeschwindigkeit, mit der sich Galaxien voneinander entfernen. Als Erklärung diente ihm ein optisch gedeuteter Doppler-Effekt. Danach erscheinen die Wellenlängen eines von einer bewegten Lichtquelle ausgesandten Lichtstrahls relativ zu einem ruhenden Beobachter größer, wenn sich die Lichtquelle entfernt. Aus der Akustik ist dieses Phänomen von Schallwellen wohlbekannt. Einstein gab die kosmologische Konstante als größte Eselei seines Lebens auf.

Nach dem Hubble-Gesetz ist keine Galaxie ausgezeichnet. Das Kosmologische Prinzip nimmt daher an, dass Galaxien im expandierenden

Universum zu jedem Zeitpunkt überall räumlich homogen und isotrop („maximal symmetrisch“) verteilt sind, d.h. bei geeigneter Skalierung von durchschnittlich gleicher Verteilung (Homogenität) ohne Auszeichnung einer Richtung (Isotropie). Homogene und isotrope Räume sind mathematische Räume mit konstanter Krümmung, die entweder flach („euklidisch“), negativ oder positiv gekrümmt sind. Als 2-dimensionale Flächen entsprechen sie einer unbegrenzten Ebene mit der Krümmung Null und unendlichem Inhalt, einer Sattelfläche mit (ortsabhängiger) negativer Krümmung und unendlichem Inhalt oder einer unbegrenzten Kugeloberfläche mit positiver Krümmung, aber endlichem Inhalt.

Unter der Annahme des Kosmologischen Prinzips und Einsteins Gravitationstheorie fanden H.P. Robertson und H.G. Walker 1935/36 die drei Standardmodelle eines expandierenden Universums, das zu jedem Zeitpunkt räumlich homogen und isotrop („maximal symmetrisch“) ist – das mäßig expandierende euklidische („flache“) Universum mit euklidischem Raum zu jedem Zeitpunkt, das stark expandierende Universum mit negativ gekrümmtem (Lobatschewskischem) Raum zu jedem Zeitpunkt und das sphärische Universum mit positiv gekrümmtem Raum zu jedem Zeitpunkt, das (wegen des endlichen Inhalts) nach endlicher Zeit in einem Endpunkt kollabiert und nicht wie die beiden anderen offenen Universen unbegrenzt expandiert. Gemeinsam ist den drei Standardmodellen die Annahme einer Anfangssingularität, die als „Urknall“ populär wurde.

2. Schwarze Löcher und Urknall – Raumzeitliche Singularitäten[4]

Der Anfangspunkt („Singularität“) der Standardmodelle könnte auch eine Besonderheit der Standardmodelle sein, die aus dem Kosmologischen Prinzip folgt. Empirisch belegt war in den 1930er Jahren nur die Hubble-Expansion auf Grund der beobachteten Rotverschiebung. Die (damaligen) sowjetischen Kosmologen J. Lifschitz und I. Chalatnikow, die sich aus weltanschaulichen Gründen wenig mit der Vorstellung eines punktuellen Anfangs der Materie befreunden konnten, bewerteten 1963 die Standardmodelle daher nur als approximative Beschreibung der Expansion, lehnten aber die Vorstellung eines Anfangspunktes ab, der einen Schöpfungsakt suggerieren könnte. Könnte es nicht sein, dass die

Expansionsphase einer früheren Kontraktionsphase folgt, bei der nicht alle Materieteile kollidieren, sondern sich nur verdichten, um sich quasi aneinander vorbei und erneut voneinander fortzubewegen, um die Expansion wieder fortzusetzen? Dieses Modell eines oszillierenden Universums ließe die Vorstellung einer „ewigen Materie" zu. Erklärt sie nicht auch besser die heute beobachtbaren lokalen Unregelmäßigkeiten in der Verteilung von Galaxienstrukturen und macht die starke Symmetrieannahme des Kosmologischen Prinzips überflüssig?

An dieser Stelle kommen die „Schwarzen Löcher" ins Spiel, deren theoretische Erforschung in den 1960er Jahren erste Höhepunkte hatte. Die Astrophysik nimmt danach die Lebensgeschichte eines massenreichen Sterns wie folgt an: Massenreiche Objekte (z.B. Sterne) blähen sich nach ihrem Ausbrennen zu einem blauen Riesen auf, der beim Kollaps in einer Supernova explodiert. Bleibt danach ein Kern mit mehr als 2.5 Sonnenmassen übrig, stürzt dieser zu einer alles verschlingenden Konzentration ungeheuer starker Gravitationskräfte („Schwarzes Loch") zusammen. Diese astrophysikalische Beschreibung stimmt mit mathematischen Konsequenzen der allgemeinen Relativitätstheorie überein. Die britischen Mathematiker und Physiker R. Penrose und S.W. Hawking beweisen 1965-1970, dass diese Sterne ihren Kollaps sogar bis zu einer Punktsingularität von unendlicher Dichte fortsetzen. In einem Raum-Zeit-Diagramm stürzen die Weltlinien der Materieteilchen in einem Punkt zusammen, der sich als Gerade in der Zeit fortsetzt. Der Schwarzschild-Radius bestimmt eine Grenzzone („Ereignishorizont"), bei dessen Überschreiten Masse- und Lichtteilchen ohne Rückkehr in die Singularität fallen: Ereignisse im Innern des Ereignishorizonts bleiben danach verborgen. Nach den Singularitätssätzen von Penrose und Hawking gibt es also Raum-Zeit-Singularitäten mit ungeheurer Gravitation und raumzeitlicher Krümmung. Dort kollabiert Materie (z.B. von sterbenden Sternen) in einem Punkt.

Nun haben alle Naturgesetze der klassischen und relativistischen Physik die fundamentale Eigenschaft der Zeitsymmetrie, d.h. im Prinzip lassen diese Gesetze zu, dass physikalische Prozesse auch rückwärts laufen könnten. Wegen dieser Zeitsymmetrie könnte es also auch „Weiße Löcher" geben, aus denen Materie expandiert und die Prozesse der Schwarzen Löcher rückwärts laufen. Diese theoretische Möglichkeit inspirierte Hawking 1970 zum Beweis eines mathematischen Theorems:

Wenn (nur) die Gesetze der allgemeinen Relativitätstheorie und die heute beobachtete Materieverteilung vorausgesetzt werden, dann hat das Universum mathematisch zwingend eine Anfangssingularität. Dieser Beweis setzt die Symmetrieannahme des Kosmologischen Prinzips nicht voraus, so dass die Einwände von J. Lifschitz und I. Chalatnikow gegen das Urknallmodell entfallen. Singularitäten haben allerdings mathematische Nachteile für physikalische Modelle: Bei Singularitäten mit gegen Null oder Unendlich konvergierenden Größen versagen die Gesetze der klassischen und relativistischen Physik. Anders ausgedrückt: Zum Zeitpunkt des Anfangs können wir nach diesem Modell nicht rechnen, sondern erst danach.

War das der Triumph der Urknalltheorie? Die sowjetischen Kosmologen ziehen jedenfalls 1970 ihre Einwände gegen die Urknalltheorie zurück. Im Vatikan erhält Hawking 1975 eine Verdienstmedaille der Päpstlichen Akademie der Wissenschaft verliehen. Anlässlich einer Konferenz der Akademie über Kosmologie favorisiert Papst Johannes Paul II. in der Tradition seiner Vorgänger seit Pius XII. die Urknalltheorie und erinnert an Monsignore Lemaitre, der ein solches Modell als erster vertreten hatte. Der Papst schlug damals eine Arbeitsteilung vor, wonach sich die Physiker mit der Entwicklung des Universums nach dem Urknall beschäftigen, während der Zeitpunkt der Schöpfung und seine Auslösung Thema der Metaphysik und Theologie sei. Die Vorstellung einer prinzipiell unberechenbaren Anfangssingularität ließ allerdings weltweit Kosmologen wie Hawking keine Ruhe.

3. Auf der Suche nach der Weltformel – Quantenkosmologie[5]

Tatsächlich haben wir nämlich bisher die Rechnung ohne die andere fundamentale physikalische Theorie des 20. Jahrhunderts neben der Relativitätstheorie gemacht – die Quantentheorie. Die Expansion des Universums aus einem heißen und dichten Frühstadium ist mit der Entstehung von Elementarteilchen und Atomen verbunden, die in der Quantenphysik untersucht werden. Neben Hubble-Expansion und einer heute messbaren Hintergrundstrahlung aus dieser heißen Frühzeit wird die Quantenphysik zum Testfall der Kosmologie.

Dazu stellt man sich das Universum als gewaltiges Hochenergielaboratorium vor, in dem die vier heute beobachtbaren fundamentalen physikalischen Grundkräfte der Natur entstanden sind. Gemeint sind die Gravitation, die in der allgemeinen Relativitätstheorie untersucht wird, und die drei Wechselwirkungen, die Thema der Quantenphysik sind - die elektromagnetische Wechselwirkung wie z.B. das Licht, die schwache Wechselwirkung (z.B. β-Zerfall) und die starke Wechselwirkung, die von den Kernkräften bekannt ist. Diese Kräfte waren in früheren Entwicklungsstadien des Universums in hochenergetischen Zuständen vereinigt und haben sich aufgrund der Expansion und der damit verbundenen Abkühlung schrittweise abgespalten. Das klingt nach einer Bestätigung von Heraklits „ewig lebendigem Feuer, erglimmend nach Maßen und erlöschend nach Maßen." Die Vereinigung von schwacher und elektromagnetischer Wechselwirkung wurde bereits in einem irdischen Hochenergielaboratorium realisiert. Für die Vereinigung der vereinigten elektroschwachen Wechselwirkung mit der starken Wechselwirkung in einem noch höheren Energiezustand gibt es wenigstens ein bewährtes theoretisches Standardmodell der Quantenfeldtheorie.

Während dieses Zustands sagt die Quantenfeldtheorie ein Quantenvakuum mit negativem konstanten Druck voraus. Die damit verbundene Antigravitation treibt das Universums mit einem Faktor ca. 10^{50} auseinander. Während dieser („inflationären") Epoche zerfällt das Quantenvakuum und wandelt die aufgespeicherte Energie in „inflationär" viele reelle Teilchen um. Nach dieser Materieerzeugung wird die Antigravitation durch Gravitation ersetzt. Das Universum geht in die Phase der Standardexpansion nach dem relativistischen Standardmodell über. Die inflationäre Epoche ist quasi der explosive Treibsatz, der die Expansion erklärt. Nach knapp 300 000 Jahren trennen sich Materie und Strahlung und das Universum wird durchsichtig. Die Gravitation beginnt, materielle Strukturen von Galaxien, Schwarzen Löchern und ersten Sternengenerationen zu formen, die chemische Elemente erzeugen und wieder vergehen lassen, um neue Verbindungen zu erzeugen bis heute.

Wie soll man sich aber den Urzustand des Universums vor der inflationären Epoche vorstellen, in dem die quantenphysikalischen Wechselwirkungen sogar mit der Gravitation vereinigt waren? Nach W. Heisenbergs Unschärferelation der Quantenphysik kann es keine punktgenaue Anfangssingularität gegeben haben. Die Unschärferelation besagt nämlich, dass bestimmte Paare physikalischer Größen wie z.B. Ort und Impuls oder Zeit und Energie, die zu einer punktgenauen Bestimmung eines Elementarteilchens notwendig wären, nicht gleichzeitig wie in der klassischen Physik mit beliebiger Genauigkeit gemessen werden können: Bestimmt man z.B. den Zeitpunkt immer genauer, so streut entsprechend der Energiewert immer stärker und umgekehrt. Die Quantenphysik ist nämlich im Unterschied zur deterministischen Relativitätstheorie eine statistische Theorie. Im Unterschied zur Relativitätstheorie lässt die Quantenphysik auch keine beliebige Verkleinerung gegen Unendlich zu. Die Planckgröße gibt die nach dieser Theorie kleinste endliche Ausdehnung eines Materieteilchens an. Lemaitre hatte sich anschaulich in den 1930er Jahren ein „Uratom" vorgestellt, das in einem Schöpfungsakt entstanden war und aus dem sich das Universum entwickelte. Heute nehmen wir ein winziges Uruniversum an, in dem aufgrund der Unschärferelation winzige Quantenfluktuationen vorgelegen haben,, die sich in der Mikrowellenhintergrundstrahlung als Relikt aus dieser heißen Frühphase des Universums niedergeschlagen haben und schließlich in galaktischen Strukturen realisierten. Tatsächlich sind solche Fluktuationen des heißen Uruniversums heute in der erkalteten Rückstandstrahlung nachweisbar.

Ein origineller Vorschlag über dieses quantenphysikalische Uruniversum geht auf Hawking zurück. Offenbar muss es ein winzig kleines Quantensystem mit enormer (aber endlicher) Krümmung, Energie und Dichte sein. Sein Quantenzustand („Wellenfunktion") lässt sich (unter Voraussetzung der Wheeler-DeWitt-Gleichung) nach Feynmans Pfadintegralmethode als Aufsummierung verschiedener mehr oder weniger wahrscheinliche Entwicklungen („gekrümmter Raum-Zeiten") des Universums auffassen. J. Hartle und S. Hawking schlugen 1983 dafür eine Klasse von gekrümmten Raum-Zeiten ohne Singularitäten vor, um Berechnungen und Prognosen des Universums zu ermöglichen („Keine-Grenzen-Hypothese"). Um dieses Pfadintegral zu lösen, werden statt reeller Zahlen t für die Zeit (was nicht ungewöhnlich ist) imaginäre Zahlen it eingesetzt. In der Lorentz-Metrik sind die drei Raumkoordinaten durch positive Vorzeichen von der Zeitkoordinate mit negativem Vorzeichen unterschieden. Ersetzen wir nun in der Lorentz-Metrik mit Vorzeichenfolge +++- die quadrierte reelle Zeit t^2 durch die quadrierte imaginäre Zeit $i^2t^2 = -t^2$, so erhalten wir wegen $--t^2 = +t^2$ die euklidische

Metrik ++++. Zeit wird raumartig und ist von Raumkoordinaten nicht mehr zu unterscheiden. Wir erhalten also ein raumartiges 4-dimensionales gekrümmtes Uruniversum von endlicher Planck-Größe und ohne Grenzen (Singularitäten), dessen Zustand nach den Gesetzen der Quantenmechanik vollständig bestimmt und berechenbar ist. Im einfachsten Fall lässt es sich 2-dimensional als glatte Kugeloberfläche veranschaulichen, auf der ebenfalls kein Anfangspunkt ausgezeichnet ist. Die Pointe an diesem Vorschlag ist, dass dieses Uruniversum in imaginärer Zeit immer schon bestanden hat („Parmenides-Welt"). Quantenfluktuationen lösten die explosionsartige Expansion in reeller Zeit nach dem Modell des inflationären Universums aus, dem sich die gemäßigte Expansion nach dem relativistischen Standardmodell anschloss. Dieses Universum bedurfte also keines „unbewegten Bewegers", sondern nur der Gesetze der Quantenmechanik.

Wegen Heisenbergs Unschärferelation gibt es nach Hawkings Vorschlag nicht nur vollkommen glatte Kugeln. Quantenfluktuationen könnten Deformationen mit winzigen Ausbuchtungen auslösen. Jedem dieser möglichen Uruniversen aus imaginärer Zeit entspricht ein anderes expandierendes Universums in reeller Zeit. Mit dem (schwachen) Anthropischen Prinzip lässt sich ein solches Uruniversum aussortieren, das eine Evolution von galaktischen Strukturen und Planetensystemen wie dem unserigen zulässt. So scheidet z.B. die vollkommen glatte „Kugel" aus, da sie zu einem unbegrenzt inflationär expandierenden Universum führt, in dem keine galaktische Strukturen entstehen könnten. Hawking leitete aus seinem Anfangsmodell in imaginärer Zeit Prognosen über winzige Dichteschwankungen der Mikrowellenhintergrundstrahlung ab, die tatsächlich durch Beobachtungen des Satelliten COBE 1992 bestätigt wurden. Damit hat sich sein Modell des Uruniversums (als einer Lösung der Wheeler - De Witt Gleichung) bewährt. Es fehlt aber die Erklärung durch eine übergeordnete vereinigte Theorie von Relativitätstheorie und Quantenmechanik.

Tatsächlich liegt bis heute eine vereinigte Theorie nur in Grundzügen vor. Ein möglicher Kandidat ist die so genannte M-Theorie, die einige Superstringtheorien vereinigt. Die Stringtheorien nehmen winzige Schleifen (engl. string) aus eindimensionalen Saiten oder zwei- und mehrdimensionale Membrane an, aus deren minimalen Schwingungen sich die punktförmigen Elementarteilchen wie z.B. Elektronen und Quarks bildeten. Anschaulich erinnert die Mathematik der Strings an die schwingenden

Saiten einer Harfe, die nach der Auffassung der Pythagoreer die Sphärenmusik eines vollkommen harmonischen Kosmos schuf. Tatsächlich entspricht der vereinigte Urzustand nach den Superstringtheorien einer Supersymmetrie, in der keine Teilchen unterscheidbar sind. Bei der Expansion des Universums zerbricht die Ursymmetrie in Teilsymmetrien, die physikalische Wechselwirkungen unterscheidbar machen. Die ungeheuren Energien eines Vereinigungszustands werden nur durch die Annahme zusätzlicher Dimensionen erreichbar, die bei der Expansion aufgewickelt und damit unbeobachtbar bleiben. Nur drei räumliche Dimensionen der mehrdimensionalen Superstringtheorien werden während der Expansion „entrollt" und damit beobachtbar. Es ist durchaus denkbar, dass die notwendige hohe Energie zur Vereinigung von Gravitation mit den quantenphysikalischen Grundkräften im Bereich zukünftiger Elementarteilchenbeschleuniger liegt. Eine vereinigte Theorie wäre damit experimentell prüfbar und der Ursprung des Universums nicht länger nur eine metaphysische Spekulation oder bestenfalls schöne mathematische Theorie. Ferner würde eine solche Theorie die Quantenphysik der starken und elektroschwachen Kräfte und die relativistische Gravitationstheorie vereinigen. Das ist insofern bemerkenswert, als sich die Quantenphysik durch die Heisenbergsche Unbestimmtheitsrelation und statistische Messaussagen wesentlich von einer klassischen und deterministischen Physik wie der Relativitätstheorie unterscheidet.

Jedenfalls wird der Anfang der Welt durch Symmetrien der physikalischen Gesetze ausgezeichnet. So gilt die Zeitsymmetrie von Quantengesetzen wie der Schrödinger-Gleichung. Die Gesetze der klassischen Physik sind invariant gegenüber (Symmetrie-) Transformationen der Zeit (T), Raumrichtungen bzw. Parität (P) und Ladung bzw. Charge (C). Nach dem PCT-Theorem sind die Gesetze der Quantenmechanik wenigstens invariant gegenüber der Kombination PCT dieser Transformationen. Diese PCT-Symmetrie entspricht einer Symmetrie unter den gleichzeitigen Spiegelungen der Raumrichtungen (Parität) $x \rightarrow -x$, $y \rightarrow -y$, $z \rightarrow -z$, der Zeitrichtung $t \rightarrow -t$ und der Ladung mit *Teilchen* $\rightarrow$ *Antiteilchen*. Bei Wechselwirkungen von Teilchen, die sich absorbieren, reflektieren oder in andere Teilchen zerfallen können, lassen sich die ursprünglichen Teilchenkonfigurationen aus den Endprodukten stets rekonstruieren. Man spricht dann von der Mikroreversibilität quantenphysikalischer Prozesse. Bekannt sind Teilchen- und Antiteilchenpaare, die spontan entstehen, wechselwirken und wieder verschwinden. Solche Quantenfluktuationen, die nach Heisenbergs Unbestimmtheitsrelation von Zeit und Energie in winzigen Zeitbruchteilen möglich sind, gelten heute als empirisch bestens bestätigt (z.B. Casimir-Effekt).

Allerdings wurden auch Verletzungen der PC-Symmetrie und T-Symmetrie beobachtet. Eine Verletzung der Zeitumkehr wie beim Zerfall von Kaonen ist bisher ein einmaliges Ereignis, das physikalisch noch nicht erklärt werden kann. Bis auf diese Ausnahmen bleibt die Mikroreversibilität der Quantenphysik im Kleinen und der kosmische Zeitpfeil im Großen die Quintessenz heutiger Kosmologie: Eine Parmenides-Welt und platonische Symmetrien im Kleinen mit einer Heraklit-Welt und dynamischen Symmetriebrüchen im Großen!

Zusammengefasst zeichnen sich die Gesetze der Quantenkosmologie durch eine bestechende mathematische Symmetrie und Eleganz aus. Sie erklären vollständig die Expansion des Universums ohne Voraussetzung eines „unbewegten Bewegers“: Die Existenz des Universums lässt sich erklären, wenn nur die Gesetze der Quantenphysik und Quantenkosmologie vorausgesetzt werden. Sind das, so könnten Theologen in der Tradition von Galilei fragen, die Gedanken Gottes, die bereits vor Existenz des Universums waren? Für den Naturwissenschaftler bleiben die Gesetze der Relativitäts- und Quantentheorie (wie alle naturwissenschaftlichen Theorien) zunächst nur (wenn auch hochgradig bestätigte) Hypothesen. Wissenschaftstheoretisch können Naturgesetze nie apodiktisch wahr sein (wie die Aussagen der Logik und Mathematik). Sie behaupten nämlich Zusammenhänge über alle zeitlichen Ereignisse, die unmöglich alle durch Experiment und Beobachtung geprüft werden können. Daher erhalten naturwissenschaftliche Gesetzesaussagen im Laufe des Forschungsprozesses nur mehr oder weniger starke Bestätigungsgrade durch Beobachtung und Erfahrung.

4. Was dürfen wir hoffen? – Vom Ende der Welt

In der kosmischen Expansion entwickelte sich die Materie nach den Gesetzen der Relativitäts- und Quantentheorie. Wie entstand aber der Mensch, der dabei ist, diese Gesetze zu erkennen? In einer präbiotischen Evolution erzeugen molekulare Systeme selbständig unter geeigneten planetarischen Bedingungen Fähigkeiten des Stoff- und Energieaustausches (Metabolismus), Selbstreplikation und Mutation. Diese Eigenschaften werden molekular gespeichert. Die Biochemie ist den molekularen Programmen zur Erzeugung von Leben aus „toter" Materie auf der Spur. Die komplexe Dynamik von Darwins Evolutionsbaum der Arten wird durch DNA-Programme bestimmt, die sich selbst reproduzieren können. Mutationen sind Zufallsveränderungen des DNA-Codes, die Verzweigungen im Evolutionsbaum bewirken. Selektionen sind die treibenden Kräfte. So entstand Homo sapiens nach den stochastischen Gesetzen einer mehr oder weniger zufälligen Evolutionsdynamik.

Nach der genetischen Evolution bestand der entscheidende Selektionsvorteil von Homo sapiens in seiner Fähigkeit, Information und Wissen zu verarbeiten, um zu lernen und sich neuen Situationen bereits zu Lebzeiten anzupassen und nicht erst (wie bei der genetischen Selektion) in nachfolgenden Generationen. Diese Fähigkeiten wurden durch die Entwicklung von Nervensystemen und Gehirnen möglich. In der Evolution entwickelten sich also neue Formen der Informationsspeicherung und Informationsverarbeitung. In der genetischen Information können nur beschränkt die Reaktionen vorprogrammiert werden, die ein Organismus zu Lebzeiten benötigt. Daher übersteigt die neuronale Informationskapazität der Nervensysteme und Gehirne bei weitem die Kapazitäten der genetischen Information. Seit mehr als einem Jahrtausend entwickelt die Menschheit extrasomatische Informationsspeicher außerhalb und unabhängig vom menschlichen Körper. Gemeint sind zunächst Bibliotheken, schließlich elektronische und digitale Informationssysteme wie Datenbanken, Internet, Robotik und Künstliche Intelligenz. Damit wird die neuronale Informationskapazität einzelner Gehirne bei weitem überschritten.[6]

Mit diesem Wissen werden Menschen Planeten unseres Sonnensystems besiedeln und ihre Raketentechnik, Robotik und Astronauten zum Einsatz bringen. Ziel sind die Rohstoffe dieser fernen Welten, wenn die Reserven auf der Erde abnehmen. Schließlich ist Leben im Universum möglich. Es sind bereits Exoplaneten in Multiplanetensystemen bekannt, einige davon durchaus in lebensfreundlichen Zonen wie auf der Erde. Damit rücken Perspektiven in greifbare Nähe, die als Visionen die neuzeitliche Kosmologie seit den Tagen von Giordano Bruno, Kepler und Kant begleiteten: Leben und Intelligenz in den fernen Weiten des Universums! Ausschließen lässt es sich jedenfalls nicht. Seit 1960 werden z.B. im Projekt SETI (*S*earch for *E*xtra*T*errestrial *I*ntelligence) Radioteleskope eingesetzt, um Signale und Nachrichten außerirdischer Intelligenz zu entdecken. Es stellen sich allerdings schwerwiegende Fragen der Informations- und Kommunikationstechnologie. Wie soll Kommunikation mit Millionen von Lichtjahren entfernten Intelligenzen gelingen, wenn nach der Relativitätstheorie Informationen nur mit maximal Lichtgeschwindigkeit versendet werden können? In welchem Entwicklungszustand sind diese fernen Zivilisationen zum Zeitpunkt des Empfangs und Versendens einer Nachricht?

Wenn wir schon in solchen Zeiträumen denken, was ist die Zukunft des Universums? Nach allen heutigen kosmologischen Indizien (z.B. Messungen der Mikrowellenhintergrundstrahlung, Theorien der dunklen Materie und des Quantenvakuums) leben wir in einem flachen (d.h. euklidischen) Universum – einem der drei Möglichkeiten des Standardmodells. In diesem Fall sagt die relativistische Kosmologie eine unbegrenzte Expansion mit zunehmender Energieverdünnung und Zerfall in schwarze Löcher voraus: Die ultimative Energiekrise. Ist damit auch der Zerfall aller Informationsspeicher und Erinnerungen an die Vergangenheit (z.B. der Menschheit) verbunden, quasi ein „kosmischer Alzheimer", der sich mit den zunehmenden Schwarzen Löchern in einem alternden Universum ausbreitet wie die Informationslöcher im Gehirn eines Alzheimer Patienten?[7] Dieser Informationsverlust hätte schwerwiegende Konsequenzen für die Grundlagen der Physik. Der irreversible Zerfall von Information würde die Zeitsymmetrie der Quantenmechanik verletzen. Daher spricht man auch vom Informationsparadoxon.

Das Informationsparadoxon hängt eng mit Hawkings Theorie Schwarzer Löcher zusammen. Nach der nur relativistischen Theorie werden Elementarteilchen als Informationsträger irreversibel in einer Punktsingularität des leeren Raumes verschlungen, in dem sich ungeheuere Gravitationskräfte konzentrieren. Im Rahmen der Quantenkosmologie kann es einen solchen Punkt nicht geben. Zudem ist ein Schwarzes Loch auch nicht von einem wirklich leeren Raum umgeben. Nach den Gesetzen der Quantenphysik ist nämlich ein Quantenvakuum durch „virtuelle" Teilchen erfüllt, deren Energiepakete nach Heisenbergs Unschärferelation in winzigen Zeitbruchteilen entstehen und wieder verschwinden können. Wegen ihrer kurzen Lebensdauer heißen diese Teilchen „virtuell". Das Quantenvakuum brodelt also von solchen Quantenfluktuationen. Damit wird die Möglichkeit eröffnet, dass einige Teilchen einem Schwarzen Loch entkommen können. Durch Erzeugung von virtuellen Teilchen- und Antiteilchenpaaren (mit entgegengesetzter Ladung) nahe des Ereignishorizontes können Teilchen mit positiver Energie dem Schwarzen Loch entkommen, während Teilchen mit negativer Energie in das Schwarze Loch hineinfallen und ihm auf diese Weise Energie entziehen. Das Schwarze Loch strahlt dann Energie ab und zerfällt. Diese Hawking-Strahlung wäre eine thermische Strahlung, in der alle Korrelationen zerfallen und damit Information verloren geht. In der Sprache der Quantenmechanik würde der ursprünglich reine Quantenzustand, in dem sich das Schwarze Loch befand, in einen gemischten Zustand übergehen und damit die unitäre Symmetrie der zeitlichen Entwicklung von Quantensystemen verletzen.

Hawking selber hat nun einen Weg vorgeschlagen, wie der Informationsverlust und seine Verletzung der Symmetriegesetze der Quantenmechanik vermieden werden könnte. Die Zeitentwicklung eines Quantenzustands lässt sich nach Feynmans Pfadintegralmethode berechnen, indem man alle mögliche Entwicklungswege unterschiedlich gewichtet aufsummiert. Technisch gesprochen unterscheidet Hawking dabei zwischen Metriken von Wegen mit „trivialen" und „nicht-trivialen" Topologien. Für die topologisch trivialen Metriken lassen sich Korrelationsfunktionen nachweisen, die nicht zerfallen und damit eine (unitäre) Entwicklung ohne Informationsverlust zulassen.

Nach den Gesetzen der Quantenphysik ist jeder materielle Zustand durch eine Zustandsfunktion („Wellenfunktion") bestimmt, die vollständig die Information über die Zusammensetzung dieses materielle Systems enthält. Materie lässt sich danach quasi als „geronnene" Quanteninformation verstehen: Das Universum wäre quasi ein gewaltiger expandierender Informationsspeicher. Jeder Prozess materieller Zustandsveränderung entspricht demnach einer Informationsverarbeitung. Mit der Materie, die ein Schwarzes Loch verschlingt, wird daher gleichzeitig die (Quanten-)Information über die Zusammensetzung dieser Materie aufgenommen. Die Materie wird dabei zwar verändert, aber die Information nicht zerstört. Die Information wird vielmehr abgestrahlt und bleibt im Prinzip erhalten, auch wenn wir sie nicht immer dekodieren können. Es ist wie mit einem Buch, das ins Feuer geworfen wird. Es scheint in Glut, Asche, Rauch und Dampf zu zerfallen. Quantenmechanisch wäre aber denkbar, aus der dissipierten Energie die materielle Zusammensetzung des Buchs, seine Buchstabenreihenfolge und damit die gespeicherte Information zu rekonstruieren. Keine Information geht also verloren. Es ist wie in dem bekannten Kinderlied:

> „Weißt Du wie viel Sternlein stehen
> an dem blauen Himmelszelt,
> ...
> Gott, der Herr, hat sie gezählet,
> dass ihm auch nicht eines fehlet,
> von der ganzen großen Zahl!"

Kein Stern und kein Sternensystem wird vergessen, wenn es einmal in einem Schwarzen Loch verschwinden sollte. Das fordern die Symmetriegesetze der Physik!

Die Physik spricht allerdings nicht von Gott, sondern nur von den Symmetriegesetzen. Der Physiker muss (von Berufs wegen) einen methodischen Agnostizismus vertreten, da „Gott" als physikalische Größe nicht definiert ist. Auf dem Hintergrund der klassischen Physik hatte diese Haltung bereits Laplace auf den Punkt gebracht: Als er Napoleon seine Himmelsmechanik zeigte, fragte dieser: „Où est Dieux dans Votre univers?", worauf Laplace lapidar erwiderte: „Sire, je n'est pas besoin de cette hypothèse-là!" So oder ähnlich war auch die Reaktion von Hawking im Vatikan. In seiner Quantenkosmologie benötigt er diese Hypothese nicht: Der Urknall wird gesetzmäßig durch Quantenfluktuationen ausgelöst. Es bedurfte keines „unbewegten Bewegers", sondern nur der Gesetze der Quantenmechanik.

Aufgrund meiner jahrelangen Forschungen über Symmetrien sympathisiere ich daher mit einer Tradition, die seit der Antike Symmetrie, Schönheit und Teleologie miteinander verbindet. Von Platon über Kant bis Hermann Weyl und Werner Heisenberg ist die Symmetrie der Naturgesetze auch ein Zeichen für Schönheit, Harmonie und Eleganz des Universums. Teleologisch wurden diese Hinweise als göttliche Ordnung interpretiert. So schreibt Heisenberg:

> „Wenn man mit einer Forderung anfängt, dann ist Symmetrie der beste Anfang. Symmetrie ist schön, das wusste schon Platon. Darin drückt sich die zentrale Ordnung aus."[8]

Symmetriegesetze garantieren Erhaltung von Information, auch wenn sich Materie verändert und auflöst. Das bringt uns wieder zurück zu Heraklit, der vom bleibenden Weltgesetz, dem Logos, gesprochen hatte – trotz aller Veränderung in der Zeit. In dieser Logos-Tradition heißt es beim Evangelisten Johannes:

> „Im Anfang [und, so müssten wir hinzufügen, am Ende] war das Wort [logos] ..." (Joh. I, 1)

Heute könnte es heißen:

> „Am Anfang [und am Ende] war die Information ..."

Für wen aber Information und wozu, darüber schweigen Physik, Informatik und Philosophie. Hier beginnt die Religion.

Anmerkungen

1 *J. Audretsch, K. Mainzer* (Hrsg.), Vom Anfang der Welt. Wissenschaft, Philosophie, Religion, Mythos, München 1969, 2. Aufl. 1970.
2 *Heraklit*, Fragmente, Diels-Kranz 22B8, 30.
3 *Ebd.*, 64.
4 *K. Mainzer*, Hawking. Meisterdenker der Kosmologie, Freiburg 2000.
5 *K. Mainzer*, Symmetrien der Natur, Berlin/New York 1988; *B. Greene*, The Elegant Universe, New York 1999.
6 *K. Mainzer*, KI – Künstliche Intelligenz. Grundlagen intelligenter Systeme, Darmstadt 2003.
7 *K. Mainzer*, Zeit. Von der Urzeit zur Computerzeit, München 1995, 4. Aufl. 2002.
8 *W. Heisenberg*, Wandlungen in den Grundlagen der Naturwissenschaften, 9. Aufl. Stuttgart 1959.

Das Rätsel des Anfangs

Wie, um Himmels willen, hat das Universum begonnen?

Harald Lesch

1. Kosmologische Fakten

Das Universum hatte einen Anfang. Drei Beobachtungen begründen diesen Standpunkt: 1. Das Universum expandiert. 2. Das Universum ist gleichmäßig in allen Richtungen von Strahlung erfüllt. 3. Die leichtesten chemischen Elemente, Wasserstoff und Helium, finden sich im intergalaktischen Raum, weit entfernt von allen Galaxien, im Verhältnis 3 zu 1.
Alle drei Beobachtungen lassen sich widerspruchsfrei nur in einem Modell zusammenfassen, das einen heißen Anfang des Universums voraussetzt – dem sog. Urknall. Die Expansion des Universums ergibt sich nun ebenso zwanglos wie die Strahlung als Überrest der hohen Anfangstemperaturen, abgekühlt auf den heute beobachteten Wert von 2,73 K (Kelvin). Die Existenz und die Zahlenverhältnisse von Wasserstoff- und Heliumkernen ergeben sich im Urknallmodell auf natürliche Weise, sie sind das Ergebnis der Kernfusionsprozesse in einem sich durch Expansion abkühlenden Medium. Rund drei Minuten nach dem Beginn waren die Elemente Wasserstoff und Helium entstanden. Jede weitere Synthese zu schwereren Elementen war unmöglich, weil einerseits die Neutronen fehlten bzw. zerfallen waren und andererseits die Temperaturen zu niedrig waren, um noch Elemente mit größeren Kernen wie z.B. Kohlenstoff oder Sauerstoff zu bilden.

Kurzum, es gibt genügend empirische Befunde, die sich kaum anders als mit einem sehr heißen Anfang des Universums erklären lassen. Das Universum hatte also einen Beginn.

Was wissen wir über die ersten Entwicklungsstufen des Universums? Wie nahe kommt man dem Anfang mit den Methoden der Physik?

2. Grenzen physikalischer Erkenntnis

Anfänge definieren immer Grenzlinien. Sie begrenzen und unterscheiden eindeutig das Danach und Davor. Aber was war vor dem Urknall? Was war seine Ursache? Diese Fragen quälen uns schon lange und schon Aristoteles hat folgendes logisches Problem angesprochen: Kann man sich eine Ursache vorstellen, die selbst keine Ursache hatte? Gibt es einen unbewegten Beweger? Muss für die Ursache des Urknalls ein 'höheres Wesen', als Schöpfer tätig gewesen sein oder müssen wir uns den Kosmos als eine rein zufällige Schwankung vorstellen? Aber was genau soll da geschwankt haben?

Die Physik bietet hier eine ganz einfache Antwort: Wir können niemals wissen, was sich am Anfang des Universums abgespielt hat. Unserer Erkenntnismöglichkeit sind Grenzen gesetzt, die sich aus zwei inzwischen durch kaum noch zählbare Experimente in jeder bis heute denkbaren Hinsicht überprüften Theorien ergeben: der Relativitätstheorie und der Quantentheorie. Mit anderen Worten: Die grundsätzlichsten physikalischen Modelle definieren ebenso grundsätzliche, weil nicht überschreitbare Schranken des möglichen empirischen Erfahrungshorizonts.

Die Anfangsbedingungen des Universums sind mit nichts vergleichbar, was sich auch nur im Entferntesten mit der menschlichen Erfahrungswelt in Verbindung bringen ließe. Das Urknallmodell jedoch stellt zumindest zwei unverzichtbare Bedingungen: Das Universum muss zu Beginn sehr klein und sehr heiß gewesen sein.

Räumliche Kleinheit aber ist eine wichtige Eigenschaft quantenmechanischer Systeme. Hohe Temperaturen entsprechen hohen Geschwindigkeiten, das Maximum ist die Lichtgeschwindigkeit. Ergo beschreiben die Quantenmechanik und die Relativitätstheorie den Anfang des Universums.

Letztlich kann nur eine Vereinigung von Quantenmechanik und Relativitätstheorie die Physik des Urknalls theoretisch behandeln. Leider sind wir noch sehr weit von einer solchen Theorie entfernt.

Aber wir können die Eigenschaften der kleinsten physikalisch sinnvollen kausalen Struktur angeben – die Eigenschaften der Planck-Welt. Interessanterweise definierte Max Planck bereits 1899 ein universell gültiges System von Einheiten, das nur aus verschiedenen Kombinationen der Gravitationskonstanten G, der Lichtgeschwindigkeit c und dem von ihm eingeführten Wirkungsquantum h besteht. Das folgende Zitat aus seiner Publikation *„Über irreversible Strahlungsprozesse“* (in: *Sitzungsberichte der Preußischen Akademie der Wissenschaften,* Band 5, Berlin 1899, S. 479) vermittelt einen Eindruck von dem Stellenwert, den Planck diesen Einheiten einräumte: „... *diese Einheiten werden ihre Bedeutung für alle Zeiten und für alle, auch außerirdische und außermenschliche, Kulturen notwendig behalten und können daher als ‘natürliche Maßeinheiten’ bezeichnet werden ...*“.

Erst später erkannte man die tiefere physikalische Bedeutung dieser ‘Spielerei mit Naturkonstanten’, als nämlich Relativitätstheorie und Quantenmechanik als die wichtigsten Theorien der modernen Naturwissenschaften entwickelt waren. Eine Zusammenschau der grundsätzlichen Begriffe beider Theorien liefert die gleichen Ergebnisse wie Plancks Dimensionsanalyse, die im Folgenden erklärt wird.

Die Relativitätstheorie kennt den Begriff des Ereignishorizontes. Alles, was hinter ihm verborgen ist, hat keinerlei kausale Verbindung mit dem Geschehen diesseits des Horizontes. Für einen Körper der Masse M ist der Ereignishorizont eine wohldefinierte Größe, der so genannte Schwarzschildradius: $R_{SW}=2GM/c^2$. c stellt die Lichtgeschwindigkeit dar (c=300.000 km/sec) und G ist die Gravitationskonstante ($G=6.67\cdot 10^{-11}$ $m^3/(sec\ kg)$). Der Schwarzschildradius der Sonne beträgt drei Kilometer. Angesichts ihres heutigen Radius von 700.000 km wird klar, wie dramatisch Prozesse sein müssen, die Materie so stark verdichten, dass ein Stern bis zu seinem Ereignishorizont schrumpft. Verantwortlich für einen solchen Kollaps ist die Gravitation als einzige physikalische Wechselwirkung, die nur anziehend wirkt. Wenn ihr keine Druckkräfte mehr entgegenwirken können, kollabiert ein Stern unter seinem eigenen Gewicht. Dieser Prozess ist beobachtbar, bis der Stern so klein geworden ist, dass er den Ereignishorizont unterschritten hat. Die meisten Sterne erreichen dieses Stadium nicht, sondern werden durch gewisse Druckkräfte letztendlich stabilisiert.

Nur sehr schwere Sterne von einigen zehn Sonnenmassen beenden ihr Dasein in einem finalen gravitativen Kollaps. Übrig bleibt ein Schwarzes Loch, von dem keinerlei Information mehr in den umgebenden Raum gelangen können. Alles, was sich innerhalb eines Schwarzen Loches abspielen mag, ist für den Beobachter grundsätzlich nicht beobachtbar. Wir können also nicht wissen, was sich hinter dem Ereignishorizont ereignet.

Während sich die eine Grenze empirischer Forschung aus der klassischen Relativitätstheorie ergibt, wird die andere Grenze durch eine nichtklassische Theorie, die Quantenmechanik, definiert. Die Quantenmechanik ist die physikalische Beschreibung des Verhaltens von Licht und Materie im atomaren Bereich. Hier verhalten sich die physikalischen Prozesse auf eine Art, wie man es aus der Alltagserfahrung niemals erwarten würde. Der Ort eines Teilchens mit definiertem Impuls wird in der Quantenmechanik durch eine ebene Welle seiner Aufenthaltswahrscheinlichkeit beschrieben. Dies bedeutet aber, dass der Ort eines solchen Teilchens grundsätzlich unbestimmt ist, denn Wellen breiten sich aus und können sich sogar überlagern. Aufgrund des Wellencharakters der Aufenthaltswahrscheinlichkeit von Teilchen gelten in der Quantenmechanik Impuls und Ort eines Teilchens grundsätzlich als komplementäre Eigenschaften, die niemals gleich genau bestimmt werden können. Man kann nicht gleichzeitig beide Seiten einer Medaille betrachten.

Formal drückt sich die Komplementarität in der Unbestimmtheitsrelation aus, die 1927 von Werner Heisenberg aufgestellt wurde. Sie besagt, dass die Bestimmtheit zweier komplementärer Eigenschaften folgender Ungleichung genügen muss:

$$\Delta x \cdot \Delta p \geq h/2\pi$$

wobei die beiden Ausdrücke auf der linken Seite die Unbestimmtheit von Ort und Impuls bezeichnen. Der Ort von irgendetwas kann also nur bis auf

$$\Delta x \geq h/(2p\pi)$$

bekannt sein. Der maximale Impuls $p=mc$ entspricht der kleinsten Länge $\Delta x = h/(2\pi mc)$. Dies ist keine Grenze, die etwa durch Mängel an experimenteller Messgenauigkeit gegeben ist, sie ist vielmehr von prinzipieller Natur. Kommt ein Experiment dem materiellen Teilchen zu nahe

($\Delta x \cong h/(2p\pi)$), wird sein Impuls unbestimmt, kann der Impuls sehr genau bestimmt werden, ist der Ort völlig unbestimmt.

Wir haben jetzt die Möglichkeit, die zwei Grenzen empirischer Erkenntnis – Schwarzschildradius $R_{SW}=2GM/c^2$ und Unbestimmtheitslänge $\Delta x \geq h/(2p\pi)$ – gleichzusetzen und erhalten als eine Masse:

$$m_{Planck} = (hc/4\pi G)^{0.5} = 1.5 \cdot 10^{-5} \text{ Gramm.}$$

Dies entspricht der Masse eines Staubkorns. Wir setzen diese Masse wieder in die Unschärfelänge oder den Schwarzschildradius ein und erhalten die kleinste physikalisch sinnvolle Länge, die so genannte Plancklänge:

$$l_{planck} = (Gh/\pi c^3)^{0.5} = 10^{-33} \text{ cm.}$$

Sie gibt die kleinste Ausdehnung eines physikalischen Systems an, von dem man überhaupt noch irgendeine Information im Sinne einer Ursache-Wirkungsbeziehung erhalten kann. Entsprechend lässt sich eine kleinste physikalisch gerade noch sinnvolle Zeiteinheit durch

$$t_{Planck} = l_{Planck}/c = 5 \cdot 10^{-44} \text{ Sekunden}$$

definieren.

Neben den drei Grundgrößen Masse, Länge und Zeit werden auch folgende abgeleitete Größen verwendet:

Planck-Fläche: $A_{Planck} = l^2_{Planck} = 10^{-66}$ cm^2

Planck-Energie: $E_{Planck} = m_{Planck}c^2 = 1.9\ 10^9$J $=10^{19}$ GeV

Planck-Temperatur: $T_{Planck} = 10^{32}$ K

Planck-Dichte: $\rho_{Planck} = m_{Planck}/l^3_{Planck} = 10^{93}$ Gramm/cm^3

Diese Werte charakterisieren die kleinste Raumeinheit, die mit Relativitätstheorie und Quantenmechanik gerade noch vereinbar ist. Die Planck-Welt ist die kleinste kausale Struktur in unserem Universum, in dem Lichtgeschwindigkeit, Gravitationskonstante und Plancksches Wirkungsquantum wohl definierte Naturkonstanten darstellen. Wären ihre Zahlenwerte anders, würde sich auch die kausale Grundstruktur ändern.

Wie weit weg die Planck-Welt selbst von den exotischsten Materieformen entfernt ist, veranschaulicht schon die Tatsache, dass die Planck-

Länge ca. 10^{20}mal kleiner ist als der Durchmesser des Protons und damit weit jenseits einer direkten experimentellen Zugänglichkeit liegt. Wollte man die Planck-Welt mit einem Teilchenbeschleuniger untersuchen, so müsste die Wellenlänge der Strahlung oder der Teilchen (die sog. de Broglie Wellenlänge) vergleichbar mit der Planck-Länge sein, bzw. ihre Energie vergleichbar mit der Planck-Energie von 10^{19} GeV. Die über $E=mc^2$ zugeordnete Masse ist über 10^{16} mal größer als die Masse des schwersten bekannten Elementarteilchens, des Top-Quarks. Ein entsprechender Teilchenbeschleuniger müsste astronomische Ausmaße besitzen.

3. Symmetrisch war der Anfang, sehr heiß und sehr ordentlich

Was bedeuten die Eigenschaften der physikalisch kleinsten gerade noch eine Kausalstruktur enthaltenden Planck-Welt? Zuerst einmal ist die Planck-Zeit als Elementareinheit der Dimension Zeit eine wichtige Grenze für die empirischen Wissenschaften, die Zeit $t=0$ gibt es in den Naturwissenschaften nicht. Gleiches gilt auch für die räumliche Ausdehnung des Universums. Die Planck-Länge, als kleinstmögliche empirische Struktur, verbietet Längen, die gleich Null sind. Mit anderen Worten: Der gedankliche Beginn des Kosmos mit $t=0$ und $l=0$ kann nicht Gegenstand der Naturwissenschaften sein. Deshalb ist Kosmologie immer Innenarchitektur des Kosmos. Nur innere Eigenschaften wie Strahlung und Materie des Universums können Thema der Astrophysik sein. Der eigentliche Anfang wird uns immer ein Rätsel bleiben; Fragen nach dem Davor und dem Draußen sind naturwissenschaftlich sinnlos.

Nehmen wir diese unabänderlichen Einschränkungen hin, so haben wir nur noch die Möglichkeit, den Anfangszustand des Universums in Begriffen der Planck-Welt zu erklären.

Zur adäquaten Beschreibung physikalischer Vorgänge muss jedoch noch eine weitere physikalische Theorie hinzugenommen werden – die Thermodynamik. Sie ist eine sehr allgemeine Beschreibung von Systemeigenschaften. Ein besonders wichtiger thermodynamischer Begriff ist 'Entropie'. Die Entropie gibt an, welche Realisierungsmöglichkeiten physikalische Prozesse im Universum haben. Im Allgemeinen scheint ein Zustand niedriger Entropie einer sehr hohen Ordnung zu entsprechen, während hochentropische Zustände sehr ungeordnet sein sollten. Hohe Temperaturen würden dann hoher Entropie und niedrige Temperaturen einer niedrigen Entropie entsprechen. Dem ist aber nicht immer so. Reversible oder auch ideale Prozessketten können ihren thermodynamischen Anfangszustand wieder vollständig erreichen, d.h. Energie wird nicht dissipiiert – die Entropie ändert sich nicht.

Alle realen Prozesse hingegen sind irreversibel, denn immer wird Energie teilweise in Wärme umgewandelt und immer nimmt die Entropie zu.

Die Entropie hängt von der räumlichen Größe des Systems ab. Damit ist sofort zweierlei klar:

1. Die Entropie des Universums im kleinstmöglichen räumlichen Zustand war sehr klein, obwohl eine sehr hohe Temperatur herrschte. Durch die Expansion hat sich die Entropie des Universums ständig erhöht, obwohl es sich währenddessen abkühlte.

2. Die Zunahme der Entropie im Universum definiert eine Zeitrichtung: vom Zustand niedriger Entropie hin zum Zustand höherer Entropie. Insbesondere dieser Zusammenhang erklärt die Entstehung von kleinen räumlichen Strukturen wie Galaxien in einem homogenen, isotropen und expandierenden Kosmos. Denn während der Raum expandierte, haben sich aufgrund von Instabilitäten kleine Raumbereiche von der allgemeinen Expansion entkoppelt und sind unter ihrem eigenen Gewicht zusammengestürzt. Dort hat sich die Entropie erniedrigt, die dafür nötige Energie kam aus dem Gravitationsfeld der in sich zusammenstürzenden Gaswolken. Gleiches gilt auch für Sterne. Auch sie sind im Vergleich zur Ausdehnung einer Galaxie winzige Inseln der Ordnung in einem Meer zunehmender Unordnung und damit zunehmender Entropie. Alle Strukturen im Kosmos, vor allem Lebewesen, sind auf externe Energiequellen angewiesen, um dem allgemeinen Trend zum Zerfall bis hin zur völligen Unordnung und damit hohen Entropie wenigstens für eine gewisse Zeit zu entgehen.

Doch zurück zum Anfang: Obwohl also das Universum in seinem Anfangszustand eine sehr hohe Temperatur besaß und damit eigentlich eine hohe Entropie geherrscht haben sollte, ist die fast verschwindende räumliche Größe der dominierende Faktor, der die Entropie des Universums am Anfang minimiert hat.

Diese hohe Temperatur des Anfangs, immerhin 10^{32} K, hat eine ganz wichtige Bedeutung für die weitere Entwicklung des Kosmos gehabt. Ein Beispiel: Nehmen wir an, wir seien Lebewesen in einem ferromagnetischen Material. Solange unsere 'Welt' kühl genug ist, ist sie magnetisiert. Bewegungen entlang der magnetischen Feldlinien fallen uns leicht, während Bewegungen senkrecht zu den Feldlinien durch die magnetischen Kräfte sehr erschwert werden. Unsere Welt ist also nicht symmetrisch, sie enthält eine Kraft, verursacht durch das Magnetfeld. Eine Raumrichtung, nämlich die parallel zu den Feldlinien, ist ausgezeichnet. Eine klare Orientierung liegt vor, deshalb spricht man in der Physik davon, dass die Symmetrie 'gebrochen' ist. Einer gebrochenen Symmetrie entspricht eine Kraft. Wird nun das ferromagnetische Material über eine bestimmte Temperatur hinaus erhitzt, verschwindet plötzlich das Magnetfeld. Die physikalischen Ursachen dafür sind in diesem Zusammenhang nicht wichtig. Ohne Magnetfeld jedoch gibt es keine ausgezeichnete Richtung mehr, unsere Welt ist symmetrisch geworden. Wir haben es in unserem Beispiel mit einer 'versteckten' Symmetrie zu tun, die sich erst oberhalb einer gewissen Temperatur zeigt. Bei Ferromagneten nennt man diese Temperaturschwelle 'Curie-Temperatur'.

Für unsere Fragestellung nach dem Anfang des Universums lässt sich dieses Beispiel einfach übertragen. Die Planck-Temperatur entspricht der Curie-Temperatur des Universums. Wird sie erreicht, dann ist das Universum völlig symmetrisch. Kühlt sich der Kosmos aufgrund seiner Expansion unter die Planck-Temperatur ab, tauchen Kräfte auf, die gewisse Eigenschaften des Universums auszeichnen. Jede Kraft ist mit einem Symmetriebruch verbunden. In unserem Universum gibt es vier fundamentale Kräfte: die Gravitation (Schwerkraft), die elektromagnetische Wechselwirkung (Ströme, Magnetfelder, elektromagnetische Wellen), die starke Kernkraft (Zusammenhalt der Atomkerne) und die schwache Wechselwirkung (radioaktiver Zerfall). Jede dieser Wechselwirkungen entspricht also einem Symmetriebruch während der frühen Phasen des Kosmos. Wann genau die jeweiligen Wechselwirkungen 'ausfrieren', hängt von der Energie bzw. Masse der Teilchen ab, die die jeweilige Wechselwirkung vermitteln. Auch hier sollen uns die Details nicht interessieren. Die Experimente, die in den großen Teilchenbeschleunigern durchgeführt wurden, haben in den letzten 20 Jahren zu einem recht klaren Bild der ganz frühen Entwicklung des Kosmos geführt. Sie konnten zeigen, dass oberhalb einer Energie von ca. 100 GeV, was einer Temperatur von 10^{15} K entspricht, die elektromagnetische und die schwache Wechselwirkung zu einer elektroschwachen Wechselwirkung verschmelzen. Dies muss überraschen, denn die schwache Wechselwirkung hat eine sehr kleine Reichweite (kleiner als der Radius des Atomkerns - 10^{-14}m) und wird von Teilchen mit einer sehr großen Ruhemasse von ca. 80-90 GeV/c^2 vermittelt. Demgegenüber hat die elektromagnetische Wechselwirkung eine prinzipiell unendlich große Reichweite und wird von Teilchen vermittelt, die keine Ruhemasse besitzen, den Photonen. Also sind beide Kräfte sehr verschieden und auch die entsprechenden Symmetriebrüche sind sehr unterschiedlich. Oberhalb der Temperatur von 10^{15}K allerdings verschwinden diese Unterschiede, hier haben wir es wieder mit einer verborgenen Symmetrie zu tun.

Der erreichte Energiebereich von 100 GeV stellt die Bedingungen des Universums dar, als es ca. 10^{-14} Meter groß war und nur wenige Billionstel Sekunden alt.

Die experimentelle Elementarteilchenphysik hat sich zum Ziel gesetzt, den Zustand des Universums zu rekonstruieren, in dem die elektroschwache Wechselwirkung mit der starken Wechselwirkung verschmolz. Würden diese Versuche gelingen, wäre eine neue Symmetriestufe erreicht. Die Krönung jedoch wären Experimente, die auch noch die Gravitation mit den bereits verschmolzenen Wechselwirkungen vereinigen. Dafür wären allerdings Energien von der Größenordnung der Planck-Energie (10^{19} GeV) notwendig. Dass das im Labor jemals gelingen wird, ist unwahrscheinlich.

4. Von Strings und Membranen – die Theorien für alles und gar nichts

Theoretische Modelle vereinigter Wechselwirkungen gibt es schon, man spricht von 'Grand Unified Theories' (GUT) für den Fall der drei Wechselwirkungen Elektromagnetismus, starke und schwache Wechselwirkung und von der 'Theory of Everything' (TOE) für die Fusion aller vier Wechselwirkungen.

Bei all diesen Theorien handelt es sich um mathematisch ausgesprochen komplexe Modelle, deren physikalische Interpretation sehr schwierig und ihre experimentelle Überprüfung bis jetzt unmöglich ist. Ein

Beispiel für die TOE ist die Superstring-Theorie, die die Vereinigung aller Kräfte in einer Supersymmetrie beschreibt. Sie will die beiden Hauptpfeiler der heutigen Physik vereinigen: Die allgemeine Relativitätstheorie, welche bei Strukturen im Großen gültig ist, und die Quantenfeldtheorie, die im Mikrokosmos angewendet wird. Dabei erscheinen sozusagen als Nebenprodukt alle Elementarteilchen und ihre Wechselwirkungen. Die primäre Aussage der Stringtheorie ist: Die Elementarteilchen manifestieren sich als unterschiedliche Anregungszustände der so genannten Strings. Das sind eindimensionale Fäden, die wie Saiten (englisch: *streng*) in einem vieldimensionalen Raum schwingen. Je nach 'Frequenz' (Energie) und Raumdimension stellen sie unterschiedliche Varianten von Elementarteilchen dar. Elektronen oder Quarks entsprechen nahezu masselosen Anregungszuständen ('Nullmodi') der Strings. Besonders Erfolg versprechend ist, dass einer dieser masselosen Zustände genau die Eigenschaften des hypothetischen Gravitons hat, das als Wechselwirkungsteilchen der Gravitation gilt. Die Superstringtheorie beschreibt die Schwerkraft adäquat, ebenso wie alle anderen Teilchen, die Wechselwirkungen vermitteln.

Daneben gibt es ein Vibrationsspektrum von unendlich vielen Schwingungsmodi, welche aber zu hohe Massen (Energien) haben, um direkt beobachtet werden zu können. Denn aus theoretischen Überlegungen sollten Strings eine Ausdehnung in der Größenordnung der Planck-Länge besitzen, somit müssten die Vibrationsmodi Massen besitzen, die um ein Vielfaches von ca. 10^{19} Gigaelektronenvolt größer wären. Das liegt um viele Größenordnungen über dem, was man experimentell beobachten kann. Daher wird man auf einen direkten Nachweis dieser Vibrationsmodi verzichten müssen und stattdessen versuchen, im Sektor der fast masselosen Teilchenanregungen Eigenschaften zu finden, die spezifisch für die Stringtheorie und gleichzeitig experimentell beobachtbar sind. Dies stößt aber auf die Schwierigkeit, dass gerade der zugängliche masselose Sektor in nur geringem Maß von der zugrunde liegenden Stringtheorie bestimmt wird, zumindest nach heutigen Erkenntnissen. Superstringtheorien werden nur in 10 oder 11 Dimensionen formuliert und können nur in diesen Dimensionen ein mehr oder weniger eindeutiges Spektrum haben. Um auf unsere vierdimensionale Raum-Zeit zu kommen, muss man eine sog. Kompaktifizierung (in etwa: Aufwicklung) der 6 bzw. 7 'überschüssigen' Dimensionen postulieren, die der direkten Beobachtung nicht zugänglich sind. Der Prozess der Kompaktifizierung ist bei weitem nicht eindeutiger führt zu einer Überfülle von möglichen vierdimensionalen Theorien.

Bislang hat man keine Eigenschaften des masselosen Sektors finden können, welche spezifisch für die Stringtheorie und in naher Zukunft experimentell überprüfbar wären. Deshalb ist ein großer Teil der Forschung mehr mit theoretischen und konzeptionellen Fragen beschäftigt, z. B. mit Problemen, die im Zusammenhang mit der Anwendung der Quantenfeldtheorien in der Nähe von Schwarzen Löchern stehen.

Die Stringtheorie wurde ursprünglich rein mathematisch aus Symmetrieprinzipien abgeleitet. Anfangs wurden fünf Stringtheorien entwickelt, die sich später als unterschiedliche Näherungen einer umfassenden Theorie (M-Theorie) herausstellten. Der Nachweis wurde durch Aufzeigen von Dualitäten zwischen den einzelnen Stringtheorien erbracht. Ein interessantes Ergebnis dieser Vereinigung der Teiltheorien war, dass die elfdimensionale Supergravitation als weiterer Grenzfall der M-Theorie erkannt wurde. Diese enthält aber keine Strings, sondern ist eine Teilchen-Approximation von zwei- und fünfdimensionalen Membranen. Tatsächlich hat sich in den letzten Jahren gezeigt, dass höherdimensionale Membranen (D-branes) eine sehr wichtige Rolle in der Stringtheorie spielen. Ein neues kosmologisches Modell nutzt diese Membranen, um die theoretischen Unzulänglichkeiten des Urknallmodells zu umgehen.

5. Von dunklen Energien

Irdische Experimente können die physikalischen Bedingungen des ganz jungen Kosmos nicht klären, die theoretischen Modelle bieten keine realisierbaren experimentellen Tests an. Vielleicht können kosmologische Beobachtungen hier Abhilfe schaffen. Leider hat sich auch in der beobachtenden Kosmologie die Erkenntnislage in den letzten Jahren ziemlich verschlechtert.

Früher war man der Meinung, das Universum bestehe aus Strahlung und Materie, die elektromagnetische Strahlung abgibt. Heute wissen wir, dass der größte Teil des Kosmos mit Dunkler Materie angefüllt ist, die keinerlei Wechselwirkung mit Strahlung besitzt und nicht aus den uns bis heute bekannten Teilchensorten besteht. Es gibt rund neunmal mehr dunkle als leuchtende Materie. Die zahllosen Galaxien, die wir mit unseren Teleskopen beobachten, sind nur ein winziger Bruchteil der gesamten Materie des Kosmos. Darüber hinaus hat sich in den letzten Jahren herausgestellt, dass das Universum sich nicht gleichmäßig ausbreitet, sondern seit rund 8 Milliarden Jahren beschleunigt expandiert. Offenbar gibt es eine Energieform, die für diese beschleunigte Expansion verantwortlich ist, man spricht von sog. Dunkler Energie. Diese Energie ist nicht mit einer Masse gleichzusetzen, wie sie mit der berühmten Formel $E=mc^2$ beschrieben wird. Vielmehr muss es sich um eine von Masse gänzlich unabhängige Energieform handeln, die mit der Energie des Vakuums in Zusammenhang gebracht wird. Sie macht 70% der Energiedichte des Universums aus. Die Dunkle Materie trägt 27% bei und die gesamte leuchtende Materie ist nur mit 3% beteiligt.

Weder die Natur der Dunklen Materie noch der Dunklen Energie ist uns bekannt. Sicher ist nur, dass ohne diese beiden Bestandteile weder die Entstehung von Milchstraßen noch die Expansion des Universums möglich gewesen wäre. Nachgerade als katastrophal ist vor allem das sog. Feinabstimmungsproblem zu bezeichnen. Die gemessene Energiedichte der Dunklen Energie ist nämlich um 120 Größenordnungen kleiner als die Vakuumenergiedichte, die sich aus den heute gängigen Quantenfeldtheorien ergibt, die exakt der Planck-Energie hoch vier entspricht. Wie sich das so präzise hat einpendeln können, ist völlig unklar.

Bedenkt man, dass diese Feinabstimmung bereits in den Anfangsbedingungen des Universums begründet gewesen sein muss, erkennt man die Unzulänglichkeit moderner kosmologischer Theorien.

6. Paralleluniversen oder Uhrmacher?

Natürlich werfen diese Inkonsistenzen zwischen Theorie und Beobachtung grundlegende Fragen zum Ursprung des Universums auf. Hat ein Designer die Anfangsbedingungen so exakt eingestellt, dass sich die Entwicklung des Universums mit Galaxien, Sternen und Planeten genau so hat abspielen können? Musste die kosmische Entwicklung intelligente Lebensformen hervorbringen, die auf einem bewohnbaren Planeten existieren, der sich um einen Stern dreht, der gerade die richtige elektromagnetische Strahlung produziert, die als Grundlage aller Lebensvorgänge dient? War das zwangsläufig? Oder sind das alles, der Kosmos und seine bemerkenswert fein aufeinander abgestimmte Innenarchitektur, nur ein Zufall? Die feine Abstimmung zeigt sich nicht nur in den kosmischen Dimensionen mit ihren merkwürdigen dunklen Energie- und Materieformen. Vielmehr sind auch die bereits erwähnten fundamentalen Wechselwirkungen, die für die Stabilität der Materie (Elektromagnetismus und starke Wechselwirkung), aber auch für die Kernprozesse in den Sternen (schwache und starke Wechselwirkung, Gravitation und Elektromagnetismus) verantwortlich sind, extrem genau aufeinander abgestimmt. Bedenkt man zudem, dass wir als Lebewesen aus Elementen wie Kohlenstoff, Stickstoff, Phosphor, Calcium, Eisen etc. bestehen, die aus der Verschmelzung ganz kleiner Atomkerne wie Wasserstoff und Helium in den Sternen entstanden sind, wird die enge Verflechtung des Menschen mit den Grundgesetzen des Kosmos deutlich. Wir sind Sternenstaub! Jede noch so kleine Veränderung der Naturkonstanten hätte verhindert, dass Sterne entstehen und damit auch die Synthese schwerer chemischer Elemente unmöglich gemacht. Unsere Existenz hängt von der Genauigkeit der Naturgesetze und der Naturkonstanten ab - wir konnten uns nur in diesem Universum entwickeln. Wir sind Kinder dieses Universums und deshalb wollen wir wissen, wie alles angefangen hat. War es Zufall oder Notwendigkeit?

Als Alternative zum Designer-Modell diskutieren Naturwissenschaftler die Möglichkeit von Paralleluniversen. Das Problem der unwahrscheinlichen Feinabstimmung wird umgangen, indem für den Anfang sehr viele 'Versuche' angenommen werden, die jeder zu einem Universum führten mit je unterschiedlichen physikalischen Naturgesetzen und Konstanten. Aber nur einer davon war erfolgreich in der Hervorbringung von Galaxien, Sternen, Planeten und Lebewesen. Nach diesem Modell müssten wir uns überhaupt nicht wundern, dass die Zusammenhänge so sind, wie sie sind, denn wenn es anders wäre, gäbe es uns ja nicht. Allerdings müssten ca. 10^{57} Paralleluniversen entstanden sein, damit eines mit den richtigen Parametern darunter sein konnte.

Dieser Ansatz ist ziemlich fragwürdig, weil es keinerlei Möglichkeit gibt, die Existenz der Paralleluniversen zu überprüfen. Es gibt keine kausale Verbindung zwischen den angenommenen Universen. Damit wird aber gegen eine der Grundregeln naturwissenschaftlichen Tuns verstoßen: Theorien müssen grundsätzlich falsifizierbar sein.

7. Summa summarum

Von der tatsächlichen Geburt des Universums kann die Physik nichts berichten. Diese Aussage kommt aus der Physik selbst. Ihre erfolgreichsten Theorien liefern grundsätzliche Grenzen empirischer Forschung.

Wir wissen weder, warum noch wie das Universum sich in das Abenteuer seiner Existenz gestürzt hat. Es könnte auch Nichts sein. Dass dem nicht so ist, sollte uns mit Dankbarkeit und Respekt erfüllen.

Theologisch-philosophische Grundgedanken

„Doch da war nur der ewige Sturm“ (Jean Paul)

Altorientalische und biblische Vorstellungen über den Ursprung von Welt und Mensch

Franz Sedlmeier

In seiner „Rede des toten Christus vom Weltgebäude herab, daß kein Gott sei“ lässt Jean Paul den toten Christus folgende Worte sprechen:

> „Ich ging durch die Welten, ich stieg in die Sonnen und flog mit den Milchstraßen durch die Wüsten des Himmels; aber es ist kein Gott. Ich stieg herab, soweit das Sein seine Schatten wirft, und schauete in den Abgrund und rief: «Vater, wo bist du?», aber ich hörte nur den ewigen Sturm, den niemand regiert, und der schimmernde Regenbogen aus Westen stand ohne eine Sonne, die ihn schuf, über dem Abgrunde und tropfete hinunter. Und als ich aufblickte zur unermeßlichen Welt nach dem göttlichen *Auge*, starrte sie mich mit einer leeren bodenlosen *Augenhöhle* an; und die Ewigkeit lag auf dem Chaos und zernagte es und wiederkäuete sich. – Schreiet fort, Mißtöne, zerschreiet die Schatten; denn Er ist nicht!“[1]

Der in den Tod gegebene Christus sucht die Beziehung zu seinem Vater, um zu ihm heimzukehren und die Hoffnungen der Menschheitsgenerationen heimzubringen. Doch da ist kein Vater; da ist kein Auge, das auf ihm ruht, sondern nur eine leere bodenlose Augenhöhle. Beziehungslosigkeit herrscht und unendliches Chaos, ziellose Bewegung, ewiger Sturm. Angesichts dieser grenzenlosen Wüsten des Sinnlosen fährt Jean Paul fort:

> „Und als ich niederfiel und ins leuchtende Weltgebäude blickte, sah ich die emporgehobenen Ringe der Riesenschlange der Ewigkeit, die sich um das Welten-All gelagert hatte – und die Ringe fielen nieder, und sie umfaßte das All doppelt – dann wandt sie sich tausendfach um die Natur – und quetschte die Welten aneinander – und drückte zermalmend den unendlichen Tempel zu einer Gottesackerkirche zusammen – und alles wurde eng, düster, bang – und ein unermeßlich ausgedehnter Glockenhammer sollte die letzte Stunde der Zeit schlagen und das Weltgebäude zersplittern ... als ich erwachte."[2]

Was Jean Paul hier in einen Albtraum kleidet, ist die Vorahnung einer heraufziehenden Welt ohne Gott. Seine Erzählung will keine Spekulation über das Ende des Kosmos bieten, sondern eine ziel- und sinnlos gewordene Welt darstellen. Um dieses sein Thema ins Bild zu setzen, eine Welt ohne Gott, die vom Sinnlosen erwürgt wird, greift er auf altorientalische und biblische Chaos- und Schöpfungsvorstellungen zurück und entwirft so eine Gegen-Welt zur Schöpfung.

1. Chaos und Schöpfung im Alten Orient

Die Mythen des Alten Orients und die biblischen Urgeschichten fragen zwar wie die Naturwissenschaften nach der Entstehung der Welt, doch stellen sie diese Frage anders. Ihnen geht es mit der Frage nach den Anfängen vor allem um den Sinn menschlicher Existenz und um die existentielle Verortung des Menschen in seiner Lebenswelt. In einer als zwiespältig, widersprüchlich und gefährlich erfahrenen Welt bieten die alten Ursprungsgeschichten Deutungs- und Orientierungshilfen an, um das Leben besser verstehen und damit auch leichter bestehen zu können. Textzeugnisse und ikonographische Darstellungen geben uns anschaulich Einblick in altorientalische Schöpfungsvorstellungen.

1.1. Textzeugnisse

„Als noch nicht" – Aussagen

Eine verbreitete Weise, von einer Welt vor der Schöpfung zu sprechen, besteht darin, die in der Welt vorhandenen Dinge durch sog. „Als noch nicht“ – Aussagen zu negieren. Der babylonische Schöpfungsmythos Enuma Elisch beginnt in Tafel I, 1-2 auf eben diese Weise:

> „Als oben der Himmel / noch nicht existierte / und unten die Erde / noch nicht entstanden war – / gab es Apsu, den ersten, ihren Erzeuger / und Schöpferin Tiamat, / die sie alle gebar; / Sie hatten ihre Wasser / miteinander vermischt... / ehe sich Weideland verband / und Röhricht zu finden war – / als noch keiner der Götter geformt / oder entstanden war, / die Schicksale nicht bestimmt waren, / da wurden die Götter ihnen geschaffen“.[3]

Im ägyptischen Raum tauchen „Als noch nicht“ – Aussagen oft in der Totenliteratur auf. Die Existenz des verstorbenen Königs vor dem Geschaffenen legitimiert seinen Aufstieg in den Himmel, unter die Götter:

> „Es wurde N.N. im Nun geboren, als der Himmel noch nicht geworden war, als die Erde noch nicht geworden war, als noch nicht geworden waren die beiden Randgebirge, als noch nicht geworden war der Streit, als noch nicht geworden war der Schrecken ...“[4]

Auch die *Bibel* kennt diese Weise, von den Ursprüngen zu reden. So setzt die zweite Schöpfungserzählung Gen 2,4b-7 ein mit den Worten:

> „ (4b)Am Tag, als JHWH Gott Erde und Himmel machte, - (5)alles Gesträuch des Feldes war noch nicht da auf der Erde, und alles Kraut des Feldes sprosste noch nicht, denn JHWH Gott hatte noch nicht regnen lassen über die Erde, und ein Mensch war nicht da, um den Ackerboden zu bedienen, (6)dass ein Schwall aufgestiegen wäre von der Erde, daß er das ganze Antlitz des Ackerbodens tränkte - , (7)da formte JHWH Gott den Menschen, Staub vom Ackerboden, und blies in seine Nase den Odem des Lebens, und der Mensch wurde zu einem lebenden Wesen.“

Die „Als noch nicht“ – Aussagen lassen zunächst eine tabula rasa entstehen, auf der dann Schöpfung zur Darstellung kommt.

Schöpfung als Handwerk

Wie der soeben zitierte Text Gen 2,7 zeigt, kennt die Bibel die Vorstellung einer Schöpfung durch das handwerkliche Tun der Gottheit. Die

Bibel teilt diese Vorstellung mit dem gesamten alten Orient. Die folgende Darstellung aus Ägypten (vgl. Abb. 1)[5] zeigt den für die Gestaltung des menschlichen Leibes zuständigen Gott Chnum, wie er Menschen auf einer Töpferscheibe formt. Die sich anschließende Belebung besorgt Hathor, die das Lebenszeichen – das Anch-Zeichen – in Händen hält.

Abb. 1

Das Ur-Meer als Urstoff

Im ägyptischen wie im mesopotamischen Raum gibt es die Vorstellung eines Ur-Meeres, das den „Ur-Stoff" abgibt, aus dem heraus der Kosmos gebildet wird.

Nach dem Schöpfungsmythos Enuma Elisch vermischen sich die beiden Wasser, das Süßwasser (Apsu) und das Salzwasser (Tiamat) und stellen eine ungeordnete chaotische Macht dar.

Auch in der ägyptischen Tradition nimmt das Werden der Welt und des Lebens seinen Anfang im Ur-Wasser. Von hier aus beginnt die Schöpfergottheit ihr Wirken. Aus dem Ur-Ozean erscheint der Ur-Hügel als erster fester Stoff in der Urflut. Jeder Tempel, jeder Thron vergegenwärtigt diesen Ur-Hügel und damit den Beginn der Schöpfung. Die Erde als Lebensraum des Menschen ist einerseits aus dem Urstoff Wasser ausgegrenzt, bleibt aber zugleich von diesem Ur-Ozean umgeben. Dieser ermöglicht als fruchtbare Feuchtigkeit einerseits jegliche Existenz, bedeutet aber gleichzeitig ständige Bedrohung, kann doch das Chaos wieder über die Ordnung hereinbrechen und diese verschlingen.

Schöpfung durch Trennung

Nach Enuma Elisch formt Marduk, nachdem er den Chaosdrachen Tiamat besiegt hat, aus dessen Körper zunächst den Himmel, dann die Erde. Schöpfung ist hier als Kampfgeschehen dargestellt. Die Entstehung des Himmels wird wie folgt beschrieben (Tafel IV, 135-140)

> „Bel ruhte, / den Leichnam betrachtend, / um den Klumpen zu teilen / nach einem klugen Plan. / Er teilte sie / wie einen Stockfisch in zwei Teile: / eine Hälfte davon stellte er hin / breitete sie als Himmelsdach aus. / Er breitete die Haut aus / und setzte eine Wache ein, / das Wasser nicht herauszulassen, / wies er sie an."[6]

Aus dem Stoff des Urmeeres wird das Himmelsgewölbe gebildet. Eigens aufgestellte Wachen sollen verhindern, dass die Chaoswasser wieder über die Erde hereinbrechen. Nur gebändigt, als fruchtbarer Regen, dürfen die Wasser über die Erde kommen. Aus den übrigen Teilen Tiamats formt Marduk die Erde: aus dem Kopf die Gebirge, aus den Augen Euphrat und Tigris usw.

Die Bibel kennt diese Vorstellung ebenfalls. Am bekanntesten dürften die Werke der Scheidung in Gen 1 sein. Chaoskampfvorstellungen sind noch deutlich in Ps 74,13-17 zu greifen:

> (13)Mit deiner Macht hast du das Meer zerspalten, / die Häupter der Drachen über den Wassern zerschmettert. / (14)Du hast die Köpfe des Levíatan zermalmt, / ihn zum Fraß gegeben den Ungeheuern der See. / (15)Hervorbrechen ließest du Quellen und Bäche, / austrocknen Ströme, die sonst nie versiegen. / (16)Dein ist der Tag, dein auch die Nacht, / hingestellt hast du Sonne und Mond. / (17)Du hast die Grenzen der Erde festgesetzt, / hast Sommer und Winter geschaffen.

Stufenweise Erschaffung

Um die Vielfalt der Dinge zu erklären, stellt sich der Mensch des Alten Orients einen Schöpfungsvorgang in mehreren Stufen vor, wobei die Bewegung von Oben nach Unten, vom Starken zum Schwachen, vom Großen zum Kleinen verläuft. Eine akkadische Erzählung aus Mesopotamien drückt dies so aus – es geht um das Problem des Zahnschmerzes, der wie ein Wurm bohrt:

„Nachdem Anu / [den Himmel erschaffen hat]te, / der Himmel [die Erde] erschaffen hatte, / die Erde / die Flüsse erschaffen hatte, / die Flüsse / die Kanäle erschaffen hatten, / die Kanäle / den Morast erschaffen hatten, / der Morast den Wurm erschaffen hatte ...“[7]

1.2. Ikonographische Darstellungen

Die folgende Darstellung (Abb. 2)[8] findet sich auf einem Sarkophag von Sethos I. (1304-1290) in Abydos. Die große Fläche mit den Zickzacklinien steht für das Urgewässer, aus dem alles Leben kommt. Die Fläche, normalerweise in Kreisform gehalten, hier wegen des Sarges als Rechteck gestaltet, ist von den (getüpfelten) Randgebirgen umgeben. Hier geht die Sonne unter, hier erhebt sie sich wieder für einen neuen Tag.

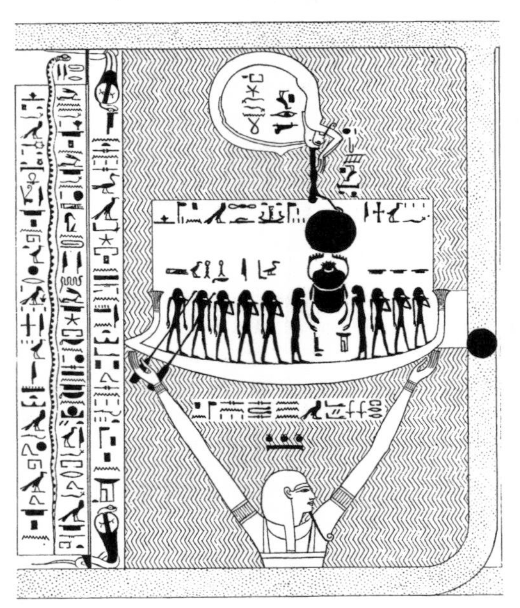

Abb. 2

Im Vordergrund erscheint der Urozean in Menschengestalt (Nun). Er stemmt die Sonnen- oder Himmelsbarke hoch, an deren Bord mehrere Götter stehen. Der Skarabäus schiebt den Sonnenball vor sich her, hin zum Zenit. Zu beiden Seiten des Skarabäus stehen die beiden Schutzgottheiten Isis (links) und Nephtys (rechts). Der Sonnenball wird von einer entgegenstehenden (auf dem Kopf stehenden) Figur empfangen, von der Himmelsgöttin Nut. Nut steht hier für den Abendhimmel. Sie verweist auf die untergehende Sonne. Die Füße der Himmelsgöttin Nut stehen auf dem Kopf des Osiris, der in gekonnter Akrobatik mit seinem Körper einen Kreis beschreibt. Der so aus dem Urozean ausgegrenzte Bereich symbolisiert den Erdkreis mitsamt der Totenwelt. Das Leben ereignet sich als ständiger Kreislauf. Dazu gehören das allabendliche Untergehen der Sonne, ihr Untertauchen in die Totenwelt, das zugleich Regeneration bedeutet, und der täglich neue Aufstieg zum Himmel.

Dieser Rhythmus des Auf- und Untergehens der Sonne ist konstitutiv für den Bestand des Kosmos. Würde diese rhythmische Ordnung aufhören, sänke der Kosmos in das Chaos zurück. Denn dieses ist nach wie vor präsent, wie die Darstellung ebenfalls zeigt. Erde und Totenwelt sind vom Urmeer, von Nun, umgeben. Dieses Meer wird häufig auch in der Gestalt der Schlange verkörpert. Mitunter ist diese so dargestellt, dass sie sich in den Schwanz beißt und sich selbst verzehrt. Als böse Riesenschlange Apophis umschlingt sie die Erde (vgl. den eingangs zitierten Text von Jean Paul). Die Erde als Teil des Kosmos ist somit umfangen vom Chaotischen des Urmeeres. Die Erde lebt und nährt sich von diesem Ur-Stoff, sie kann aber nur als ständig gefährdeter Lebensraum bestehen.

Die folgende Papyruszeichnung (Abb. 3)[9] aus der Zeit um 1000 v. Chr. zeigt den kritischen und dramatischen Augenblick, in dem die Sonne in die Unterwelt eingeht.

> „In Ägypten“ – so O. Keel – „ist das abendliche Dunkel vor allem der Bereich der Riesenschlange Apophis ... Sie verkörpert das dunkle Meer, das abendliche Gewölk und den Morgendunst, kurzum jene Mächte, die der Sonne abends bei ihrem Untergang und morgens bei ihrem Aufgang gefährlich werden können.“[10]

Die kritischen Augenblicke sind somit Sonnenaufgang und Sonnenuntergang. Dies sind die markanten Punkte, die die Ordnung des Kosmos und allen Lebens und zugleich dessen extremste Gefährdung markieren.

Im Bild wird „die Gefährdung, die der Sonnengott beim Eintritt in den Ozean und die Unterwelt erfährt, dramatisch dargestellt. Der Sonnengott ist eben im Begriff, mit seiner Barke den Himmel ... zu verlassen. Die Schlange, deren Leib zu wilden, steilen Wellen stilisiert ist ..., stellt sich diesem Unterfangen entgegen. Seth macht als Helfer des Re (des Sonnengottes) die Schlange unschädlich. Hilfreiche Schakal- und Kobradämonen ziehen das Sonnenschiff über die trägen Fluten der Unterwelt.“ [11]

Diese Abbildung zeigt besonders deutlich, dass und wie sich das Leben der Götter, von Welt und Menschheit in der Spannung zwischen Kosmos und Chaos ereignet. Im täglich neuen Bestehen und Überwinden des Chaos verwirklicht sich Kosmos, Lebensraum, Ordnung. Treffend hat E. Würthwein das Zusammenspiel von Chaos und Kosmos / Schöpfung folgendermaßen beschrieben:

„Die ungeordneten Bereiche des Chaos ... (sind) durch die Schöpfung nicht aufgehoben, sondern (sie umgeben) die geordnete Welt unaufhörlich. Darin liegt zugleich eine ständige Bedrohung beschlossen, die sich für uns hauptsächlich in dem vielberufenen Mythos von dem immer neuen Kampf des Sonnengottes gegen die Apophisschlange spiegelt, die ‘abgewehrt‘, aber als unsterbliche Urmacht nicht getötet wird. Von da aus ist es zu verstehen, daß in Ägypten nicht von einer einmaligen Schöpfung ‘am Anfang‘ die Rede ist, sondern davon, daß die Schöpfung ‘beim ersten Male‘ geschah. ‘Wir finden hier also die Schöpfung der Erde zugleich als Handlung des ersten Males und als Anfangen genannt, das seinem Wesen nach wenn nicht das Vollenden, so das Wiederholen fordert! Diese Wiederholung vollzieht sich im täglichen Neuvollzug der Schöpfung im Naturlauf, vor allem dadurch, ‘daß der Sonnengott an jedem Morgen aus dem Urwasser Nun auftaucht und mit seinem Tageslauf die kosmische Ordnung nach sich zieht.’ Aber auch im geschichtlichen Raum wird die Schöpfung wiederholt, vor allem mit jeder Thronbesteigung und Tempelgründung und überall da, wo gegen einen feindlichen Einbruch die ursprüngliche Ordnung wiederhergestellt wird.“[12]

Das akkadische Rollsiegel aus Mari (ca. 2200 v. Chr.) stellt im Zentrum den auf dem Götter- oder Weltenberg thronenen Götterkönig dar. (Abb. 4). Als solcher trägt er sein Szepter und die Hörnerkrone. Am Fuß des Berges entspringen zwei Flüsse. Aus ihnen erstehen zwei Baumgöttinnen, Personifikationen von Vegetation und Fruchtbarkeit. Die linke Göttin hält einen Baum in Händen, die rechte ein Gefäß. Das Bild spricht vom lebenspendenden Wasser und unterstreicht dessen Fruchtbarkeit.

Abb. 4

Freilich handelt es sich bei diesen Wassern nicht um harmlose Bächlein. Es sind die Wasser der Urflut, der Tehom. Und diese sind äußerst gefährlich, wie bereits deutlich geworden ist. Die Quellen entspringen aus dem Mund von Schlangen, den Symboltieren der Chaoswasser. Dass diese Chaoswasser hier nicht zerstörerisch, sondern lebensförderlich wirken, ist dem wirksamen und wachsamen Handeln und der Präsenz der Götter zu verdanken. Der Schöpfergott hat auf ihnen Sitz genommen, mit Szepter und Hörnerkrone, den Insignien der Herrschaft. Links außen ist eine weitere Gottheit abgebildet, vielleicht der Gewittergott

Hadad-Baal. Er setzt seinen Fuß auf das Chaoswasser und hält es mit der Lanze nieder.

Diese Darstellung verdeutlicht: Das Chaos ist mit der Schöpfung nicht einfachhin beseitigt. Es bleibt gegenwärtig. Dass die chaotische Urflut nicht zerstörerisch wirkt, ist der Tatsache zu verdanken, dass der Schöpfergott das Chaos gebändigt hat und es für seinen Kosmos in gutes und Segen bringendes Wasser umwandelt (vgl. die ähnlichen Vorstellungen in Ps 93).

Abb. 5

Das wohl aus Ninive stammende assyrische Rollsiegel (Abb. 5)[13] gehört in das 8. oder 7. Jh. v. Chr. Die Chaoswasser sind hier als gehörnte Schlange dargestellt. Diese Schlange wird aus dem Bereich des Lebens – angedeutet durch die beiden Pflanzen – vertrieben. Neben dem kämpfenden Helden findet sich noch eine kniende Gestalt. Sie könnte dem Kämpfer Wurfgeschosse reichen. Die dritte Gestalt hält eine Handtrommel in Händen, um den Sieg über das Chaos zu feiern. Doch bleibt in der Darstellung Vieles unklar.

2. Schöpfungsvorstellungen in der Bibel

Das Thema „Schöpfung" durchzieht die gesamte Schrift, vom ersten Buch des Alten Testaments mit der Erschaffung von Himmel und Erde bis zum letzten Buch des Neuen Testaments, das von einem neuen Himmel und einer neuen Erde weiß. „Schöpfung" ist dabei nicht auf ein uranfängliches Geschehen im Sinne einer „creatio prima" beschränkt. „Schöpfung" geschieht fortwährend als „creatio continua" oder „gubernatio mundi" durch das welterhaltende Wirken der Gottheit. Denn nähme Gott seine רוּחַ *rûach* zurück, dann würde – wie Psalm 104,27-30 besingt –

Absender:
(Bitte in Druckschrift)

(Name)

(Vorname)

(Straße/Hausnr.)

(PLZ/Ort)

Diese Karte entnahm ich dem Buch:

Bitte frei- machen

Antwortkarte

VERLAG
FRIEDRICH PUSTET

93008 Regensburg

alles zurücksinken in den Staub. In verdichteter Form erscheinen biblische Schöpfungsaussagen im sog. Siebentagewerk, in Gen 1,1-2,4a.

2.1. Chaosvorstellungen (Gen 1,2)

Israel teilt mit seiner Umwelt die Vorstellung eines uranfänglichen Chaos. Dieses wird nach der bekannten Überschrift in Gen 1,1 „Im Anfang hat geschaffen Elohim Himmel und Erde“ in V. 2 so vorgestellt:

> „Die Erde, sie war wüst und wirr; / Finsternis über dem Antlitz der abgründigen Flut; / Gottessturm hin- und herfahrend über dem Antlitz der Wasser.“

Hier kommt ein dreifaches Chaos in den Blick:

(1) „Die Erde“ - so heißt es - „war wüst und wirr“, ausgedrückt mit dem hebräischen Ausdruck תֹהוּ וָבֹהוּ *tohû wābohû.* Diese emotional gefüllte Wortfügung besagt: Hier ist jegliches Leben unmöglich. Dass dieses Chaos nicht per viam negationis, etwa „als die Erde noch nicht war“, sondern positiv beschrieben wird, unterstreicht dessen Mächtigkeit.

(2) Auch das zweite Motiv, das der „Finsternis über der abgründigen Flut“ ist aus den Kosmogonien der Umwelt bekannt. Die „Urflut“ – hebräisch תְהוֹם *t^ehôm* – meint vorstellungsmäßig ein riesiges Urmeer, auf der die Erde wie ein Floß schwimmt. Die Bezeichnung תְהוֹם für „Urflut“ ist vermutlich eine Anspielung auf Tiamat, die uns im Weltschöpfungsepos Enuma Elisch bereits begegnet ist: auf den lebensfeindlichen Salzwasserozean als lebensbedrohende göttliche Macht.

Über der abgründigen Flut kauert die „Finsternis“, hebräisch חֹשֶׁךְ *chošek,* wieder positiv formuliert (also nicht: „als das Licht noch nicht war über der Flut“). „Finsternis“ meint: der Schöpfung, für die Licht entscheidend ist, entgegengesetzt. In menschlichen Erfahrungsbereichen taucht dieses Wort auf in Verbindung mit Grab, Unterwelt, Tod, mit jenem Bereich also, in dem kein Leben existiert und Leben auch nicht möglich ist.

(3) „Gottessturm hin- und herfahrend über dem Antlitz der Wasser“: Die Bedeutung der Aussage ist umstritten. Die רוּחַ אֱלֹהִים *rûach ʾ^elohîm* kann einerseits ein positives Element im Chaos bezeichnen, etwa den

„Geist Gottes“, der „über den Wassern schwebt“ (so die Einheitsübersetzung). Es kann damit aber auch ein Sturm unvorstellbaren Ausmaßes gemeint sein. Denn das Partizip מְרַחֶפֶת *m*[e]*rachepet*, meist mit „schwebend“ wiedergegeben, bedeutet auch „zittern“, „unruhig hin- und herflattern“. Dann wäre die Aussage im Sinne des Textes von Jean Paul zu verstehen: „Ich ging durch die Welten, ich stieg in die Sonnen und flog mit den Milchstraßen durch die Wüsten des Himmels; aber es ist kein Gott. Ich stieg herab, soweit das Sein seine Schatten wirft, und schauete in den Abgrund und rief: «Vater, wo bist du?», aber ich hörte nur den ewigen Sturm, den niemand regiert“.

Zusammenfassung: Die Aussage von V. 2 entspricht den großen altorientalischen Schöpfungstraditionen. Der Zustand vor der Schöpfung wird in Form einer Chaosschilderung dargeboten. Das Chaos ist eine gegenüber der Schöpfung negativ qualifizierte Gegenwelt.

Das Chaos selbst wird nicht durch „Als noch nicht“ – Aussagen beschrieben, sondern als aktiv wirkende Macht dargestellt. Die Verfasser des Textes, die in der Zeit des babylonischen Exils oder kurz danach lebten, wussten um die unheimlichen Mächte, die Leben zerstören können. Sie betonen deshalb: Das Lebensbedrohliche ist da. Es hat seine Mächtigkeit und Wirkkraft. Die Welt ist nicht einfach harmlos.

Die Chaosdarstellung macht deutlich: Wer wahr und stimmig von Mensch und Welt reden will, muss auch das Chaos mitbedenken und es beim Namen nennen.

2.2. Schöpfung durch Gottes Wort und Tat (Gen 1,3-31)

Die Erschaffung der Welt wird in Gen 1 als Sechstagewerk beschrieben. Durch das wirksame göttliche Wort und durch göttliches Handeln entsteht aus dem uranfänglichen Chaos der Lebensraum Kosmos. Dabei sind die sechs Arbeitstage sorgsam gestaltet. Die Tage 1–3 sind bestimmt vom Vorgang des Scheidens, aus dem die Lebensräume entstehen. Im Hintergrund dürften auch hier altorientalische Vorstellungen von der Schöpfung durch Trennung der Bereiche stehen. In den folgenden Tagen 4 – 6 geschieht die Ausstattung der Lebensräume.

Diese grundsätzliche Unterscheidung zwischen vorausgehender Bereitung des Raumes („Außenarchitektur“) und folgender Innenausstattung („Innenarchitektur“) kennzeichnet die Ordnung des Sechstagewerkes. Dabei wird jedem Geschöpf sein eigener Lebensraum zugewiesen.

Die Erschaffung und Bereitung des Raumes ist verknüpft mit der Erschaffung der Zeit. Der erste Tag ermöglicht mit der Erschaffung des Lichtes die grundlegende Ordnung von Tag und Nacht. Am vierten Tag werden durch die Gestirne Sonne, Mond und Sterne die Voraussetzung geschaffen, um die Zeiten zu strukturieren und Festzeiten zu bestimmen. Der siebte Tag schließlich führt mit dem Ruhen des Schöpfergottes die wichtige Unterscheidung zwischen Zeit der Arbeit und Zeit der Ruhe ein. Damit kommt die Schöpfung bei Gott zur Vollendung.

Dieser sorgfältig aufgebaute und durchreflektierte Text will deutlich machen: In der Welt, wie sie von Gott her gedacht ist, hat alles seine Ordnung. Jedem Geschöpf gehört sein eigener Lebensraum, keines lebt auf Kosten des anderen. Hier ist das Idealbild einer Welt von Gott her entworfen, die das Realbild der Fluterzählung und der nachsintflutlichen Welt kritisch hinterfragt.

2.3. Der Mensch und seine Stellung in der Welt (Gen 1,26-30)

Weltentstehung und Menschenschöpfung gehören in den altorientalischen Schöpfungsmythen zusammen. Auch die erste biblische Schöpfungsgeschichte führt zur Menschenschöpfung hin, die einen ihrer Höhepunkte darstellt.

Als Abbild und Gleichnis der Gottheit erhält der Mensch eine besondere Aufgabe: die Herrschaft Gottes zu vergegenwärtigen. Was im Alten Orient nur Großkönige und Pharaonen von sich zu sagen wagen – Abbild der Gottheit zu sein und in ihrem Auftrag zu handeln – , das gilt nach dem biblischen Schöpfungstext nicht nur für den Israeliten, sondern für jeden Menschen.

Der dem Menschen übertragene und oft missverstandene Herrschaftsauftrag beinhaltet, die Welt vor den Einbrüchen des Chaos zu schützen und sie in jener lebensfördernden Ordnung zu erhalten, die der Schöpfer ihr eingestiftet hat. Wenn der Mensch hingegen seinen Auftrag als Abbild verfehlt und statt des Herrschaftsauftrags im Sinne Gottes eigensinnig „Gewalttat“ übt, beschwört er mit seiner Gewalttat, wie die Fluterzählung zeigt, das Chaos über die Menschenwelt und über die Schöpfung herauf, so dass die „sehr gute“ (Gen 1,31) Schöpfung teilweise rückgängig gemacht wird. Dass hier kosmische Bilder auch für historische Erfahrungen und Ereignisse stehen, liegt auf der Hand.

2.4. Gottes Schöpfung als Anfangsgeschehen (Gen 1,1)

Während die Chaosdarstellung von V. 2 den großen altorientalischen Schöpfungstraditionen entspricht, verhält es sich mit V. 1 anders. Dieser dem ganzen Schöpfungstext als Überschrift und Interpretationsschlüssel vorangestellte Vers erklärt sich nicht von der Umwelt her. Er ist eigens vom Autor gebildet. Dabei ist jedes Wort von Bedeutung.

(1) בְּרֵאשִׁית *berē'šîjt* „im Anfang", „am Anfang", „als Anfang". Was bedeutet diese Aussage, was bedeutet sie nicht?

„Anfang" kann z.B. auf das erste Glied in einer Reihenfolge von Ereignissen abheben. Es geht anderen voraus und verursacht diese vielleicht (mit). Die anderen Geschehnisse folgen diesem nach, vielleicht von ihm mit verursacht. Anfang in diesem Sinne wäre dann „das Erste" in der Reihe einer Ereigniskette. Dies ließe sich noch weiter entfalten, etwa in folgendem Sinne: Israel greift das dem Alten Orient vertraute Thema Schöpfung auf und „vergeschichtlicht" es. „Schöpfung" wird somit zum ersten Ereignis in der Ereigniskette der Heilsgeschichte. Eine derartige Deutung würde den gemeinten Sachverhalt wohl kaum angemessen wiedergeben.

Die Aussage בְּרֵאשִׁית ist auch nicht als Antwort auf die Frage nach dem Zeitpunkt des Anfangs („wann ist Schöpfung geschehen?") oder nach dessen Modus („wie und woraus ist alles geworden?") zu verstehen. Es geht dem biblischen Autor gerade nicht um die Frage, ob Urknall oder Feuerball o. ä. den Ausgangspunkt der vorhandenen Welt bilden.

Mehr denn auf einen Anfang im oben genannten Sinne zielt die Aussage בְּרֵאשִׁית auf das Ergebnis, auf das Gewordene und dessen Qualität. D.h.: Was es da gibt, hat seine Erklärung nicht in sich und aus sich selbst. Die Rede vom Anfang ist eine Qualitätsaussage über das, was existiert: Es existiert abkünftig von Gott. Abkünftig von Gott bedeutet nicht nur, von ihm als dem Ursprung hervorgebracht und von ihm als dem Ursprung abhängig zu sein. Es bedeutet auch den Anfang eines Miteinanders und Zueinanders, einer Beziehung von Gott und Welt. Die Rede vom Anfang meint also nicht einfach nur den „Anfang der Welt", den Anfang, den die Welt hat. Treffend formuliert O.H. Steck: „Genau genommen redet P in 1,1 also nicht von dem Anfang, den die Welt hat, sondern von dem Anfang, der die ein für allemal erfolgte Schöpfung der Welt ist“[14] – wann und wie immer diese Setzung des zeitlichen Anfangs geschehen sein mag!

Der Ausdruck בְּרֵאשִׁית lässt sich auch – versteht man die Präposition als ב – essentiae, wiedergeben mit „*als* Anfang“. Das göttliche Schöpfungshandeln bildet somit den „Anfang“ im Sinne des tragenden Grundes für Welt, Mensch und Geschichte. Zugleich prägt dieses göttliche Anfangsgeschehen das neu eröffnete Miteinander von Gott und Schöpfung in der Weise, dass das Worumwillen der Schöpfung sichtbar und zur bleibenden Orientierung und Verpflichtung wird.

(2) בָּרָא *bārā'* „er hat geschaffen“: Für den Vorgang des Schaffens gebraucht die hebräische Bibel viele und verschiedenartige Ausdrücke: etwa das Allerweltswort עָשָׂה *ᶜāśāh* „machen, tun“, das dann in einem analogen Sinne auf das Schöpfungshandeln Gottes übertragen wird. Dieses Wort findet sich auch im ersten Schöpfungsbericht mehrmals. Oder das aus dem Handwerk des Töpferns kommende יָצַר *jāṣar* „formen“, „bilden“. Oder das Wort יָסַד *jāsad* „gründen“, das z.B. für die Gründung einer Stadt gebraucht wird und die Festigkeit und Stabilität der Gründung hervorhebt. Bei diesen und weiteren Ausdrücken wird menschliches Tun zum Ausgangspunkt des Redens über das Tun Gottes.

Das Verb בָּרָא *bārā'* hingegen hat immer nur Gott als Subjekt. Mit der Verwendung dieses Wortes, dessen Etymologie unbekannt ist und das ausschließlich von Gott ausgesagt wird, unterstreicht der Verfasser: Gottes Tun als Schöpfer ist ohne Analogie. Es ist einmalig gegenüber aller menschlichen Erfahrung und unvergleichlich. Das Verbum, das während der Zeit des babylonischen Exils auftaucht (6. Jh. v.Chr.), bedeutet soviel wie „Neues, Großartiges schaffen“ oder „auf wunderbare Weise schaffen“, so dass es Staunen hervorruft. Damit wird menschliches Sprechen über Gott, den Schöpfer, unter den Vorbehalt der größeren Unähnlichkeit gestellt, die jeder Aussage über Gott eigen ist.[15]

(3) אֱלֹהִים *'ᵉlohîm* „Gottheit“: Das erste Subjekt des Schöpfungsberichtes und damit der gesamten Bibel heißt „Gott“. Über 30 mal kommt es im ersten großen Text der Bibel vor. Da das Wort auch „ein Gott“ oder „Götter“ bzw. „die Götter“ bedeuten kann, mag hier durchaus Polemik

mitschwingen. „Schöpfung“ ist weder das Werk der Menschen, noch das Produkt irgendwelcher Götter, sondern einzig und ausschließlich das Werk des einzigen und unvergleichlichen Weltengottes, der sich Israel als JHWH zuwenden wird (vgl. Ex 6,2-8).

(4) אֵת הַשָּׁמַיִם וְאֵת הָאָרֶץ „den Himmel und die Erde“: Das Objekt des göttlichen Schaffens wird in der Stilform eines Merismus ausgedrückt. Die beiden Extreme geben eine Ganzheit an. „Himmel und Erde“ meint also alles, die ganze geordnete Welt, den gesamten Kosmos. Die Verwendung von „Erde“ in V. 1 ist aufgrund des Merismus also deutlich von der in V. 2 zu unterscheiden.

4. Theologische Synthese

(1) Zum Verhältnis Naturwissenschaft und Schöpfungserzählungen allgemein: Die Wirklichkeit ist vielschichtig. Naturwissenschaft und Theologie bewegen sich auf verschiedenen Ebenen und haben ihre je verschiedenen Zugänge zur Wirklichkeit.[16] Der Schöpfungsbericht macht seine Aussage nicht auf naturwissenschaftlicher Ebene. Ihm geht es darum, die Welt als geschöpfliche, d.h. von Gott her abkünftige und in sich kontingente Größe zu verstehen.

(2) Zur Theologie von V. 1: V. 1 betont: Gott hat – als Anfang – Himmel und Erde geschaffen. Das All („Himmel und Erde“) ist nicht alles. Da ist außer ihm, über ihm und in ihm noch eine andere Wirklichkeit: „Gott“. Dies bedeutet aber zugleich: Himmel und Erde sind nicht allein. Sie sind von Gott abkünftig und auf ihn bezogen. Himmel und Erde stehen in einem Bezug und sind nicht dem blinden Fatum überlassen.

(3) Israel hat – im Exil lebend – das Chaos am eigenen Leib erlebt. Gott wird als der Überwinder des Chaos hingestellt. Dabei ist der Blick Israels nicht selbstbezogen. Die Schöpfungserzählung spricht vom Menschen und der Menschheit, die das Chaos erfahren. Und sie spricht von Gott als dem, der will, dass die Dinge in der Menschheit zur gottgewollten Ordnung finden.

(4) In der Welt – auch in ihrem Idealbild – bleiben die chaotischen Kräfte da. Sie sind aber gebändigt und eingebaut in das Lebenshaus

des Kosmos. Sie dienen dem Kosmos, solange sie nicht entfesselt werden.

(5) Der Mensch als solcher, nicht bloß der Israelit oder der Getaufte, ist Abbild Gottes. Als solches steht er in einer besonderen Nähe zu Gott. Mit seiner Bestimmung als Bild Gottes ist der Mensch zugleich mit der Herrschaft über die Welt betraut. In der Welt Anwalt der Herrschaft Gottes zu sein, darin besteht seine königliche Würde als Mensch.

(6) Die Herrschaft des Menschen in der Welt und über sie ist nicht als reine Autonomie misszuverstehen. Es geht hier nicht um Beherrschung im Sinne rein technischer Bewältigung der Welt. Die Welt erscheint in Gen 1 als Lebens- und Beziehungsraum, den es zu schützen gilt. Herrschen meint, eine von Gott gewährte Welt im Sinne Gottes zu verwalten. Der Mensch ist nicht Eigentümer, sondern Verwalter der Welt. Was ihm für seine Zeit anvertraut wurde, hat er auch entsprechend zu übergeben.

(7) Zur Lehre von creatio ex nihilo: Sie ist eine Interpretation der biblischen Aussage und versucht, die Botschaft von Gen 1,1 in einer veränderten Umwelt, angesichts neuplatonischer und gnostischer Tendenzen neu zu formulieren. Sie betont die Freiheit des erschaffenden Gottes gegenüber der Schöpfung (vgl. das biblische בָּרָא *bārā'*). Sie unterstreicht die Einheit Gottes als Schöpfer und Erlöser (vgl. die Funktion der Schöpfungsaussagen für den heilsgeschichtlichen Weg Israels). Sie hebt – trotz aller Widersprüche und Gebrochenheit – die Güte der sichtbaren Welt hervor (vgl. dazu die Billigungsformel „und Gott sah, dass es gut war“). Die umfassendere und tragende Aussage findet sich jedoch in Gen 1,1: Gott ist es, der alles geschaffen hat.

Anmerkungen

1 Aus: *J. Paul*, Rede des toten Christus vom Weltgebäude herab, daß kein Gott sei, in: *Ders.*, Siebenkäs, Zweites Bändchen, Erstes Blumenstück, Frankfurt a. M. 1987 (Insel Taschenbuch 980), 277-279.

2 Ebd.

[3] *W.G. Lambert*, Enuma Elisch. Tafel I, 1-2, in: TUAT III. Lfg. 4, Gütersloh 1994, 569.

[4] *M. Bauks*, Die Welt am Anfang. Zum Verhältnis von Vorwelt und Weltentstehung in Gen 1 und in der altorientalischen Literatur (WMANT 74), Neukirchen-Vluyn 1997, 156f.

[5] *O. Keel*, Die Welt der altorientalischen Bildsymbolik und das Alte Testament. Am Beispiel der Psalmen, Darmstadt, [3]1984, 227 (Nr. 334).

[6] *W.G. Lambert*, Enuma Elisch (s. Anm. 3), 587.

[7] *K. Hecker*, Die Erzählung vom Wurm, in: TUAT III. Lfg. 4, Gütersloh 1994, 603.

[8] *O. Keel*, Bildsymbolik (s. Anm. 5), 35 (Nr. 37).

[9] Ebd., 47 (Nr. 55).

[10] Ebd., 46.

[11] Ebd.

[12] *E. Würthwein*, Chaos und Schöpfung im mythischen Denken und in der biblischen Urgeschichte, in: Zeit und Geschichte (FS R. Bultmann), Tübingen 1964, 317-327, hier 320f.

[13] *O. Keel*, Bildsymbolik (s. Anm. 5), 43 (Nr. 48).

[14] *O.H. Steck*, Der Schöpfungsbericht der Priesterschrift (FRLANT 115), Göttingen [2]1981, 227 Anm. 930.

[15] Es ist auffällig, dass der Autor von Gen 1,1-2,4a das Verb בָּרָא nicht nur in der Überschrift 1,1 und in der Unterschrift 2,4a einsetzt und so das göttliche Schöpfungshandeln in seiner Gänze als unvergleichlich qualifiziert. Er verwendet es im Textkorpus weitere 5 mal, insgesamt also 7 mal: In 2,3 wird am siebten Tag das Sechstagewerk rückblickend qualifiziert. In 1,27 signalisiert die 3 malige Verwendung die besondere Bedeutung der Erschaffung des Menschen. 1,21 betont die Geschöpflichkeit der großen Seetiere.

[16] Zum Folgenden vgl. *R. Mosis*, Biblische Schöpfungsaussagen und heutiges Selbstverständnis des Menschen, in: *K. Schmitz-Moormann*, Schöpfung und Evolution. Neue Ansätze zum Dialog zwischen Naturwissenschaften und Theologie (Schriften der Katholischen Akademie in Bayern 145), Düsseldorf 1992, 58-75, hier 61f.

„Nicht wie die Welt ist, ist das Mystische, sondern dass sie ist“ (Ludwig Wittgenstein)

Alois Halder

1. Zwei Bemerkungen zunächst zu dem Satz Wittgensteins im Tractatus: Wie die Welt ist (genauer wie sich innerhalb der Welt die Dinge in ihren Relationen zu einander verhalten), ist in der klaren und deutlichen Sprache der Naturwissenschaft – und Sprechen meint hier zugleich Denken, Erkennen – zu beschreiben. Daraus spricht der neuzeitliche Vorrang der Wie-Frage. Sie hat die alte Erkenntnisfrage nach dem Was, dem Wesen, der metaphysisch-ontologisch verstandenen Substanz abgelöst. (Bereits Kant hatte betont, Substanz sei eigentlich nur ein Inbegriff von lauter Relationen.) Sinnvolles Sprechen ist Wittgenstein zufolge beschränkt auf das Wie der Welt. So sehr, dass nicht nur die alten Wesensaussagen unsinnig sind, sondern auch Aussagen über das Dass der Welt, ihre Tatsächlichkeit, von woher sie der Fall ist. Just das Wesen aller Dinge, der Welt, und ihre Herkunft, also das Mystische, beanspruchte das metaphysische Denken zu erkennen, freilich auf seine, nämlich transzendierende Weise und stets nur in Annäherung, auf dem noch unvollendeten Wege. (Am Ende der Metaphysikgeschichte bekundete Hegel, dass es das Mystische, das Geheimnis, nur für den kategorisierenden Verstand gebe, nicht für die transzendental ihn und alles aufhebende Vernunft). Der Grundzug des Wesens der Welt ist allerdings ihre Endlichkeit, ihr nicht schlechthin In-sich-selber-Stehen und Aus-sich-selber-her-Dastehen, Sich-selbst-Genügen, kurz: ihre Kontingenz. Und dass die Welt wirklich ist, verweist somit auf etwas, wovon sie herkommt, das vollkommen Wirkliche, die erste Ursache, das Absolute usw., wie immer die Bezeichnungen in der klassisch-metaphysischen Tradition lauten, unter ihnen vornehmlich der Name Gott, den die metaphysische

Philosophie aus der Sprache der Religion genommen hat. Gott und die Herkunft der Welt von ihm, dies ist nicht unaussprechlich nur im Gefühl gegenwärtig, es ist mit Erkenntnisanspruch aussagbar. Die Weltentstehung wird in der platonisch-aristotelischen Tradition zuerst gedacht als Bildung der Welt durch den Demiurgen im Blick auf ideelle Ordnungsgestalten oder als Formung der strukturlosen Erstmaterie zu einem kategorial geordneten Wesensgefüge, und christlich-mittelalterlich als Schöpfung ohne jede außergöttliche Vorgegebenheit, als creatio ex nihilo durch den omnipotenten Weltschöpfer gemäß seinen Schöpfungsgedanken.

Es geht im Folgenden nicht um eine Auseinandersetzung mit Wittgenstein und um eine Rechtfertigung von Metaphysik gegenüber der sprachlogischen Erkenntniskritik, insbesondere nicht um die Stringenz oder Nichtstringenz sogenannter Gottesbeweise. Aber es gilt zu beachten, dass eine Philosophie, die, ohne Metaphysik bruchlos heute noch fortführen zu können und zu wollen, jedenfalls in und mit Erinnerung an die Metaphysikgeschichte zu denken sucht, nicht vorübergehen darf an dem, was die Naturwissenschaft über das Wie der Welt und ihre Entstehung und den Zeitraum seither zu sagen imstande ist, auch wenn die naturwissenschaftliche Kosmologie und Kosmogenie dies nur in alternativen Modellen und statt mit Gewissheits- vielmehr mit Plausibilitätsanspruch tut. Das Wie der Dinge, ihre Relationalität, gehörte in der Wirkungsgeschichte der aristotelischen Kategorienlehre zu den Akzidenzien, die am Substantiellen, am Wesen, mit vorkommen, ohne es im Innersten zu berühren. Seit Leibniz sind die Akzidenzien, ist insbesondere die Relation in die Substanz selber eingedrungen. Das Wie der Welt, und dazu gehört auch ihre raum-zeitliche Prozessualität, bestimmt den Begriff davon, was sie ist, woher sie kommt und als welcher der Grund ihres Herkommens gedacht werden kann. Das Substantielle, das Wesen, ist dann von der Veränderlichkeit, die nur separat den Akzidenzien zugesprochen worden war, jetzt selbst betroffen. Was etwas ist – sei es der Mensch, oder die Welt oder Gott – zeigt sich daran, wie es sich mit ihm in ihm selber und zu anderem verhält. Das ist der Grundzug im Selbstverständnis neuzeitlicher Welterfahrung in Natur und Geschichte.

Sodann: Wenn Wittgenstein sagt, das Dass der Welt sei das Mystische an ihr – und das Mystische ist für Wittgenstein schlechthin das Unaussprechliche – so leugnet er damit keineswegs ihre Tatsächlichkeit.

Aber dass die Welt wirklich ist, ist für ihn nicht sinnvoll zu vergegenwärtigen im Denken, verstanden in seiner Erfüllung als Erkennen und Aussagen. Es ist vielmehr gegenwärtig nur im Gefühl, und deshalb ist über das Mystische nur zu schweigen. Mit dem Gefühl hat sich die klassisch-metaphysische Philosophie als Intellektualphilosophie immer schwer getan. Aber nicht, weil das Gefühl und was ihn ihm gegenwärtig ist, nicht zu erkennen und zu sagen wäre, sondern weil die Gefühlsgegenwart als eine unvollkommene Gegenwartsweise galt und gilt, ja als – zumeist und aufs Ganze gesehen – hinderlich, weil verführerisch, zu bewerten ist für das Erkennen und erkenntnisgeleitete Handeln, für das begründbare Sagen dessen, was in Wahrheit ist, und für das danach sich richtende Tun dessen, was wahrhaft gut ist. Mit Gefühl ist traditionell die ganze Sphäre der Betroffenheiten, Emotionen, Empfindungen, Erregungen, Triebreaktionen usw. angesprochen, die Sphäre der wechselnden *passiones*, der Passivität des veränderlichen Menschen, seiner Endlichkeit und damit Leidenschafts- und Leidensbestimmtheit. Diese Sphäre hat unter dem Leitbild der Aktivität des begrifflichen Erkennens und erkenntnisorientierten Handelns auf das unwandelbare Wahre und wahrhaft Gute hin keine eigene Ebenbürtigkeit. Die göttliche *energeia* des Aristoteles, der *actus purus* des Thomas von Aquin meint das vollkommene Erkennen, das veränderungsjenseitige Leben der Wahrheit selbst. Der metaphysische Gott ist der Geist des absoluten Erkennens, der unwandelbar und unbetroffen leidensfrei und leidenschaftslos in sich ruht. Deshalb hat, so die scholastische Lehrvermittlung mit lang anhaltenden Folgen, wohl die Welt zu Gott ein reales Verhältnis, da sie von ihm abhängt, nicht aber der Gott zu der von ihm gebildeten, geformten, geschaffenen Welt, sondern zu ihr nur ein rationales, begrifflich bestimmbares Verhältnis. Das tatsächliche Wirken Gottes in der Welt geschieht deshalb auch nicht unmittelbar durch ihn selbst, sondern durch die *causae secundae*. Und wenn das Wirkungsgeschehen als göttliches In-Gang-Setzen und In-Gang-Halten der Weltbewegung bezeichnet werden mag, so bewegt Gott die Welt doch nicht unmittelbar wie der Wind das mit Segeln ausgestattete Schiff, sondern – so hat Aristoteles diese Bewegung trefflich beschrieben – wie das Geliebte den Liebenden. Dieser wird bewegt, zur Annäherung und schließlich Vereinigung mit dem Geliebten. Das (der/die) Geliebte bleibt unberührt. Das zuerst und zuhöchst Geliebte der Intellektualmetaphysik ist die vollkommene Erkenntnis dessen, was ist und warum es ist: „Warum“ es ist, d. h. nicht nur von woher, sondern zugleich woraufhin. *Arche kai telos* / Anfang und Ende, Alpha und Omega sind eins. Seit Sokrates/Platon gilt hier deshalb als einzige voll rechtfertigbare Leidenschaft, die nur gefördert, nicht eingeschränkt zu werden braucht, die Liebe zum Erkennen und Sagen der Wahrheit schlechthin, und dann auch die Leidenschaft zum guten Handeln, das seinen Grund in dieser Erkenntniswahrheit hat.

2. Der Gedanke und die Sage von der Weltherkunft und der Weltbewegung, auch im Reflexionsmodus der metaphysischen Philosophie, steigen auf aus einer bestimmten Welterfahrung, Naturkenntnis und Kenntnis des menschlichen individuellen und sozialen Lebenszusammenhangs, aus je einer bestimmten Lebenswelt. Die Weltherkunft, ihre Bildung oder Schöpfung, wurde in Antike und Mittelalter metaphysisch gedacht nach dem Modell des handwerklichen Herstellens, das auf einem bestimmten Erfahrungswissen (und im historischen Prozess zunehmend wissenschaftlich absicherbaren Wissen) beruht. (Leibniz wird sagen, Gott erkennt vollkommen alle möglichen Welten, und sein Wille will die beste unter ihnen als die wirkliche.) Die Weltherstellung aus dem Willen Gottes nach seinem vollkommenen Erkennen ist schon immer geschehen, die Welt besteht seit Ewigkeit. Der Offenbarungsglaube spricht zwar von einem Anfang der Welt, aber philosophisch ist Thomas von Aquin zufolge die Frage eines zeitlichen Anfang oder der Ewigkeit der geschaffenen Welt nicht zu entscheiden. Die Arten und Gattungen, die Ordnungsgesetze der Naturdinge und Naturlebewesen galten als mit der Schöpfung der Welt gegeben und ebenso die verbindlichen Gesetze des menschlichen Zusammenlebens. Depravationen beruhen auf Fehlleistungen der Natur oder menschlichen Irrtümern. Der Schöpfungsordnung entsprechend hatte das metaphysische Denken den Charakter der Statik. Das Denken und Handeln hat den Auftrag des Nach- oder Mitvollzugs göttlich vorgegebener und eingestifteter Normierung. Menschlicher Wille (Freiheit) ist hier verstanden als bejahende Teilhabe an der göttlichen Freiheit bzw. als Verweigerung, Verirrung, Unordnung. In der Neuzeit ändert sich dieses menschliche Welt- und Selbstverständnis entscheidend. Es erfolgt eine zunehmende Prozessualisierung, Dynamisierung und Evolutionierung der Wirklichkeitserfahrung und Wirklichkeitsdeutung, die zunächst einmal ihren Wurzelboden

in der empirischen Naturwissenschaft hatte, die sich von der alten metaphysischen Angebundenheit an die Wesensfrage löste. Zu erinnern ist nicht nur an die kosmophysikalische Umkrempelung des Weltbildes seit Kopernikus und Newton und die damit verbundene Stellungsänderung der Erde im Weltall, insbesondere in der Folge auch an die Forschungsergebnisse, die das Alter der Welt im ganzen betreffen. Zu erinnern ist vor allem auch an die biologische Revolution durch Darwin und seither: Die Ordnungen der Lebewesen waren nicht schon immer oder von Anfang an, sie sind vielmehr in langen Zeiträumen entstanden, und das menschliche Leben ist selbst eine Erscheinungsgestalt dieser Entwicklung. Die Natur erscheint im ganzen als kreativ, experimentierfreudig, von Lust auf Neues ergriffen. Zu erinnern ist schließlich an die Entdeckung des Vor-, Unter- oder Unbewussten durch Freud und andere, durch die sich eine einschneidende Änderung der Sicht auf den Menschen ergab, auf die emotionale Dimension seines Lebensverhaltens, auf die emotionale Mitbestimmtheit gerade auch seines bewussten Erkennens und erkenntnisorientierten Handelns. Vor allem aber ist zu vergegenwärtigen, dass die Neuzeit gekennzeichnet ist durch ein Selbstverständnis des Menschen, worin die menschliche Freiheit im Denken und Handeln sich nicht mehr fraglos durch tradierte und institutionalisierte Ordnungen getragen wissen konnte. Regeln der Erkenntnisgewinnung und Ordnungen des sozialen Lebens waren und sind jeweils, jedenfalls von Zeit zu Zeit, neu zu finden, zu erfinden. Ein Verständnis gerade von menschlicher Kreativität tritt damit auf, das sich nicht mehr in der Selbstverständlichkeit nur eines endlichen und deshalb fehlgehen könnenden Nach- und Mitvollzugs im Grunde ewiger Ordnungen halten konnte. Die Problematik des Ordnungswandels menschlichen Zusammenlebens, des Weltwandels im Verstehen von Wirklichkeit, Natur und menschlichem Leben, sei angedeutet mit dem Stichwort „geschichtlich-hermeneutisches Denken“, das aus der empirischen Geschichtsforschung sich herausbildete. Diese setzte sich auf ihre Weise von jeder metaphysischen Vorgabe, auch von der evolutiven Geschichtsmetaphysik des deutschen Idealismus, ab. Was bedeutet dies alles für das Philosophieren, gesetzt, es suche in und mit Erinnerung an die Metaphysik zu denken?

Im Blick auf die Frage der Weltschöpfung, den Schöpfer und das Eigentümliche des Vorgangs der Schöpfung zeigt sich, dass die antike und mittelalterliche philosophische Gottes- und Weltschöpfungslehre zu der damaligen Naturerfahrung und Selbsterfahrung des Menschen in seinem Denken und Handeln passten. Und so legt sich die Forderung nahe, dass philosophische Gedanken über Schöpfung und Schöpfergott anschlussfähig sein sollten an das, was die naturwissenschaftliche Kosmogonie darüber sagt, was die biologische Evolutionslehre und die geschichtlich-hermeneutischen Einsichten ergeben. Unsere Lebenswelt heute ist in stärkstem Maße durch Wissenschaft mitgeprägt. Und die Gedanken über Gott, Welt und Schöpfung sollten vor allem auch anschlussfähig sein an das in der Neuzeit sich auftuende Verständnis der menschlichen Freiheit, an den Freiheitsanspruch auch angesichts des Einblicks in physische und biopsychische Bedingungen. Freiheit ist das große Thema der neuzeitlichen philosophischen Entwürfe. Aus der Selbsterfahrung der Freiheit und der Notwendigkeit, die mögliche Willkür zu bannen durch Bindung an erkennbar begründete Verantwortung, erwuchs das Theodizee-Problem: Wie kann Gott gerechtfertigt werden angesichts der Übel der Welt? Die Erfahrung mit den Theodizee-Versuchen legt, scheint mir, die Antwort nahe, dass eine Rechtfertigung überhaupt nicht möglich ist, wenn Gott gedacht wird als der absolut Erkennende und die Weltschöpfung als eine auf absolute Erkenntnis sich gründende Willenshandlung. Die Berufung auf die Begrenztheit des menschlichen Erkennens und die Unbegrenztheit göttlichen Erkennens bleibt unbefriedigend. Auch ein noch so hoher Endzweck, *finis alterior* oder gar *ultimus*, rechtfertigt nicht die Rabiatheit, mit der im Laufe der biologischen Evolution Arten und Gattungen ausgestorben sind, während oder nach denen sich neue entwickelten, von dem Tod der Individuen gar nicht zu reden; rechtfertigt nicht das unsägliche und unzählbare Leid, das menschlichem Leben durch Natur oder durch anderes menschliches Leben angetan wurde. Hegel noch konnte sagen, daß sich das Konkret-Allgemeine eben nur durch den Tod der besonderen Gestalten herausbilde. Es ist die List des göttlich-erkennenden Geistes, sich die besonderen Zwecke zunutze zu machen, auch wenn der endlich-erkennende Verstand dies und den Endzweck (den Selbstgenuß Gottes, der absoluten Wahrheit) nicht durchschaut; und überdies ist alles Individuelle ein notwendigerweise Kontingentes, Hegel: Zufälliges, und als solches ist es ihm bestimmt, zu fallen. Ob Hegelscher oder ein sonstiger göttlicher Geist: Wenn er nur als primär und vollkommen erkennender und erkenntnisbestimmt weltschöpferischer Geist gedacht wird, dann fallen alle Übel auf ihn zurück. Die Kollateralschäden bei der Durchführung eines Schöpfungsplans, sei es auch durch *causae secundae*, sind zu hoch.

3. Wenn metaphysikerinnerndes Denken philosophisch den Gedanken an Gott und Weltschöpfung bewahren will, muss er sich wandeln. Ein vorzüglicher Anknüpfungspunkt kann das Thema Freiheit sein. Freiheit im neuzeitlichen Begriff meint: Selbstbestimmung des Subjekts, aber nicht willkürliche, sondern durch selbst bejahte Bedingungen, Regelungen, Ordnungen sich selber bindende Freiheit. Aber es ist nur schwer zu bestreiten, dass diese neuzeitliche Subjekts- und Freiheitskonzeption zutiefst monologisch geprägt ist. Das dialogische Philosophieren, das schon mit Feuerbach anhebt und dann durch die Dialogiker des 20. Jahrhunderts entfaltet wurde, suchte diese Monologik aufzubrechen. Im Anschluss an Kants und Fichtes Transzendentalphilosophie, in deren Zentrum das Freiheitsthema stand, aber Anstöße aufnehmend aus der dialogischen Philosophie, hat in jüngster Zeit ein transzendentalphilosophisches Denken (Hermann Krings) Freiheit zu verstehen gesucht als Offenheit, und zwar nicht nur gegenüber der Natur (die neuere Anthropologie hat, man erinnert sich, den Menschen als das weltoffene Lebewesen angesetzt), sondern vornehmlich als Offenheit für andere Freiheit, und die Selbstbestimmung zu fassen gesucht als gemeinsame verbindliche Regel- und Ordnungssetzung. *Eine* Freiheit ist *keine* Freiheit. Freiheit ist Freiheit zu anderer Freiheit. Das Denken, Erkennen, Begreifen geht nicht der Freiheit, sie von vornherein bestimmend, vorher, sondern erhebt sich aus der Offenheit, der Freiheit für anderes und zuhöchst der Freiheit für andere Freiheit. Wenn Gott philosophisch gedacht werden soll – aber dies ist auf eine „logische“ Weise jedweder Art nicht zu erzwingen, sondern ist selber ein Akt der Freiheit –, dann ist er als die vollkommene, die absolute Freiheit zu denken, auf die hin endliche Freiheit offen ist und in der sie ihren Selbstbegriff erfüllt sehen kann. Wenn wir von hier aus weitergehend Weltschöpfung zu verstehen suchen, dann tritt diese hervor als Tat der Freiheit, als eine Tat, die eine Welt der Freiheit, der anderen Freiheit zur göttlichen Freiheit, schafft. Dieses Schaffen kann nicht mehr vom Modell des Verfertigens, Herstellens, Machens her ausgelegt werden. Freiheit kann nicht von anderer Freiheit „gemacht“ werden. Freiheit anerkennt andere Freiheit, d. h. sie

lässt sie sein. Schöpfung der Welt durch Gott hieße dann, die Welt sein lassen, ins Sein lassen, als Welt der Freiheit. (Michelangelo zeigt in der Sixtinischen Kapelle das Erschaffen des Menschen als dieses Seinlassen, als Los-lassen durch Gott.) Und dann wäre wohl nicht nur das menschliche Leben und Zusammenleben als durch Freiheit gekennzeichnetes Leben aufzufassen, sondern auch, auf eigene Weise, das Leben der außermenschlichen Natur, sogar der sogenannten anorganischen Natur. Für die Philosophie, seit sie bei den Vorsokratikern begann, hat es noch nie das schlechthin Unbelebte, ein sozusagen wesentlich Totes, gegeben. Mag die Rede von Vorformen oder Vorstufen von Freiheit, von Freiheitsgraden bereits in der außermenschlichen Natur auch unbeholfen sein, menschliches Leben samt seinem Freiheitsverständnis und Freiheitsanspruch tritt jedenfalls im Verlauf des Naturgeschehens auf, und so müssen in diesem Naturgeschehen selber die Potenzen von Freiheit für Freiheit sich bilden haben können. Das Freiheitsgeschehen nennen wir, zurecht, Geschichte. Wo Geschichte geschieht, ist dieses Geschehen nicht von Anfang an schlechthin durch vorhergehendes Wissen determiniert, sondern es ereignet sich, von Zeit zu Zeit, das Überraschende, Nichtgeplante, Unvorhergesehene und Einmalige, das vom Voraufgehenden nicht im vorhinein ableitbar ist. Wer deshalb im Prozess auch der außermenschlichen Natur einen Verlauf mit dem Auftreten von Unvorhergesehenem und Einmalig-Neuem erblickt, wird nicht zögern, auch von Naturgeschichte zu sprechen und nicht nur von Evolution. Nach dem Wortsinn von Evolution ist deren Verlauf nur die Auswicklung dessen, was schon am Anfang, obgleich eingewickelt, zugrunde liegt, so, wie die Pflanze im Samen. In der Geschichte kommen Entwicklungen vor, zuweilen jeweils neue und von den vorhergehenden nicht zureichend ableitbare. Sie ist nicht im ganzen eine einzige Entwicklung.

Neueres transzendentalphilosophisches Denken nennt den Selbstbezug von Freiheit und ihre Öffnung auf andere Freiheit hin auch Liebe. Liebe ist ein Grundwort eines philosophischen Denkens, das nicht in erster Linie an die neuzeitliche Transzendentalphilosophie anknüpft, sondern in einer kreativ-interpretierenden Wiederholung an die Seinslehre des Thomas. Es handelt sich um das philosophische Denken Ferdinand Ulrichs (über den an der Augsburger Theologischen Fakultät bereits zwei Dissertationen erarbeitet wurden). Das Sein ist freie Gabe, schenkende und über das Geschenk nicht mehr verfügende, sondern loslassende, seinlassende Freiheit im Miteinander aus Liebe zum anderen. Mit solchem Loslassen und Seinlassen ist freilich verbunden, dass Freiheit der anderen Freiheit sich aussetzt, dass Liebe keine Gegenliebe findet, dass Liebe verletzt wird und statt Lust Leid erfährt. Freiheit, oder Liebe, das ist riskant, nicht nur zuweilen und akzidentell, sondern von ihrem Wesen her. Alle Geschichte ist Freiheits- (oder Liebes-)Geschichte und deshalb Geschichte der riskierten Zwänge (und verfehlten Erfüllungen). Auch die Geschichte, die Gott und seiner Weltschöpfung, der Natur und dem Menschen, gemeinsam ist.

4. Wenn wir von hier aus den Wandel des Gottes- und Weltschöpfungsgedanken in den Blick nehmen, dann mag uns die Frage überkommen, welches Risiko dieser Gott mit der Weltschöpfung eingegangen ist, welche Geschichte er mit der Welt und dem Menschen angefangen hat, was da auf ihn zukam und wie Lust und Leid sich mit dem Freigeben, dem Loslassen und Seinlassen für ihn und für die frei Sein-gelassenen ergeben haben. Aber Liebe, Lust und Leid gehören in der intellektualphilosophischen Tradition in die Sphäre des Gefühls, der Betroffenheit, Erregung, Leidenschaft, der *passiones*. Sie sind jedenfalls nicht Haupttermini der intellektualmetaphysischen Rede von Gott und seinem Schöpfungsverhältnis zur Welt der Natur und des Menschen. Für die Metaphysik, die unter Geist fundamental Geist des denkenden Erkennens versteht (und nicht primär Geist der Freiheit, Geist der Liebe), ist der göttlich-erkennende und von dieser vollkommenen Erkenntnis in seiner Weltschöpfung geleitete Gott jenseits jeder Passion, unbewegt selig ruhend in sich selber, sich vollkommen genügend. Und der Schöpfungsvorgang und die geschaffene Welt – jedenfalls in ihrem anfängliche Zustand – selber nehmen Teil an dieser Ruhe und wenigstens Anteil an dieser Vollkommenheit. Leibniz sagt, die Welt (bei ihm die Welt der Monaden) kann nur auf einen Schlag entstanden sein. So ähnlich hätte auch die frühere Metaphysik sagen können. Aber der Schlag ist hier nicht wörtlich zu nehmen mit allen akustischen und optischen Konnotationen. Er ist ein lautloser Schlag, schon ewig erfolgt oder mit zeitlichem Anfang, mit dem Anfang der Zeit. Inzwischen ist aus dem Schlag der Urknall geworden, der sich fortsetzt in einer Geschichte von Explosionen und Implosionen von Gebilden im Weltall, das sich seit einer

unvorstellbaren, aber durchaus errechenbaren Zeit mit einer ausrechenbaren, wenn auch unser Vorstellungsvermögen übersteigenden Geschwindigkeit ausbreitet. Es scheint, als ob die geschaffene Welt der Natur- und Menschengeschichte wirklich „losgelassen" ist. Der erste Schlag und die ihm folgenden sind keine „lautlosen" Vorgänge mehr. Wer angesichts der kompetenten Modellschilderungen und besonders der filmischen Simulationen des Anfangsgeschehens der Welt und der stellaren Geburten und Tode nicht zugleich in einem gewissen Sinn „hört" und mehr „sieht" als akustisch- und optisch-mediale Informationen, durch die Haut und Netzhaut hindurch nicht das hört und sieht, was unter sie geht, der ist wahrhaft taub und blind; ebenso wie einer, der durch Geschichten in der Geschichte nicht im Innersten berührt, erhoben oder getroffen werden kann. Vermutlich haben wir noch keine heute einigermaßen befriedigende Antwort auf die philosophisch-theologische Frage nach Gott und der Weltschöpfung, die von der klassischen Metaphysik einem metaphysikerinnernden Denken in der nachmetaphysischen Zeit überlassen worden ist. Man darf vermuten, dass wir noch nicht einmal so weit sind, diese Frage heute „passend" zu unserer gegenwärtigen naturwissenschafts- und geschichtswissenschaftsbestimmten Lebenswelt zu formulieren. Schwerlich zu bezweifeln wird aber sein, dass in diese Problemformulierung mit eingehen wird müssen die Frage, welche Erregung, Leidenschaft, Passion den Schöpfer zu seiner Schöpfung bewegte, in einer Sphäre seines Wesens, die tief unter die Sphäre des Erkennens und erkenntnisbestimmten Handels reicht. Schelling, mit einem Schritt schon über den deutschen Idealismus und die Intellektualmetaphysik hinausgehend, hat in seiner Freiheitsschrift in Gott seinen Grund, seine Natur, den Drang unterschieden von seiner Existenz, seinem Hervortreten als Erkennender und erkennend Wollender. Solche Gedankenwege ließen ihn vor allem für seine Kritiker als Romantiker erscheinen. In der Romantik haben das Gefühl, Passion, die Liebe den Primat; die Liebe, die erfahrungsgemäß meist mit Leidenschaft beginnt, erst später zum Denken, Erkennen, Wissen kommen lässt und, wenn sie es schafft, schließlich wirklich die ganz selbstlose wird. Der junge Hegel kam an den Punkt, an dem er den Baum des Lebens, den Baum der Liebe, in ein „System des Wissens" verwandeln musste. Vielleicht wäre es zeitgemäß, wenn philosophisches Denken, auch in seinen Gedanken von Gott und der Schöpfung der Welt, sich des Baumes als einer Grundfigur der Geschichte des Lebens und Liebens stärker erinnerten. Und möglicherweise wäre hierbei Anregung von Schelling zu erhalten. Seine Rede vom Drang und dunklen Grund in Gott, wie die Rede von Emotion, Leidenschaft, Liebe, kann freilich einfach als Anthropomorphismus abgetan werden. Aber unsere Rede von Gott, der Schöpfung, der Welt, der Natur- und der Menschengeschichte ist und bleibt anthropomorph und doch nicht „anthropozentrisch“, sondern zugleich der Welt und ihrem göttlichen Ursprung gemäß, wenn anders die *morphe* / Form, Gestalt des Menschen keine sektorale, sondern diejenige Gottes und der Welt selber ist, nämlich erinnerbare gemeinsame Geschichte zu sein. Die Erinnerung kann sich bis zu einem Anfang zurück bemühen und bis in die Gegenwart bringen. Aber was etwas ist, wird erst am Ende hervortreten, das aussteht.

Creatio ex nihilo

Zur Schöpfungstheologie des Augustinus

Klaus Kienzler

Vor kurzem erinnerte der Naturphilosoph Bernulf Kanitscheider an die „creatio ex nihilo"-Theorie des Augustinus. Anlass war ein Expertengespräch von Wissenschaftlern und Philosophen zum Thema „Urknall – Entstehung der Welt" in der Sendung *Delta* bei 3Sat. Das Standardmodell des Urknalls lege die Vorstellung einer Entstehung der Welt aus dem Nichts nahe. Doch keiner habe so radikal, weder Philosoph noch Wissenschaftler, die „creatio ex nihilo" reflektiert und formuliert wie Augustinus. Offensichtlich wurde mit diesem Hinweis Augustinus in das Gespräch zwischen Naturwissenschaften und Theologie zurück gebracht, dazu zu einem brisanten Thema zum Anfang der Welt.

Der Hinweis auf Augustinus sei der Anlass, auf dessen Schöpfungslehre in den *Confessiones* zurückzukommen, um zunächst zu fragen, ob die Erinnerung trägt, ob Augustinus und die Wissenschaften nicht von unterschiedlichen Dingen sprechen, ob etwa „Schöpfung (creatio)" und „Nichts (nihil)" im Sinne Augustins theologische Begriffe sind, die nicht ohne Weiteres auf Bereiche der Natur angewandt werden können. Augustinus kann auch so etwas wie eine Probe aufs Exempel sein, wieweit ein Dialog zwischen Theologie und Naturwissenschaften möglich ist. Hält man ein solches Gespräch aus grundsätzlichen Gründen für nicht gänzlich unmöglich, dann kann man bei Augustinus außer der genannten „creatio ex nihilo"-Lehre noch andere Hinweise entdecken, die für ein solches Gespräch von Interesse sein könnten wie etwa: Augustins Vorstellung von einer simultanen Schöpfung aller Dinge, seine philosophischen und theologischen Erläuterungen von Raum und Zeit u.a.

1. Vorbemerkungen

Augustinus hat das Thema der Schöpfung sein ganzes Leben lang beschäftigt.[1] Grund dafür war die Mühe, die das Thema dem Theologen machte. Augustinus macht auf die Unvollständigkeit seiner Überlegungen immer wieder selbst aufmerksam. Und auch von der Summe dieser Anstrengungen her betrachtet drängt sich der Eindruck auf, dass Augustinus mit dem Thema nicht zu Ende gekommen ist. Vor seinem Kommentar in den *Confessiones* hatte er sich schon zweimal ausführlich zum Thema geäußert, nämlich in seiner Schrift *De Genesi contra Manichaeos* und in *De Genesi liber imperfectus*. Nach den *Confessiones* ist sein großer Kommentar *De genesi ad litteram* entstanden; schließlich hat er im 11. Buch des *Gottesstaates* das Thema wiederum systematisch traktiert.[2] Zudem ist zu beachten, dass der Anlass zu den wiederholten Versuchen meist konkrete Herausforderungen waren, so zu Beginn die Auseinandersetzung mit den Manichäern, später mit den Neuplatonikern und schließlich mit bestimmten Positionen innerhalb des Christentums.

1.1 Schöpfungsvorstellungen und Weltbilder

Für das Gespräch zwischen Wissenschaften und Theologie ist zuerst einmal zu sagen, dass jeder Bericht über den Anfang der Welt, jede Theorie oder Lehre vom Kosmos oder der Schöpfung eine Erzählung, eine Theorie oder Lehre über die jeweilige Welt ist, in welcher der Erzähler, Philosoph oder Forscher lebt. Die Mythen des Alten Orients setzen ein babylonisches Weltbild, die Ägyptens ein ägyptisches, die Bibel ein biblisches, Augustinus ein spätantikes Weltbild voraus. Selbstverständlich ist das neuzeitliche Weltbild noch einmal ganz anderer Art. Es ist also der Referenzrahmen des jeweiligen Sprechens zu berücksichtigen. Deshalb können altorientalische oder biblische Vorstellungen nicht ohne weiteres mit neuzeitlichen Forschungsergebnissen konfrontiert werden. Die Bibel wusste schlechthin noch nichts von der Quantenphysik. Und zu welchem Zweck hätte Gott den Menschen damals Genaueres über die Atomphysik offenbaren sollen? Das heißt nicht, dass die älteren Vorstellungen nicht Bedeutung für heutige Erkenntnisse haben können. Es heißt andererseits aber wohl, dass eine Übertragung von Vorstellungen und Begriffen von einer Welt in eine andere nur mit äußerster Vorsicht und nach differenzierter Prüfung geschehen sollte.

Das gilt auch für die Begriffe, welche im Zusammenhang des Themas immer wieder verwandt werden, etwa: Kosmos, Evolution und Schöpfung. Die Idee des Kosmos ist eine Extrapolation von endlichen physikalischen und astronomischen Systemen auf das Weltganze. Der Begriff der Evolution stammt zunächst aus dem biologischen Bereich im Zusammenhang mit der Entstehung der Arten. Evolution und Kosmos sind Begriffe, die im Rahmen neuzeitlich naturwissenschaftlicher Kausalität definiert sind. Dagegen ist Schöpfung gewiss kein naturwissenschaftlicher Begriff. Er kommt aus dem Glaubensbekenntnis von Konstantinopel im Jahre 381: „Ich glaube an Gott, den allmächtigen Vater, Schöpfer des Himmels und der Erde, aller sichtbaren und unsichtbaren Dinge". Allerdings ist dieses Bekenntnis zwar im Anschluss an die biblische Basis (Gen 1,1: barah) formuliert, in seiner Ausformulierung aber auf der Basis weiterer philosophischer Erkenntnisse definiert worden.[3] Um miteinander ins Gespräch zu kommen, bedarf es dazu also sozusagen einer Metasprache, der alle Teile zustimmen können.[4]

Hinsichtlich Augustinus heißt dies: Augustinus vertritt eine genuin christliche Sicht der Schöpfung. Diese Sicht wird im Folgenden die Fragestellungen vorgeben und die Perspektiven der Antworten leiten. Augustinus geht das Thema der Schöpfung grundsätzlich an. Er spricht einige Grundsätze aus, die für das Verständnis der Schöpfung im Folgenden konstitutiv sein und bleiben werden.

Ein erster Grundsatz ist es, die Schöpfung ganz aus der 'Schrift', also der göttlichen Offenbarungsquelle, zu verstehen: „Lass mich vernehmen und verstehen, wie Du 'im Anfang Himmel und Erde erschaffen hast'". Dies zu betonen ist nicht unerheblich, da Augustinus vom christlichen Standpunkt her die Auseinandersetzung mit den verschiedensten anderen, vor allem auch philosophischen Strömungen führen wird. In den *Confessiones* ist es vor allem die Philosophie der (Neu)Platoniker, die ihm einerseits die christliche Lehre besser zu verstehen hilft, zum anderen aber auch gerade hinsichtlich des Verständnisses der biblischen Schöpfung größte Schwierigkeiten bereitet. Letztlich wird er nur für seine eigene Überzeugung zulassen, was er irgendwie in der Schrift wieder findet. Natürlich weiß er um die Schwierigkeit der biblischen Exegese: Mose hat zwar über die Schöpfung Wahres geschrieben, aber Gott selbst muss ihn, seine Einsicht erleuchtend, führen, deshalb die bekannte und bezeichnende Bitte: „Gib mir auch ein, es (was Schöpfung ist) zu verstehen" (XI, 3,5).

In den letzten vier Büchern der *Confessiones* wird diese Spannung, zwischen unterschiedlichen Welten zu leben und zwischen beiden zu vermitteln, offensichtlich. Augustinus war im 10. Buch den (Neu)Platonikern gerne gefolgt. Plotin hatte gefordert, den Blick nach oben, auf die göttliche Wirklichkeit, zu richten. Augustinus hatte den Aufstieg von der Welt zu Gott mit großem Schwung nachvollzogen. Wenn Plotin allerdings des Weiteren auffordert, auch den umgekehrten Weg von oben nach unten, zur irdischen Wirklichkeit des Menschen, zu gehen, erscheint der Philosoph Plotin nicht ebenso optimistisch. Es ist der Bereich der Materie, der Endlichkeit und Vergänglichkeit, mit einem Wort die Schöpfung, die dem „Erkenntnis"-Streben der Philosophen und damit auch Plotin größte Probleme bereiten. Es verwundert deshalb nicht, dass auch Augustinus vor die allergrößten Fragen an seine „Erkenntnis (intelligentia)" gestellt wird, wenn er das dornenreiche Thema der „Schöpfung" bedenken soll. Es ist aber ein unvermeidliches Thema des neu gefundenen christlichen Glaubens.

1.2 „Auch die Wissenschaft spricht nur in Gleichnissen" (Heisenberg)

Als ein besonderes Problem im Gespräch zwischen Theologie und Wissenschaften hat sich immer wieder die unterschiedliche Sprache herausgestellt. Die alten Schöpfungserzählungen, die der Bibel inbegriffen, sind mythisches, metaphorisches oder symbolisches Sprechen, so wird immer wieder gesagt. Die Theologie benütze eine den Wissenschaften fremde Sprache. Aber bei genauerem Hinsehen sollte dieser Unterschied nicht allzu hoch gespielt werden. Der Quantenphysiker Hans-Peter Dürr hat einen Ausspruch Werner Heisenbergs zum Buchtitel einer neueren Veröffentlichung gemacht: „Auch die Wissenschaft spricht nur in Gleichnissen". Werner Heisenberg: „Die Quantentheorie ist so ein wunderbares Beispiel dafür, dass man einen Sachverhalt in völliger Klarheit verstanden haben kann und gleichzeitig doch weiß, dass man nur in Bildern und Gleichnissen von ihm reden kann".[5] Und in der Tat bestätigt ein Blick auf die Sprache neuerer Astro- oder Quantenphysik, dass Sachverhalte nur in Metaphern und Symbolen ausgedrückt werden können, etwa Big Bang, Quarks, Schwarze Löcher, Dunkle Materie und Energie u.a.

Auf der anderen Seite war kaum einer wie Augustinus so sehr auf die unterschiedlichen Sprachwelten aufmerksam. Seine durchgehende Theorie von „res“ und „signa“ ist auch für seine Schöpfungslehre von entscheidender Bedeutung. Die „res (Wirklichkeit)“ zu erfassen gelinge uns Menschen kaum; wir seien auf die „signa (Zeichen)“, Symbole, Bilder des Gemeinten angewiesen. Augustinus gibt als Grund dafür an, dass er sich immer wieder mit neuen Kommentaren versucht habe, er sei unzufrieden gewesen mit der allzu allegorischen (biblischen) Auslegung seiner frühen Versuche. In den *Confessiones* wolle er die „res gestae“ stärker in Betracht ziehen. Gemeint damit ist offensichtlich seine Auseinandersetzung nicht mehr allein mit bibelinternen Auslegungen, sondern mit den Wissenschaften, welchen es um die Wirklichkeit selbst geht, an erster Stelle mit der Philosophie der Platoniker. In der Tat traktiert Augustinus das Schöpfungsthema in drei langen Büchern der *Confessiones*. Bei näherem Hinsehen wird man dabei nicht zuletzt den Wandel der Sprechweisen erkennen, der vom Buchstaben der Bibel ausgeht, die Wahrheit für die Wissenschaften seiner Zeit formulieren will, um schließlich im letzten Buch wiederum weitgehend allegorisch zu enden. Augustinus akzeptiert offenbar jede berechtigte Sprechweise („signa“) zum Thema, wenn sie nur die zugrunde liegende Offenbarungswahrheit („res“) zum Leuchten bringt.

1.3 Theologie und Wissenschaften bei Augustinus

Die (Natur)Wissenschaften seiner Zeit sind gewiss nicht der erste Ansprechpartner des Augustinus hinsichtlich des Schöpfungsthemas. Die Philosophie der (Neu)Platoniker dagegen sehr wohl. Sie bedeuten für ihn die große Herausforderung seiner christlichen Schöpfungsvorstellung. Sie fordert ihn einerseits heraus, andererseits gilt seine ganze Anstrengung dem Versuch, den christlichen Glauben in die philosophische Welt zu übersetzen.

Vor diesem Hintergrund ist auch der folgende Versuch zu sehen, über Augustinus ein Gespräch der Theologie mit den (Natur)Wissenschaften zu führen. Dieses Gespräch ist noch einmal schwieriger, da es sich nicht um ein Gespräch zweier Disziplinen, Theologie und Wissenschaften, zu einem selben Thema und sozusagen auf Augenhöhe handelt, sondern um ein Gespräch, das der Philosophie als Vehikel bzw. Metasprache des gemeinsamen Verstehenshorizontes bedarf.

Schließlich ergibt sich aus dem Gesagten eine weitere Konsequenz für die folgenden Bemerkungen. Es macht Sinn, den drei letzten Büchern der *Confessiones* entlang zu folgen. Augustinus argumentiert innerhalb eines theologischen Programms. Die Argumente folgen diesem theologischen, zunächst nicht wissenschaftlichen Duktus. Ich werde mich dabei auf jene Punkte beschränken, die für ein heutiges Gespräch von Interesse sein können.

2. Schöpfung in den *Confessiones* 10-13

Die Bücher 10 bis 13 sind ein zweiter großer, an Umfang dem ersten fast ebenbürtiger Teil der *Confessiones*. Das 10. Buch fasst die neuplatonische „memoria (Gedächtnis)"-Lehre des Augustinus zusammen. Die Bücher 11 bis 13 geben dazu die christliche Probe aufs Exempel. Denn die neuplatonische Gedächtnislehre verbleibt im Inneren des Geistes; sie vermag Gottes Schöpfung nicht zu begreifen. Zwar ist in ihr schon ein gutes Stück der „intelligentia (Erkenntnis)" verbürgt, aber christliche „sapientia (Weisheit)" muss sich gerade an der Erkenntnis der Schöpfung Gottes bewähren. Deshalb beginnt Augustinus mit einer breiten Auslegung der ersten Genesisverse. Dort sucht er umfassende christliche „Erkenntnis". Und was die Neuplatoniker gerade nicht zu fassen vermochten, nämlich die „Zeitlichkeit" (11. Buch) von Gottes Schöpfung und ihre ‘intelligible’ Gestalt (12. Buch) zu verstehen, wird ihm in diesen beiden Büchern zum ernsten christlichen Problem. Schließlich ist das 13. Buch ein Ausblick auf die Vollendung, mit dem Blick auf das neue Jerusalem und auf die ewige Sabbatruhe, wohin alle Erkenntnis strebt und wo sie in der „amor (Liebe)" ihre Erfüllung findet. So also wird Augustinus durch „Gedächtnis", „Erkenntnis" und „Liebe" das tiefste Wesen der Seele und die höchste Bestimmung des neuen Menschen charakterisieren.

3. Gott Schöpfer Himmels und der Erde (Bücher 11-13)

Ein zentraler Grundsatz durchzieht Augustinus Schöpfungslehre: Es gibt nur einen Schöpfer und alles andere ist geschaffen. Das ist ein radikal christlicher Grundsatz. Er besteht auf der absoluten Exklusivität Gottes als Schöpfer von allem, der keine Mitschöpfer, Demiurgen oder ähnliches kennt. Außer Gott ist alles Geschöpf. Es ist zugleich eine scharfe Grenzscheide. Von daher müssen alle Aussagen des Augustinus zu Gott und Welt gelesen werden. Daraus ergeben sich für ihn zwei wichtige Folgerungen, die hier interessieren: seine Lehre von der „creatio ex nihilo“ und seine Theorie von einer Simultanschöpfung der Welt.

3.1 Schöpfer – Schöpfung: Ewigkeit – Zeit, unwandelbar – wandelbar

Augustinus beginnt seine Überlegungen zur Schöpfung gleich programmatisch: „Also denn: Himmel und Erde sind da! Laut rufen sie, dass sie erschaffen sind; denn sie ändern sich und wandeln sich. Was aber nicht erschaffen ist und gleichwohl ist, kann nicht etwas in sich haben, das vorher nicht gewesen wäre, - so dass es also Wechsel und Wandel in ihm gäbe“ (XI, 4,6). – Er stellt das Erschaffene, die Welt, und das Unerschaffene, Gott, einander gegenüber und charakterisiert sie durch die Kategorie der „Wandelbarkeit“ bzw. Veränderlichkeit: Die Kreaturen wandeln und verändern sich ständig. Joseph Bernhart hat das Wesen der Kreaturen großartig als „Wandelwesen“ übersetzt. Gott ist von unwandelbarem beständigem Sein. Die Unterscheidung von „wandelbar / unwandelbar“ wird zum Leitfaden und Schema der Schöpfungstheologie des Augustinus.

Augustinus bringt die Problematik der Schöpfung zu Beginn des 11. Buches zugleich auf die geläufigeren philosophischen Begriffe. Er beginnt mit dem Hinweis auf „Zeit“ und „Ewigkeit“. Die „Ewigkeit“ ist Gottes Wirklichkeitsbereich, die „Zeitlichkeit“ die Lebensform der Schöpfung. Damit gibt er zugleich die zentrale Perspektive der folgenden Bücher vor: Wie verhalten sich Gottes ewiges Wesen und die der Zeit unterworfene Schöpfung? Die philosophische Unterscheidung von „wandelbar“ – „unwandelbar“ hilft ihm dabei.

Augustinus betrachtet Schöpfung vor allem unter dem Gesichtspunkt, dass sie Gott, der Schöpfer, ins Dasein rief: „Am Anfang schuf Gott Himmel und Erde“. Darin sieht Augustinus den unhintergehbaren Unterschied von Schöpfer und Schöpfung ausgesprochen. Zum Verständnis des Unterschiedes greift er, wie gesehen, auf das Schema: „Wandelbarkeit – Unwandelbarkeit“ zurück. Dieses Schema hatte er bereits in der Bibel gefunden: „Du wirst alles verwandeln, und alles wird verwandelt werden, Du aber bist das Sein selbst (idem ipse es)“ (Ps 101,27f). Augustinus findet die biblische Aussage in Entsprechung zur platonischen Ontologie, die das Göttliche mit dem Sein und dem Wesen selbst identifiziert, und ordnet alles in das platonisch bekannte Schema von wandelbar „Körperlichem (corporalia)“ und unwandelbar „Geistigem (spiritalia)“ ein. Die „res mutabiles“ sind Schöpfung; „res immutabilis“ ist allein der Schöpfer. Eine solche scharfe Unterscheidung verbietet jede Grenzverletzung zwischen Schöpfer und Schöpfung: „der Schöpfer ist Schöpfer; Schöpfung ist Schöpfung – die Schöpfung kann mit dem Schöpfer in keiner Weise identifiziert werden“: „mutability - immutability … is the keynote of the world view in the background of all St. Augustine's thought”.[6]

Diese Grenzziehung gilt dann auch von dem Gespräch zwischen Theologie und (Natur)Wissenschaften. Die Theologie wird akzeptieren, dass diese Unterscheidung zunächst nicht Thema der Wissenschaften ist. Die (Natur)Wissenschaften werden diese theologisch eingezogene Grenze zur Kenntnis nehmen. Die Anfrage der Theologie an die (Natur)Wissenschaften wird sein, ob die Kategorie „Veränderlichkeit“ der Welt an sich, ihres „Wandelwesens“, nicht auch für sie von Bedeutung ist. – Mit dieser ersten fundamentalen theologischen Unterscheidung ist aber zugleich Entscheidendes impliziert hinsichtlich zweier sich daraus ergebender Theoreme des Augustinus: creatio ex nihilo und Simultanschöpfung.

3.2 creatio ex / de nihilo

Vor diesem Hintergrund ist die Lehre „creatio ex nihilo“ zu verstehen. Augustinus hat diese Lehre aus der christlichen Tradition aufgenommen und als erster zur letzten Konsequenz gebracht.[7] Das klare christliche Bekenntnis an den Schöpfer der Dinge setzt die Annahme einer Erschaffung der Dinge aus dem Nichts voraus: Am Anfang ist Gott („est“), die Schöpfung aber wird („fiat“). Die Seinsform Gottes und der Welt ist grundsätzlich anders: Das Sein Gottes ist unteilbar eins; die Seinsform der Schöpfung ist Werden und Vergehen, Übergang von einem ins andere. Wie dann die Schöpfung verstehen, wenn sie nicht aus Gott ist? Augustinus verwendet die Formel „ex nihilo“ und „de nihilo“. Die Formel unterstreicht beide Male: nicht aus Gott. Er begründet dies biblisch und philosophisch. „Ex deo“ könnte man von der Kreatur nur deswegen sprechen, weil sie Gott zum Urheber habe, um überhaupt vorhanden zu sein. Keineswegs sei sie unerschaffen wie Gottes Wort aus seiner Substanz entstanden („de“ substantia sua). Ist Erschaffenes nicht aus Gottes Substanz, woraus ist es dann? Aus dem Nichts, antwortet Augustinus, denn: „Ein anderes, woraus du schufest, gab es außer dir nicht, und darum hast du Himmel und Erde aus dem Nichts („de“ nihilo) geschaffen“ (XII, 7,7). Eingespannt zwischen dem Sein des Schöpfers und dessen Gegenüber, dem absoluten Nichts, ist die Schöpfung im Vergleich zum ersteren ein Nichts, im Vergleich zu letzterem jedoch ein Gut; sie befindet sich über dem Abgrund des Nichts.

Bei der Begegnung des biblischen Denkens mit dem griechischen musste der christliche Glaube zur Streitfrage werden. Im griechischen Denken galt der Grundsatz: „Aus nichts wird nichts“. Daraus folgt, es muss etwas geben, aus dem Werden und Vergehen kommt: eine ewige Materie. Bei Augustinus kam der schwelende Streit auf seinen Höhepunkt. Im Anschluss an Philo übernahmen selbst christliche Schriftsteller die griechisch-philosophische Lehre von einer ewigen Materie. In der Auseinandersetzung mit der Gnosis und der Philosophie über die Allmacht Gottes setzte sich seit den Apologeten zwar langsam das Axiom der „creatio ex nihilo“ durch. Jedoch wurde an einer ewigen Materie letztlich nicht gezweifelt. Erst Augustinus zog die radikale Konsequenz.

Im Gespräch der Theologie mit den (Natur)Wissenschaften ist auf die Herkunft des Begriffes „Nichts“ zu achten. Es ist zunächst ein theologischer Begriff, der aus der Reflexion über das Verhältnis von Schöpfer und Schöpfung stammt. Er ist aus dem christlichen Glauben genommen. Er ist nicht ohne weiteres mit einem philosophischen Begriff des Nichts zu vereinbaren, wie der Streitfall zeigt. Er ist zunächst auch außerhalb der Sicht der (Natur)Wissenschaften. Wenn neuere wissenschaftliche Erkenntnisse dazu führen, das Standardmodell des Urknalls als Entstehung des Alls sozusagen aus dem „Nichts“ interpretieren, ist damit der theologische Begriff noch nicht erreicht. Es kann höchstens von einer Analogie gesprochen werden. Allerdings wird die Theologie ihrerseits im Hinweis auf das physikalische Nichts auch einen Hinweis auf ihre eigene Überzeugung sehen dürfen.

3.3 Theorie einer Simultanschöpfung

Augustinus Grundsatz einer grenzscharfen Trennung von Schöpfer und Schöpfung hat eine andere weit reichende Folge: die Theorie der Simultanschöpfung des Alls. Sie ergibt sich wiederum aus einer Reflexion auf das Sein Gottes und der Welt: Wie Gott ist, indem er alles auf einmal ist, hat er sein Anderes, das Wandelbare, ebenfalls auf einmal geschaffen (simul). Gottes Wirken ist wie sein Sein unteilbar. Das widerspricht grundsätzlich noch nicht dem Sechstagewerk der Schöpfung nach der Bibel; es schließt auch noch nicht eine (zeitliche) Evolution aus. Doch ist Augustinus so sehr von der Richtigkeit seiner Meinung überzeugt, dass er in seiner Bibelauslegung Argument an Argument reiht, um ein buchstäbliches Verstehen der Schöpfungserzählung Gen 1-2 ad absurdum zu führen.[8]

Das wichtigste Argument dazu fand er in Gen 2,4f. Schon Augustinus fiel auf, dass sich die beiden Schöpfungsberichte am Anfang der Bibel unterscheiden, wenn bei sorgfältiger Betrachtung nicht geradezu widersprechen: Der erste Schöpfungsbericht erzählt die Entstehung der Welt bekanntlich im Rahmen eines Werkes von sechs Tagen. Gott hätte demnach nach und nach die einzelnen Arten geschaffen. Im Widerspruch dazu sieht Augustinus den Anfang der zweiten Schöpfungserzählung. Gen 2,4f beginnt, so die Übersetzung der Vulgata, wie sie Augustinus vorlag: Gott habe an einem (!) Tag („cum factus est dies") „Himmel und Erde" erschaffen. „Himmel und Erde" sind aber für Augustinus Ausdruck des gesamten Schöpfungswerkes, sozusagen das All in nuce. Danach, so fährt Gen 2,4ff fort, seien aus diesem ins Werk gesetzten All, nach der Ordnung der Zeit, die wahrnehmbaren Werke des Himmels und der Erde hervorgegangen. Mit anderen Worten kommentiert Augustinus den Vers so, dass Gott an einem (!) Tag alles, Himmel und Erde, vollständig erschaffen habe (simul), wenn auch zeitlich danach Sträucher und Pflanzen aus der Erde hervorkamen. Ein weit reichendes Ergebnis (*De Genesi ad litteram* V, 23,46).

Hinsichtlich der Schöpfung macht Augustinus einen grundsätzlichen Unterschied. Er spricht von der „Gründung (conditio)" der Welt und von ihrer „Aufrechterhaltung (administratio)". Nach der Erschaffung der Welt ruhte Gott am 7. Tag; von der Erhaltung der Welt ruht er nie (*De vera religione*, 43). Eine Legitimation der Theorie der Simultanschöpfung erblickt Augustinus in Sir 18,1: „der lebt in Ewigkeit, schuf alles auf einmal (simul)“ und Ps 32,9: „Er sprach und es ward, er befahl und alles war geschaffen“. Augustinus formuliert selbstbewusst theologisch: „Auf einmal (simul) und auf ewig sagst du alles, was du sagst, und es wird, was immer Du sagst, dass es werde“ (XII, 7,9). Oder wieder in einem Bibelzitat spricht er davon, dass Gott alles in einem Augenblick („in ictu oculi“, 1 Kor 15,52) geschaffen habe. Doch lässt Augustinus die erste Schöpfungserzählung nach Tagen durchaus bestehen. Es sei nur auf das unterschiedliche Genus der beiden Berichte zu achten. Seiner Auffassung nach spricht die Bibel dort in historisierender Darstellung, sie spricht ‘pädagogisch’ und will damit den weniger Gebildeten den schwierigen Sachverhalt der Schöpfung nahe bringen. Augustinus selbst wird im 13. Buch das Sechstagewerk Tag für Tag, aber bewusst allegorisch, auslegen.

Zu Recht gilt Augustinus als der klassische Vertreter einer Simultanschöpfung, die er im 12. Buch der *Confessiones* zum ersten Mal voll entfaltet. Auch hier ist auf die Herkunft der Theorie zu achten. Sie hat theologischen Hintergrund. Aber die Perspektive, die sie öffnet, dürfte doch bedenkenswert sein. Sie ermöglicht ein unvoreingenommenes Gespräch mit heutigen Vorstellungen einer kosmischen und biologischen Evolution. Zugleich kann sie in (natur)wissenschaftlicher Hinsicht äußerst anregend sein: Sie enthält die faszinierende Sicht, dass aus der Annahme eines einzigen Prinzips, das simultan alle Potenzen bereits in sich enthält, nach und nach (zeitlich) die Entwicklung aller Dinge hervorgeht. Die Wissenschaftsjournalistin Kitty Ferguson schlägt deshalb vor, Gen 1,1 für heute zu übersetzen: „Am Anfang schuf Gott alles, woraus das entstehen sollte, was wir heute Himmel und Erde nennen; ebenso schuf er die Regeln, nach denen sich dieser Prozess vollzog“.[9]

4. „In principio“: Zeit – Ewigkeit (Buch 11)

Mit dem 11. Buch beginnt Augustinus die Auslegung des Genesisberichtes. Er kommt in diesem Buch allerdings über die Auslegung der beiden Anfangsworte „Im Anfang (schuf er Himmel und Erde)“ nicht hinaus. Solche Schwierigkeiten machen ihm diese Worte, und vor allem auch die Gegner des biblischen Berichtes. Im 12. Buch wird er sodann mit der Wortexegese, dass Gott „Himmel und Erde erschaffen hat“, fortfahren.

4.1 „Im Anfang“

Augustinus nimmt einen gewichtigen Einwand der Gegner auf. Geradezu leitmotivisch wird er in den Büchern 11 und 12 in immer neuen Anläufen eine Antwort auf die Frage versuchen: „Was tat denn Gott, bevor er Himmel und Erde erschuf?“ (XI, 10, 12) und er antwortet ihnen zunächst: „Die so sprechen, verstehen Dich noch nicht“ und ‘verstehen nicht, was Zeit und Ewigkeit sind’ (XI, 11,13). Um das erste Wort der Bibel zu verstehen, bedarf es somit einer Analyse dessen, was Zeit und Ewigkeit sind. Der Rest des 11. Buches wird Augustinus berühmte Analyse der Zeit bringen.

„Was tat Gott, bevor er Himmel und Erde erschuf?“ (XI, 10, 12) ist die Einleitungsfrage. Augustinus antwortet zuerst mit einem Scherz, um die Frage ad absurdum zu führen: „Ich antworte nicht mit dem Spaßwort: ‘Er hat Höllen hergerichtet für Leute, die so hohe Geheimnisse ergrübeln wollen’“ (XI, 12,14). Dann wird er aber ernster und stellt fest, dass „vor Himmel und Erde Zeit überhaupt nicht war, was soll die Frage, was Du damals tatest? Es gab kein ‘Damals’, wo es Zeit nicht gab“ (XI, 13,15). Und er kommt zum Schluss des Buches auf die Eingangsfrage zurück, um bestimmt den Gegnern zu sagen: „Möchten sie also einsehen, dass es ohne Schöpfung auch Zeit nicht geben kann, und aufhören mit ihrem nichtigen Gerede“ (XI, 30,40).

Was ist dann mit „in principio“ gemeint? Kann es überhaupt eine zeitliche Aussage über den Anfang sein, wenn Augustinus zugleich die zeitliche Aussage zurückweist, was denn vor dem Anfang gewesen sei? In der Tat spricht Augustinus bisweilen, dann aber eher beiläufig, von einem zeitlichen Anfang der Schöpfung. Seine Aufmerksamkeit gilt der anderen Leseart von „principium“. „Principium“ muss ja nicht zeitlich als Anfang verstanden werden, sondern als tatsächliches „Prinzip“. Im übrigen ist die Auslegung der Formel „in principio“ durch die Tradition äußerst vielfältig. Etwa in jüdischer und talmudischer Tradition ist die Sichtweise des Augustinus als Prinzip durchaus geläufig. Augustinus sieht in dem Prinzip von Gen 1,1 kurz gesagt: Jesus Christus. Nur Christus ist nach Augustinus „principium“ im doppelten Sinne des Wortes:

„Anfang" und „Prinzip" der Schöpfung (XI, 8,10). Und er schließt seine Überlegung mit der feierlichen Aussage: „'In' diesem 'Anfang', o Gott, hast Du 'Himmel und Erde erschaffen': in Deinem Wort, in Deinem Sohn, in Deiner 'Kraft', in Deiner 'Weisheit', in Deiner 'Wahrheit', auf unfassliche Weise sprechend und auf unfassliche Weise erschaffend" (XI, 9,11). Damit hebt er alle Zweifel auf, dass er überall dort, wo er je in den *Confessiones* vom 'Anfang (principium)' oder 'Wort', von der 'Weisheit' oder 'Wahrheit' spricht, er an den Sohn Gottes, Christus, dachte. Für Augustinus gilt, dass er die Schöpfung christologisch auslegt.

Mit einer solchen Interpretation des Schöpfungsberichtes wäre zugleich ein wichtiger Stein des Anstoßes zwischen Theologie und (Natur)Wissenschaften aus dem Weg geräumt. Damit ist gemeint, dass es nicht nötig ist, die Genesiserzählung historisierend zu verstehen, also als einen Bericht über den tatsächlich zeitlichen Anfang der Welt, eine Schöpfung der Erde in sechs Tagen. Aus dieser verengten Leseart der Bibel ist es in der Vergangenheit meist zur direkten Konfrontation der Theologie mit den (Natur)Wissenschaften gekommen, die dann in einem geharnischten Schlagabtausch endete, wer denn nun Recht habe.

4.2 Zeit – Ewigkeit

Augustinus begann mit der Frage: „Was tat Gott, bevor er Himmel und Erde erschuf?" Und er kam zu dem Schluss, dass die Frage keine Bedeutung hat, weil Begriffe wie „bevor" und „nachdem" und „dann" nicht angewendet werden können, wo es keine Zeit gibt.

Die Ewigkeit, zeitlose Gegenwart, in der Gott nach Meinung des Augustinus ist, ist schwer vorzustellen oder zu beschreiben. Augustinus schreibt: „Wer lässt das Menschenherz innehalten, damit es stehe und sehe, wie die stehende, weder künftige noch vergangene Ewigkeit über die künftige wie vergangene Zeiten waltet." Augustinus sagt nicht, die Ewigkeit daure alle Zeit, obwohl wir uns Ewigkeit meist so vorstellen. Die Ewigkeit hat keine zeitliche Dauer. Sie ist „immer stehend, sie vergeht nicht ... im Ewigen vergeht nichts, das Ganze ist Gegenwart" (XI, 11,13).

In dieser Theorie des Augustinus kann man nicht von Zeit sprechen, bevor sie selbst geschaffen wurde. Nach Augustinus ist die Zeit, wie wir sie kennen, vollständig Teil dieser Schöpfung und nicht etwas, das sich auf Gott anwenden lässt. Augustinus postulierte, dass Gott, der in immerwährender Gegenwart ist, die chronologische Zeit zum Wohl des menschlichen Geistes und der menschlichen Existenz schuf. Das ist eine theologische Sicht der Zeit. Was ist dann aber Zeit, wie wir sie erfahren?

Ein Großteil des Buches 11 beschäftigt sich mit der Frage: Was ist Zeit? Augustinus Beitrag zur Zeit ist immer beachtet worden, in einem hohen Maß etwa von Edmund Husserl innerhalb seiner Phänomenologie des inneren Zeitbewußtseins. E. Husserl eröffnete seine Vorlesungen von 1905 zu diesem Thema mit der Bemerkung: „Die Analyse des Zeitbewußtseins ist ein uraltes Kreuz der deskriptiven Psychologie und der Erkenntnistheorie. Der erste, der die gewaltigen Schwierigkeiten, die hier liegen, tief empfunden und sich daran fast bis zur Verzweiflung abgemüht hat, war Augustinus.“[10] – Es kann hier nicht darum gehen, Augustinus Zeittheorie im einzelnen zu entfalten und zu besprechen. Dies wäre nach den Untersuchungen von E. Husserl und M. Heidegger u.a. ein eigenes Buch wert. Dazu liegen heute eine Reihe von gesonderten und hervorragenden Untersuchungen vor.

Aber der Gedanke, dass Gott am Anfang auch der Zeit steht, dürfte auch der Grund dafür sein, dass Augustinus in diesem 11. Buch Zeit nicht mit der physikalischen Zeit identifiziert. Dafür ist er bekannt geworden. Damit musste er eine lange Tradition seit Aristoteles der Kritik unterziehen. Augustinus begründet die Zeit anders. Das Zeitbewusstsein kommt nach ihm nicht zuerst aus der Wahrnehmung empirischer Zeit, sondern ist eine Kategorie des „Geistes (animus)“: „distentio animi (Ausdehnung des Geistes)“. Es ist zuwenig, hierbei von der psychologischen Zeittheorie des Augustinus zu sprechen. Augustinus macht den feinen Unterschied zwischen „anima“ und „animus“. Anima entspräche unserem Begriff der Psychologie; animus meint eher den „Geist“ [allerdings im Unterschied zur Vernunft (mens) oder zum diskursiven Verstand (ratio)].

Es muss nicht eigens ausgeführt werden, welche Bedeutung die Sicht des Augustinus von der Zeit hat. Zeit ist demnach keine physikalisch lineare Dimension vor und über den Dingen, sondern setzt sowohl die Dinge als bereits geschaffen voraus wie auch ihre Ausdehnung („Raum“), um sie in ihrem Nach- und Zueinander ‘chronologisch’ und vor allem ‘geistig’ zu bemessen. Augustinus spricht einmal im Zusammenhang mit der Urmaterie von einer „vicissitudo spatiorum temporalium (Wechsel in zeitlicher Räumigkeit)“ (XII, 9,9). Es mag nicht ganz verwegen sein, dabei an die physikalische Raum-Zeit heutiger (Natur)Wissenschaften zu denken. Denn gemeint hat Augustinus sicher eine ursprüngliche Kategorie des „Wandelwesens“, nämlich die fundamentale „zeitliche Räumigkeit“, ohne selbstverständlich das Verhältnis von Raum und Zeit weiter zu bedenken.

5. Schöpfer „des Himmels und der Erde“ (Buch 12)

Augustinus fährt in Buch 12 mit der Auslegung der ersten Worte der Genesiserzählung fort: „Im Anfang schuf Gott Himmel und Erde“. Nachdem er das ganze 11. Buch durch die Exegese der beiden Worte „in principio“ aufgehalten worden war, bleibt er im 12. Buch an der Erschaffung „von Himmel und Erde“ hängen. Ein besonders schweres Kapitel ist Augustinus Rede von „Himmel und Erde“. Gleich zu Beginn des 12. Buches stellt er fest, er verstehe unter den biblischen Begriffen „Himmel und Erde“ ein Zweifaches. Erstens: unter „Himmel“ den Geist und unter „Erde“ die Materie; und zweitens: das, was man unter „Himmel und Erde“ physikalisch vorstellt (XII, 2,2). Es wäre also zwischen den Begriffen von einem „ersten“ ‘Himmel und Erde’ und einem „zweiten“ ‘Himmel und Erde’ zu unterscheiden. Und weiter: Der erste Himmel sei der Bereich des Geistes, die erste Erde der Bereich der Materie. Zum Bereich der ersten Erde gehörten alle materiellen, physikalischen und sinnlich wahrnehmbaren Dinge insgesamt, also auch „Himmel und Erde“ im zweiten Sinne. Deshalb unterscheidet Augustinus den zweiten Himmel, das „Firmament“, vom ersten Himmel, dem Bereich des Geistes, indem er eine Redewendung der Bibel übernimmt. Was ist mit diesen eigenartigen Unterscheidungen gemeint?

5.1 Der Urstoff der Welt

Nach Augustinus vollzog sich die Schöpfung durch Gott in zwei Schüben. Die Bibel artikuliert dies in den Aussagen: „Gott schuf (fecit Deus)“ (Gen 1,1), und: „Gott sprach: Es werde (dixit Deus: fiat)“ (Gen 1,3). Durch die Erschaffung der Materie setzte Gott die Schöpfung in den Zustand einer „unvollendeten Formlosigkeit (informitas imperfectionis)“, durch die Gestaltgebung im Wort („formatio“) führte er deren Vollendung herbei. Das Ergebnis war die Erschaffung von Materie („materia corporalis“) und Geist („materia spiritalis“). Oder in biblischen Worten: Gott schuf Himmel und Erde (vgl. XII, 2,2ff).

Augustinus hat die Rede „vom Himmel und der Erde“ den Psalmen entnommen. Er verbindet damit aber ein gewichtiges Kapitel Philosophie und Theologie. Was er damit meint, ist zunächst schwer zu entschlüsseln. Eine Vermutung könnte den rechten Weg weisen: Es scheint kaum denkbar, dass Augustinus zu den großen Antworten auf den Ursprung der Welt seiner Zeit kein Wort verloren hätte. Die eine Antwort, welche die Antike seit den frühen griechischen Naturphilosophen aber beschäftigte, war der „Urstoff“, eine Art Ur-„Materie“, die am Anfang aller Dinge stand. Die andere große Antwort war der „Geist“, aus dem nach den Vorstellungen der (Neu)Platoniker, und besonders nach Plotin, durch Emanation die materielle Welt hervorging. Eine Bestätigung dieser ersten Vermutung dürfte Augustinus selbst geben, da er, nicht dem Wortlaut der Bibel entsprechend, bei der Erläuterung des „Himmels“ beginnt, sondern bei der „Erde“, die er dann auch „Urstoff (materies)“ nennt. Bei den genannten antiken Antworten, Urmaterie bzw. Geist, waren die Grenzen zu Gott bzw. dem Göttlichen zudem nicht deutlich gezogen. Der Urstoff wurde bisweilen selbst als göttlich bezeichnet oder mit Göttern identifiziert; der Geist ebenso, bei Plotin war der rein geistige Bereich die „Wohnstätte Gottes“. Augustinus musste, wie weiter zu vermuten ist, von seinem radikal christlichen Ansatz her beide, sowohl Urstoff wie Geist, als Kreaturen Gottes erweisen. Er tat dies in der Diskussion um die biblischen Begriffe von „Himmel“ und „Erde“.

Augustinus wendet sich also zuerst der Auslegung der „ersten Erde“ zu. Er bemerkt, dass die Bibel formuliert, Gott erschaffe Himmel und Erde, ohne eine Zeitangabe zu machen. Augustinus schließt daraus, die Zeit käme erst später. Mit Himmel und Erde konnten somit nicht die sichtbaren Himmel und Erde gemeint sein, die wir mit den Sinnen wahrnehmen. Gott hat sie wie die Schöpfung überhaupt in absoluter Weise, zeitfrei und auf Grund freier Spontaneität geschaffen, also ohne jede fremde Mitwirkung. Außerdem wird von dieser Erde gesagt, dass sie „unsichtbar“ und „ungestaltet“ war (XII, 3,3). Deshalb wird man unter der Bezeichnung Erde jenen Urstoff verstehen dürfen, aus dem sowohl die sichtbare Erde wie auch der sichtbare Himmel erschaffen wurden, nämlich die noch nicht geformte, jedoch allem Geformtem zugrunde liegende Materie, „kein schlechthinniges Nichts", wie jenes absolute Nichts, aus dem Gott Himmel und Erde erschaffen hat („non tamen omnino nihil") (XII, 6.6).

Augustinus tut sich schwer, das Wesen der reinen Materie zu beschreiben. Er findet immer neue Redewendungen: ungeformte Masse, Materie für die Körper, ein Etwas zwischen Form und Nichts, beinahe ein Nichts (prope nihil, paene nihil). Oder im Gefolge von Plotin beschreibt er es schließlich als „das Wandelbare und Veränderliche" (mutabile) an den sinnlich wahrnehmbaren Dingen. Weil diese ihre Gestalt und Form ständig änderten, werde daraus ersichtlich, wie „dieser Übergang von einer Form in eine andere Form sich durch etwas Ungeformtes vollziehe" (XII, 6, 6). Die Materie ist also das Prinzip der Wandelbarkeit und Veränderlichkeit selbst.

Augustinus nennt den „ersten Himmel" „Himmel des Himmels" im Anschluss an Ps 113, 16. Dieser erste Himmel wird nach ihm bereits in Gen 1,1 genannt; vom zweiten ist erst in Gen 1,2 die Rede. Augustinus benennt den ersten Himmel, in Entsprechung zur reinen Materie, mit Worten des reinen Geistes; er spricht von einer wie immer gearteten geistigen Kreatur (creatura aliqua intellectualis). Auch hierfür verwendet er eine Anzahl von Redewendungen: sapientia creata, intellectualis natura, mens rationalis et intellectualis, caelum intelligibile. Der Geist macht die Kreatur schließlich zum „erhabenen" Geschöpf.

Die fundamentale Kategorie der Welt ist für Augustinus demnach „Wandelbarkeit" und „Veränderlichkeit" (s. oben XI): Nach der großartigen Übersetzung von Joseph Bernhart sind alle Dinge der Welt „Wandelwesen". Das fundamentale Prinzip der „Wandelbarkeit" verdient besondere Aufmerksamkeit. Sie ist das geschöpfliche Pendant zum unwandelbaren Schöpfergott. Augustinus denkt also von dem genannten Schema „unwandelbar–wandelbar" her: Gottes Wesen ist Sein; das Wesen der Kreatur Werden. Wandelbarkeit ist das fundamentale Prinzip der Ur-Materie („materies", Urstoff). In dieser Ur-Materie haben beide ihre Basis: die geistigen (materia spiritalis) und die körperlichen Dinge (materia corporalis) – „materia" ist schon in Augustinus Wortwendung deren Basis; Urmaterie ist so etwas wie ihre gemeinsame Herkunft. Was meint Urmaterie aber in diesem fundamentalen Sinn? Augustinus selbst fragte in dieser Richtung: „Was ist der wandeligen Dinge Wandelwesen selber? … Ist es Geist? Ist es Körper? Ist es eine Seinsweise des Geistes oder Körpers? Ließe sich sagen: ‘etwas Nichts (nihil aliquid)’ und ‘ist ein Nicht-ist (est non Est)’, so würde ich sie so bezeichnen“ (XII, 6,6). Gottes Sein ist unwandelbare Beständigkeit. Das Sein der Welt ist wandelbare Unbeständigkeit. Welt ist Prozess. Augustinus berichtet, wie er zu dieser Erkenntnis kam: „Mein Verstand gab es auf, hierüber meinen Geist zu befragen … Da richtete ich auf die Körper selbst mein Augenmerk und schaute tiefer in ihr Wandelwesen … Und ich kam auf die Vermutung, eben dieser Übergang von Form zu Form vollziehe sich durch ein formloses Etwas hindurch, nicht über ein reines Nichts hinweg (non per omnino nihil)“ (XII, 6,6). Übergang ist also die Grundform der Welt im Gegensatz zu Gott. Dynamik, ständiger Prozess, Potentialität zu allem, schließlich Lebendigkeit wird man nennen müssen, was Augustinus im Urstoff schließlich vorfand.

Mit diesen Beschreibungen des Urstoffes als Prozess, Potentialität und Lebendigkeit durch Augustinus stößt man aber auf eine erstaunlich (symbolische) Nähe zu neueren (natur)wissenschaftlichen Anschauungen über die Grundlagen der Wirklichkeit. Der Quantenphysiker Hans-Peter Dürr beschäftigt sich auf besondere Weise mit diesen Grundlagen. So stellt er etwa fest: „Die Vorstellungen der modernen Physik sind dem gegenüber (gegenüber der klassischen Vorstellung) radikal anders. In der Quantenphysik gibt es das Teilchen im klassischen Sinne nicht mehr, d.h. es existieren im Grunde keine (kleinsten) zeitlich mit sich selbst identischen Objekte. Damit geht die ontische Struktur der Wirklichkeit verloren. Die Frage: Was ist, was existiert? wird dynamisch verdrängt durch: Was passiert? Was wirkt? Das Primäre ist nicht mehr die reine Materie, die, selbst gestaltlos, den Raum besetzt; es gilt nicht mehr die ‘Wirklichkeit der Realität’, sondern im Grunde dominiert die immaterielle Beziehung, reine Verbundenheit, das Dazwischen, die Veränderung, das Prozesshafte, das Werden, eine Wirklichkeit als Potenzialität. Mit diesen Symbolisierungen sollen nicht nur die Möglichkeiten, sondern auch die Potenz, das Vermögen und der ‘Wille’ zur Manifestierung angedeutet werden … Ich betone: dies ist zunächst nur als Gleichnis gemeint, denn die Worte wie Geist und Lebendigkeit kommen in der Physik nicht vor.“[11]

5.2 Der Anfang aus (zeitlichem) Nichts

Aufgefallen sein dürfte, dass Augustinus im Zusammenhang der Urmaterie wiederum vom Nichts spricht. Sie sei ein „beinahe Nichts (prope nihil, paene nihil)". Der Zusammenhang hier ist aber ein anderer als dort bei der creatio ex nihilo. Hier dürfte der Ort sein, wo das Gespräch der Theologie mit den Naturwissenschaften über das Nichts ansetzen könnte. Wolfgang Wild etwa ist mit Augustinus einig, dass die Frage: „Was war denn vor dem Urknall?" eine törichte Frage sei; denn dort, wo es keine Materie gibt, gibt es auch keine Zeit. „Die Welt kam nicht in die Zeit, sondern die Zeit kam in die Welt" (Augustinus). Aber er hält die Frage doch für eine berechtigte Frage in der Form: „Was hat die Entstehung der Welt und damit der Zeit vor 13 Milliarden Jahren bewirkt? Warum ist seit einer endlichen Zeit etwas und nicht vielmehr nichts?"[12]

Damit kehrt die Frage nach dem Nichts wieder, nicht in der Form der theologischen creatio ex nihilo, aber in der Form des Nichts im zeitlichen Anfang. Physikalisch gesprochen ist es die Frage nach dem anfänglichen Vakuum, das physikalisch dem (philosophischen) Nichts entspricht. Ist ein solches Nichts möglich? Und wie entstand aus diesem Nichts die uns bekannte Welt? Wild hält es quantenphysikalisch für möglich, dass aus einem Vakuum und in diesem Sinne einem Nichts Etwas entstehen konnte – die Quantenphysik sieht in dem alten Axiom, 'aus nichts entstehe nichts', keinen logischen Widerspruch.[13]

Wenn Quanten- und Astrophysiker von dem Nichts oder von dem Vakuum am Anfang der Welt sprechen, gebrauchen sie Symbole. Denn zu rechnen und zu berechnen gibt es dort im klassischen Sinne nichts mehr. Um zu erklären, wie 'aus Nichts Etwas werden konnte', sprechen sie von einem 'instabilen Nichts', vom 'Schwanken des Vakuums', von 'Asymmetrien', 'Symmetriebrüchen' oder drastischer von Dreck und Verunreinigungen des Nichts oder auch von einem „Schnitzelchen Raum-Zeit".[14] Es sind symbolische Umschreibungen dafür, dass ein Beweg-Grund das materielle Nichts zeitlich zur Entstehung von Etwas angeregt haben muss.

Ähnlich die Vorstellung Augustinus hinsichtlich des Nichts der Urmaterie: „jenes Formlose, 'die unsichtbare und ungeordnete Erde', ist nicht bei den 'Tagen' gerechnet; denn wo nicht Gestaltung, nicht Ordnung ist, da kommt nichts und geht nichts, und wo diese Folge nicht besteht, da gibt es freilich auch nicht Tage und nicht den Wechsel in zeitlicher Räumigkeit (vicissitudo spatiorum temporalium)“ (XII, 9,9). – Das Fehlen von jeglicher Form und Gestalt lässt bei der reinen Materie weder ein Differenzieren, noch ein Zählen, noch ein Determinieren dieses Stoffes zu. Wäre es nicht widersprüchlich, so müsste man es ein „nihil aliquid“ (Nicht etwas) oder ein „est non est (ein ‘ist nicht Ist’)“ bezeichnen, so Augustinus (vgl. XII, 8,8).

5.3 Geist – Materie

Beim Anfang der sichtbaren Schöpfung hält sich Augustinus im 12. Buch recht kurz auf. In *De genesi ad litteram* füllt er damit Bücher. In den *Confessiones* interessiert ihn offensichtlich zunächst nur die Schöpfung aus den bisher genannten Prinzipien. Und er konzentriert sich darauf zu zeigen, dass es Kennzeichen der sichtbaren Welt ist, „Himmel und Erde“ im zweiten Sinn, Schöpfung „in der Zeit“ zu sein. Die erstgeschaffenen „Himmel und Erde“ sind nach ihm noch nicht der Zeit unterworfen. Zeit kann nur an schon gestalteter Materie, an den Veränderungen der Erscheinungsformen der Dinge wahrgenommen und gemessen werden. Gestaltung selbst ist noch kein zeitlicher Akt. Die Priorität, die dem Ungestalteten bei der Gestaltung bzw. Formgebung zukommt, darf nicht als zeitlicher Akt verstanden werden.

Fragen dieser Art sind Fragen nach dem ursprünglichen Sinn von Lebendigkeit. Es sind Fragen, wie aus dem Urstoff die Formen und Gestalten hervorgehen, wie das Verhältnis von Materie und Form, von Materie und Geist ist. Das sind keine zeitlichen, sondern ontologische Verhältnisse. Augustinus veranschaulicht die Zusammenhänge an dem schönen Beispiel der Musik bzw. des Gesanges:

> „Der Ton ist geformter Ton“: „Der Ton wird überhaupt erst gebildet, damit Gesang sei. Und deshalb geht … die Materie des Tönens der Form des Singens voraus … Dem Ursprung nach ist er jedoch früher (sed prior est origine): denn nicht der Gesang wird geformt, damit ein Ton werde, sondern der Ton wird geformt, damit ein Gesang werde“ (XII, 29,40).

> Oder: „Es ist nicht anzunehmen, dass Gott die ungeformte Masse vorher geschaffen und nach Ablauf einer Zwischenzeit das vorher formlos Geschaffene geformt hätte; vielmehr, wie vom Sprechenden hörbare Worte gebildet werden, wobei nicht die Stimme, vorher formlos, später Form erhält, son-

dern geformt herauskommt, so hat man es zu verstehen, dass Gott die Welt zwar aus formlosem Stoff erschaffen, jedoch diesen zugleich miterschaffen habe mit der Welt. Die Berichterstattung freilich meldet zuerst, woraus etwas entsteht, hernach, was daraus entsteht; sie kann eben nicht beides in gleichem Atem erzählen, wohl aber kann beides zumal entstehen" (*Contra adversarium legis et prophetarum* I, 9,12).

Wiederum wird man bei solchen und ähnlichen Beschreibungen an Überlegungen von Hans-Peter Dürr zum Stand heutiger (natur)wissenschaftlicher Erkenntnis erinnert. Deren Ergebnisse entstammen gewiss anderer Herkunft. Doch Dürr verwendet auch eine Sprache, die uns vertraut ist: Begriffe von Form und Materie, Materie und Geist, um die Grundlagen der Wirklichkeit aus quantenphysikalischer Sicht zu beschreiben: „Die Umkehr des Primates der Materie über die Form gewissermaßen in einen Primat der Form über die Materie (Form nicht als etwas Äußeres, sondern als innere Gestalt verstanden) … Die Gestalt, die innere Form, ist grundlegender als die Materie. Dies verführt uns zu einer Analogie aus unserer erweiterten, menschlichen Erfahrungswelt: Die Grund-Wirklichkeit hat mehr Ähnlichkeit mit dem unfassbaren, lebendigen Geist als mit der uns geläufigen greifbaren stofflichen Materie. Die Materie erscheint mehr als eine 'Kruste' des Geistes. Ich betone: dies ist zunächst nur als Gleichnis gemeint, denn die Worte wie Geist und Lebendigkeit kommen in der Physik nicht vor."[15]

Die weitere Geschichte der Philosophie hat den Begriff des Urstoffes von Aristoteles übernommen und weiter entwickelt. Aristoteles wird von der Materie als der „materia prima" sprechen. Sie ist für Aristoteles bezeichnenderweise weiterhin ewig. Materia prima steht dann für die Andersheit und Fremde gegenüber dem Geist, sodann für bloße Potentialität, Passivität, Grund der relativen Nichtigkeit des Endlichen. Bei Thomas von Aquin des Weiteren für Vereinzelung (materia quantitate signata) und bei Duns Scotus für die Kategorie des dies und das, hier und jetzt (haecceitas) – damit ist bereits eine räumliche Vorzeichnung auf Ausdehnung überhaupt gegeben. Materia prima ist damit die Potentialität zu Ausdehnung und Raum vorgegeben. – Im Begriff der materia prima in der philosophischen Tradition kann man so etwas wie die Materialisierung oder Verkrustung der ursprünglichen Potentialität und Lebendigkeit (Dürr) geradezu mit Augen verfolgen.

6. Ein Welt-Bild: Wie die Welt entstand

Hans-Peter Dürr hat in seinem Buch ein Bild gebraucht, das symbolisch die Sicht der Quantenphysik auf die Welt verständlich machen will. Dieses Bild mag auch zusammenfassen, was in diesem Artikel zu Augustinus Sicht der Entstehung der Welt, theologisch der Schöpfung, ausgeführt worden ist:

> „Wenn der Ozean ganz ruhig ist, symbolisiert er eigentlich das Leere. Er hat keine Struktur, erlaubt keine offensichtliche Differenzierung. Da ist sozusagen der Geist noch ganz ungeprägt. Aber die Evolution führt nun in der Zeit dazu, dass sich hier etwas wellt. Es entstehen Wellen verschiedenster Art, eine komplexe Struktur. Und nach einer langen Zeit werden die Wellen so hoch, dass sich auf einmal weiße Schaumkronen bilden. Wenn ich aus großer Entfernung hinunter auf das Meer schaue, dann sehe ich weiße Flecken, getrennte Flecken, und ich sage: Aha, die Wirklichkeit ist aus weißen Flecken zusammengesetzt. Sie sind irgendwie getrennt, aber zugleich auch verbunden. Ich erkenne aus dieser Distanz nicht, dass das Weiße nur der Schaum ist, der die Wellen krönt. Und die Wellen wallen auf und sinken wieder hinunter“.[16]

Ein Welt-Bild: Entstehung der Welt in quantenphysikalischer Betrachtung. Momente der Entstehung: Leere – Bewegung – Wellen – Etwas – Strukturen – Welt. Die Momente solcher Entstehung scheinen nicht unähnlich dem zu sein, was uns Augustinus zum Anfang der Schöpfung mitteilen wollte: Nichts – Geist Gottes – Lebendigkeit – Form – Etwas – Schöpfung Gottes. In symbolischer Sprache scheint ein Gespräch zwischen Theologie und (Natur)Wissenschaften sehr wohl möglich zu sein.

Anmerkungen

1 *J. Bernhart*, Confessiones; Bekenntnisse, eingeleitet, übersetzt und erläutert von Joseph Bernhart, München 1955.; *H.-J. Blome, H. Zaun*, Der Urknall. Anfang und Zukunft des Universums, München 2004.; *N. Fischer, C. Mayer* (Hg.), Die Confessiones des Augustinus von Hippo. Einführung und Inter-

pretationen zu den 13 Büchern, Freiburg 2004.; *H. Fritzsch*, Vom Urknall zum Zerfall. Die Welt zwischen Anfang und Ende, München 2002.; *M. Görg*, Vorwelt – Raum – Zeit. Schöpfungsvorstellungen im ersten Kapitel der Bibel, in: J. Dorschner (Hg.), Zum Stand des Gesprächs zwischen Naturwissenschaft und Theologie, Regensburg 1998, 132-158.; *K. Kienzler*, Gott in der Zeit berühren. Eine Auslegung der Confessiones des Augustinus, Würzburg 1998.; *C. Mayer*, Confessiones 12. „Caelum caeli": Ziel und Bestimmung des Menschen nach der Auslegung von Genesis 1,1,f, in: Fischer, N., Mayer, C. (Hg.), Die Confessiones des Augustinus von Hippo. Einführung und Interpretationen zu den 13 Büchern, Freiburg 2004, 553-601.; *C. Mayer*, Creatio, creator, creatura, in: Augustinus-Lexikon 2, 56-116.

[2] Vgl. *G. Pelland*, Cinq études d'Augustin sur le début del la Genèse, Paris 1972.

[3] *M. Seckler*, Was heißt eigentlich Schöpfung? Zugleich ein Beitrag zum Dialog zwischen Theologie und Naturwissenschaft, in: J. Dorschner (Hg.), Zum Stand des Gesprächs zwischen Naturwissenschaft und Theologie, Regensburg 1998, 174-214.

[4] *G. Eder*, Evolution des Kosmos. Neue Aspekte der Schöpfungsidee, in: J. Dorschner (Hg.), Zum Stand des Gesprächs zwischen Naturwissenschaft und Theologie, Regensburg 1998, 42-74, hier: 42-44.

[5] *H.-P. Dürr*, Auch die Wissenschaft spricht nur in Gleichnissen. Die neue Beziehung zwischen Religion und Naturwissenschaft, Freiburg 2004, 41.

[6] Augustinus-Lexikon 1-2, hrg. von Cornelius Mayer, Basel 1986ff., 2, 68.

[7] Vgl. *G. May*, Schöpfung aus dem Nichts, Die Entstehung der Lehre von der creatio ex nihilo, Berlin 1978.

[8] Augustinus-Lexikon (s. Anm. 5) 2, 76.

[9] *K. Ferguson*, Gott und die Gesetze des Universums, München 2002, 187.

[10] *E. Husserl*, Zur Phänomenologie des inneren Zeitbewußtseins. Husserliana X, Den Haag 1966, 3.

[11] *H.-P. Dürr*, Auch die Wissenschaft (s. Anm. 4), 28.

[12] *W. Wild*, Die Entstehung des Kosmos. Zum Erkenntnisstand der modernen Physik, in: J. Dorschner (Hg.), Zum Stand des Gesprächs zwischen Naturwissenschaft und Theologie, Regensburg 1998, 15-41, hier: 38.

[13] Vgl. *G. Eder*, Evolution des Kosmos (s. Anm. 3), 73.

[14] *K. Ferguson*, Goitt und die Gesetze des Universums (s. Anm. 8), 184.

[15] *H.-P. Dürr*, Auch die Wissenschaft (s. Anm. 4), 29.

[16] Ebd., 102.

Vom Ursprung zum Anfang, über die Vielheit zur Einheit, durch das Subjekt zum Prozess

Der Weltentstehungsdiskurs in Whiteheads Kosmologie

Hans-Joachim Sander

„It is as true to say that God creates the World, as that the World creates God."[1] So Alfred North Whitehead in seinem Hauptwerk 'Process and Reality. An Essay in Cosmology'. Das Zitat findet sich in den sogenannten Antithesen des abschließenden Kapitels 'God and the World'. Es ist ein relativistischer Satz. Die Welt wird mit Gott und Gott mit der Welt relativiert.

Relativierungen sind für einen Theologen, speziell für einen katholischen Theologen, ein großes Problem. Die Glaubenskongregation wird denn auch nicht müde, vor einem Relativismus in der Glaubensdarstellung zu warnen. Deutlich zeigt sich das in ihrer Erklärung *Dominus Iesus*, die direkt der Abwehr eines Relativismus im Verhältnis zwischen der Heilswahrheit des christlichen Glaubens und den anderen Religionen gewidmet ist.[2] Solche Warnungen sind nicht unbegründet, weil die Wahrheiten der Glaubenspositionen einen Relativismus nicht vertragen. Vielmehr stellen sie einen integralen Anspruch auf, aus dem entsprechend klare und starke Zumutungen für die folgen, die sich diese Wahrheiten zu eigen machen. Wenn in den Anspruch Relativismus hinein geriete, dann sind die Zumutungen nicht mehr zu halten.

Ein Beispiel für einen solchen Anspruch findet sich im Anfangssatz des großen Glaubensbekenntnisses: „Ich glaube an den einen Gott, den Vater, den Allmächtigen, der alles geschaffen hat, Himmel und Erde, die sichtbare und die unsichtbare Welt." Gott ist der Schöpfer der Welt, und zwar der materiellen wie der immateriellen Teile der Welt. Daraus resultiert die Allmacht als die primäre Eigenschaft Gottes. Wenn Whitehead nun behauptet, es sei wahr zu sagen: 'die Welt erschafft Gott', wird dann nicht unweigerlich diese Allmacht geleugnet? Und müsste dann nicht ein Theologe diesen philosophischen Ansatz beiseite legen und seine Zeit mit besseren Dingen verbringen, als Whiteheads Prozessphilosophie schöpfungstheologisch zu interpretieren? Das wäre eigentlich zu erwarten. Es kann schließlich nicht sein, dass zugleich gilt, Gott erschafft die Welt und die Welt erschafft Gott. Man muss sich schon entscheiden: Entweder man anerkennt die Allmacht Gottes und die Verdanktheit der Welt von Gott, oder man entschließt sich, Gott als Produkt des Weltgeschehens zu begreifen und damit eine Art Feuerbachscher Projektionsthese im kosmologischen Gewand zu akzeptieren. Beide können sich nicht gegenseitig erschaffen, ohne dass eine Größe nur eine andere Erscheinungsweise der anderen sein kann. Wird also mit Whitehead theologisch entweder dem Pantheismus gehuldigt oder einer Projektion das Wort geredet? In beiden Fällen wäre Whiteheads Aussage schöpfungstheologisch unbrauchbar.

Hier soll dennoch eine schöpfungstheologische Interpretation der philosophischen These von Whitehead versucht werden, und das wiederum nicht, um wider den theologischen *mainstream* zu löcken oder die Warnungen der Glaubenskongregation in den Wind zu schreiben. Es soll untersucht werden, ob es eine theologische Brauchbarkeit der Antithese Whiteheads gibt, die nicht dem Pantheismus oder einer kosmologischen Projektion verfällt. Der Grund für diesen Versuch liegt gerade in dem angedeuteten Problem der theologischen Whitehead-Rezeption, also dem dezidierten Relativitätsdenken, in dessen Rahmen die genannte Antithese auftritt. Dieser relativistische Rahmen bringt der Schöpfungstheologie einen bedeutsamen Ortswechsel in Sachen Schöpfung ein: Die Schöpfung wird als Prozess beschreibbar und damit überzeugender mit jener Realität verzahnt, die für die Natur charakteristisch ist, als es eine ungeschichtlich-statische oder religiös-unempirische Rahmenbetrachtung der Schöpfung mit sich brächte. Diese Verbindung zur relativistischen Natur der Natur gibt es nicht, ohne dass die Gefahr des Relativismus für die Schöpfungstheologie auftritt. Dieser Gefahr muss begegnet werden und kann auch begegnet werden; zwischen Relativität und Relativismus gibt es eine Differenz. Nicht jede Relativität, die bei einer theologischen Betrachtung gewagt wird, bedeutet eine Relativierung der Wahrheit in den Schöpfungsaussagen. Es kann vielmehr sogar so sein, dass die Relativität die Wahrheit dieser Aussagen stärkt.

Eine Relativität ist für die Schöpfungstheologie unausweichlich – jene zwischen der Natur und der Schöpfung. Es kann keine Schöpfungsaussagen geben, ohne dass es dabei zugleich auch um das geht, was die Alltagssprache und eben auch die Naturwissenschaft 'Natur' nennt. Insofern dieser Begriff von der Natur alles integriert, was es im Universum und im Mikrokosmos, in der irdisch-globalen Wirklichkeit und in der körperlich-seelischen Realität der Menschen gibt, stellt er eine Größe dar, der die Schöpfungstheologie nicht ausweichen kann, weil ihr Basisbegriff der Schöpfung den gleichen integralen Sinn besitzt. Die Schöpfungsaussagen des Glaubens sind ja nicht irgendwelche bloß inneren religiösen Befindlichkeiten, sondern erheben den Anspruch, in jenem Außen der natürlichen Welt und den diversen weltlichen Naturen eine kreative Macht anzubieten, mit der die Menschen leben können, die diese Aussagen glauben und in jenen Welten existieren. Dieser Anspruch muss wegen der Verbindung zu Gott erhoben werden, der für die Schöpfungsaussagen konstitutiv und kennzeichnend ist. Gott ist eine reale Macht in Raum und Zeit, ohne Zeit und Raum unterworfen zu sein. Diese Macht muss auch in der Natur anwesend sein; das bedeutet, dass eine Fehlanzeige über ihre Präsenz in der Natur den Anspruch der Schöpfungsaussage falsifizieren würde. Eine Schöpfungstheologie, die ihren Schöpfungsbegriff nicht in ein direktes und unmittelbares Verhältnis zur Natur stellt, macht ihren Anspruch unglaubwürdig und wird über den Kerngehalt der Macht dieser Schöpfung sprachlos. Deshalb ist eine Relativität zwischen Natur und Schöpfung für die theologische Rede von der Schöpfung unausweichlich. Und wenn die Natur einen relativistischen Charakter hat, dann benötigt die Schöpfungstheologie eine Beziehung zu dieser Relativität, die weder die relativistische Natur der Natur übergeht noch die nicht relativierbare Größe der Schöpfung leugnet.

Denn eine Lösung dieses Relativitäts-Problems steht nicht zur Verfügung – die einfache Identifizierung von Natur und Schöpfung. Wenn sie möglich wäre, dann müsste man mit den Aussagen über die Schöpfung die Natur hinreichend genau beschreiben können. Seit dem Streit um Galileis Entdeckung der Jupitermonde und dem inquisitorischen Lösungsversuch dieses Streites ist deutlich, dass dieser Wissensbereich nicht zur genuinen Autorität von Glaube und Theologie gehört. Man hatte damals auf die falsche Theorie gesetzt und die These von einer flachen Erde im Zentrum des Universums als bare Offenbarungswahrheit ausgegeben.[3] Seither werden ernsthaft keine theologischen Erklärungen mehr versucht, die sich vor einer empirisch geerdeten Rationalität nicht ausweisen können.[4] Aus dieser Erkenntnis über die theologisch nicht mögliche Wissensform ergibt sich ein doppeltes Problem: Natur ist nicht einfach identisch mit Schöpfung, während es für die Schöpfungstheologie zugleich nicht möglich ist, Schöpfung von der Natur zu trennen. Dieses Problem verlangt danach, mit einer Differenz von beiden so zu arbeiten, dass sie nicht zu vermischen sind. Es verlangt nach einer theologischen Kompetenz über Relativitäten. In der Schöpfung wird die Natur konstituiert und zugleich lässt sich die Natur nicht mit theologischen Mitteln auf einen experimentell nachprüfbaren Nenner bringen.

Natur und Schöpfung sind deshalb auf der einen Seite nicht zu trennen, aber dürfen auf der anderen Seite auch nicht vermischt werden. Die beiden Konzeptionen stehen sich einander mit unterschiedlichen Grammatiken gegenüber, die unweigerlich bei einem Wechsel des Themas greifen. Jene Grammatik, die der Konzeption der Schöpfung entspricht, darf man weder der Grammatik unterordnen, die der Konzeption der Natur entspricht, noch kann man damit diese andere Grammatik inkorporieren. Natur und Schöpfung stehen für eine basale Zweiheit im Verhältnis zur Realität. Diese Zweiheit nicht anzuerkennen, würde eine Selbstabschließung der Theologie bedeuten und sie angesichts der Natur sprachlos machen.

In diesem zweiheitlichen Sinn arbeiten die Whiteheadschen Antithesen mit jeweils unterschiedlichen Grammatiken, die beachtet werden müssen, wenn man sie überhaupt verstehen will. In dem ersten Teil der Antithese ‘Gott erschafft die Welt’ gilt eine andere Grammatik als in dem zweiten Teil ‘die Welt erschafft Gott’. Die Fähigkeit zu einer zweiheitlichen Grammatik ergibt sich aus dem Umstand, dass es sich um metaphysische Aussagen handelt. Metaphysik wird traditionell von der Theologie verwendet, um ihre Sprachlosigkeit über die Macht Gottes zur Sprache zu bringen. Aber Metaphysik unterliegt auch der Sprache, wenn Naturwissenschaften versuchen, ihre allein mathematisch-physikalische präzise Sprache in einem für die normale Ordnung der Dinge verständlichen Sinn darzulegen. Whitehead hat um diese Zweiheit von Metaphysik gewusst und sie auch in dieser Weise aufgegriffen. Deshalb mein erster Punkt:

1. Relativistische Metaphysik – die nicht-selbstbezügliche Prozessualität der Welt

Whitehead war im Erstberuf ein Mathematiker, der eine umfassende logische Begründung der Mathematik versucht hat. Das sind die *Principia Mathematica*, die er zusammen mit seinem Schüler Bertrand Russell verfasst hat und deren Titel einen beabsichtigten Kontrast zu den berühmten 'Philosophia naturalis principia mathematica' setzt, mit denen Isaac Newton 1687 die Physik revolutioniert hatte.[5] Das Programm der Principia von Whitehead und Russell scheitert, wie mehr als zwanzig Jahre später Gödel mit seinem berühmten Satz, dass kein logisches System sich widerspruchsfrei in sich selbst begründen kann, festgestellt hat; die Basis für Gödel, diesen Satz zu entwickeln, waren die Principia von Whitehead und Russell.

Von der Mathematik her hat sich Whitehead intensiv mit Naturphilosophie auseinandergesetzt und ist in der zweiten Phase seines akademischen Lebens auch in dieses Thema hinübergewechselt. Das hatte mit internen Problemen jenes Colleges in Cambridge zu tun, wo er einer der fellows, also Professoren für Mathematik war; er war empört über die Kündigung eines Kollegen, die in dessen persönlichen Lebensumständen begründet lag. Und es hatte mit der neuen, erregenden Perspektive auf die natürliche Welt zu tun, die um diese Zeit nachhaltig aufgetreten ist, der Einsteinschen Relativitätstheorie.6 Whitehead hat sich intensiv mit der Relativitätstheorie auseinandergesetzt und selbst eine Formulierung der Relativitätstheorie erarbeitet, die sich über mehrere Jahrzehnte als alternativer mathematischer Apparat zu demjenigen von Einstein gehalten hat; er gilt mittlerweile aber als komplizierter und weniger praktikabel als der Einsteinsche.7 Zum anderen hat Whitehead etwas getan, was auf den ersten Blick merkwürdig klingt: Er begann eine Metaphysik bzw. eine „spekulative Philosophie" zu entwickeln, die die Einsteinschen relativistischen Einsichten aufgreift. Das ist insofern ungewöhnlich, als die Naturphilosophie sich eigentlich im Verlauf der Neuzeit von der Metaphysik emanzipiert hatte und die Metaphysik als imkompatibel mit naturwissenschaftlichen Einsichten galt und weithin heute noch gilt.

Diese Metaphysik ist die Prozessphilosophie Whiteheads; man kann sie am präzisesten, wenn auch begrifflich ausgesprochen komplex in den Gifford-Lectures fassen, die dann als *Process and Reality* veröffentlicht wurden.[8] Die ersten neunzig Seiten bestehen fast nur aus Begriffsklärungen, deren Tragweite erst danach so richtig deutlich wird; das Buch ist also mathematisch konzipiert, und wer Mathematik liebt, wird hier auf ihre oder seine Kosten kommen.

Die Einsteinsche Relativitätstheorie löst die Absolutheiten der klassischen Newtonschen Physik auf, vor allem die Absolutheit von Raum und Zeit, und ersetzt sie durch die absolute Grenze der Lichtgeschwindigkeit, die alles andere im Kosmos in Relativitäten versetzt. Raum und Zeit waren für die klassische Physik Formen, um Natur zu beschreiben, aber standen in keinem sich bedingenden Verhältnis. Sie stellten den Rahmen ab, in dem Körper, Kräfte und Naturgesetze zu erfassen waren. In gewisser Weise ruht die Natur in der Newtonschen Physik in sich; es bedarf zu ihrer hinreichenden Beschreibung lediglich des Bezugs auf sie selbst aus ihr selbst heraus. Gott wird durchaus nicht bestritten, beim späten Newton sogar mit einer esoterischen Emphase monotheistisch bejaht – die Trinität lehnte er strikt ab –, aber zur exakten Beschreibung der Welt ist Gott nicht mehr nötig. Sie kann mechanisch, also wie eine nach klaren Gesetzmäßigkeiten ablaufende Maschine begriffen werden. Gott stört diesen Mechanismus mehr, als dass er für das Verständnis hilft. Die Natur ist dagegen das allein entscheidende Subjekt, um das sich die kosmologische Bestimmung der Welt dreht; sie ist aus sich selbst heraus physikalisch beschreibbar. Bei Einstein werden Raum und Zeit dagegen zu Dimensionen, die über die Geschwindigkeit des Lichts und die Gravitation verbunden sind und sogar aufeinander zugreifen. Die Natur ruht nicht mehr einfach in sich, sondern befindet sich in einem permanenten Umwandlungsprozess; Geschwindigkeit, Masse und Energie stehen in einem sich bedingenden Verhältnis und greifen beständig aufeinander zu, eben: $E = m \cdot c^2$, wie die berühmte Formel heißt. Natur kann nicht mehr aus sich heraus begriffen werden, sondern mittels der Relativitäten, in denen sie steht.

In der Konsequenz dieses Denkens liegt dann das Standardmodell über die Entstehung des Universums. Es geht von einer uranfänglichen Entladung der Energie aus und einer daran anschließenden permanenten Ausdehnung des Kosmos. Bei der anfänglichen Entladung, dem sog. 'Big Bang', steht man allerdings durchaus noch in einem Geschehen, mit dem sich die Natur ganz ähnlich wie für die Newtonsche Physik der Natur aus sich heraus bestimmt. Hier liegt ein Problem, auf das wir noch zurückkommen werden.

Von Einstein wird keine Metaphysik als philosophische Entsprechung seiner mathematisch-physikalischen Relativitätstheorie erarbeitet; seine eigene philosophische Präsentation der beiden Relativitätstheorien ist ausgesprochen idealistisch klassisch und reicht nicht an die mathematische Präzision seiner Theorie heran. Einstein war für Whitehead also physikalisch-theoretisch unverzichtbar, philosophisch-sprachlich dagegen so gut wie nicht hilfreich. Seine Perspektive war es deshalb, den Relativitätsgedanken eigenständig mit einem integralen Begriffssystem, also einer Metaphysik, auszudrücken. Metaphysiken eignen sich für ein solches Vorhaben, weil sie einen umfassenden Begriffsrahmen bereitstellen, um überhaupt etwas zur Sprache zu bringen. Sie bieten allgemeine Formen, die Ordnungen von Diskursen prägen können; sie sind nicht selbst Ordnungen eines Diskurses, sondern stellen die Grammatik für solche Ordnungen. Sie haben also nicht die am meisten allgemeinen sprachlichen Einheiten wie Morpheme, Lexeme etc. im Blick, sondern verhandeln jene Denk- und Vorstellungsrahmen, welche die Wissensformen einer Sprache jeweils weiter ausdeuten. Whitehead greift Metaphysik auf, weil er sich mit der Gesamtheit dessen befassen wollte, was es gibt, also dem Universum. Aber er wendet sie nicht mit den Mitteln der metaphysischen Tradition an, sondern verhandelt sie nach Relativitätsgesichtspunkten. Was primär von einer Metaphysik verlangt wird, ist die Tauglichkeit für die Lösung von realen Problemen. Dabei darf man die Reichweite ihrer Kategorien nicht überziehen: „Metaphysics is nothing but the description of the generalities which apply to all the details of practice. No metaphysical system can hope entirely to satisfy these pragmatic tests. [...] An old established metaphysical system gains a false air of adequate precision from the fact that its words and phrases have passed into current literature.“ (PR 13/19/d 48f)

Die klassische Metaphysik war am Seinsbegriff orientiert und fragt nach dem Verhältnis von Sein und Seiendem. Das bleibt in gewisser Weise auch bei Whitehead erhalten, insofern er als Beschreibungsbegriff dessen, was es gibt, 'entity' nimmt. Aber dieses entity ist nicht eine Seinseinheit, sondern eine Aktualität in einem Relativitätsvorgang, es ist vielmehr ein 'actual entity'. Ebenso kann sich eine relativistisch angelegte Metaphysik nicht mit der Statik eines selbstbegründeten Seins abfinden, sie muss vielmehr die Dynamik eines Herleitungsvorgangs dieser aktuellen Entität aus dem, was bis dahin unverbunden war, in den Mittelpunkt rücken. Das gelingt Whitehead mit dem sog. Principle of Process: „That how an actual entity becomes constitutes what that actual entity is, so that the two descriptions of an actual entity are not independent. Its 'being' is constituted by its 'becoming'. This is the 'principle of process'. – Dass wie ein actual entity wird, bestimmt, was dieses actual entity ist, so dass die beiden Beschreibungen des actual entity nicht unabhängig voneinander sind. Sein 'Sein' ist von seinem 'Werden' konstituiert. Das ist das Prinzip des Prozesses." (PR 23/34f/d 66) Dieses Werden ist kein zeitliches Geschehen, sondern prägt selbst überhaupt erst Zeit aus. Prozesse konstituieren Zeit; es gilt also nicht, dass die Zeit die Prozesse prägt. Das ist ein entscheidender Unterschied; von Prozessen gibt es ein 'becoming', für die Zeit gibt es allein ein Verändern (change), das von der Relationalität aus diskreten Prozessen aufgezäumt wird. Im becoming der Prozesse werden die diskreten Punkte bereitgestellt, damit Zeit überhaupt entstehen kann, nicht umgekehrt. Zeit ist vielmehr so etwas wie die Ausdehnung einer Vernetzung dieser Punkte. Und dabei muss man diese Punktualitäten mathematisch auffassen – es gibt sie nicht unter den Bedingungen von Raum und Zeit. Vielmehr sind sie die Bedingungen für deren Relativität. „There is a becoming of continuity, but no continuity of becoming. The actual occasions are the creatures which become, and they constitute a continuously extensive world. In other words, extensiveness becomes, but 'becoming' is not itself extensive." (PR 35/53/d 87) Prozesse stehen also in der Relativität zu anderen Prozessen, aber sie werden selbst nicht durch die alles relativierende Macht von Zeit relativiert. Das wird sehr wichtig sein, um Whiteheads Gottesbegriff theologisch zu rezipieren; von Gott lässt sich nur ein Werden aussagen, kein Verändern. Er ist ein Schöpfer der

Zeit, kein Anwender von Zeit für die Schöpfung. Zeit wird von seiner Macht bestimmt, nicht seine Macht von der Zeit ermöglicht.

Die Dynamik des Seins war natürlich auch schon in der klassischen Metaphysik mit dem Konzept der Entelechie ein Thema, auch wenn keine Lösung gefunden wurde, die der Dynamik der modernen Entdeckungen über die Natur hätte standhalten können. Entelechie ist eine selbstbezogene Veränderung, die nicht aus der Relationalität zu anderem entsteht. Das Prinzip des Prozesses gibt der Dynamik des Seins dagegen eine nicht-selbstbezügliche Form. Was immer es gibt, kann und muss vom Werden von actual entities her begründet werden – das sog. ontological principle (PR 24/36f/d 68). Nichts wird aus sich heraus erklärbar, weil das, was es ist, aus dem hervorgegangen ist, wie es geworden ist und in dieses Werden sind all jene Bezüge eingegangen, die dieses Werden mit anderen realen Gegebenheiten in eine Relativität setzen.

Whitehead kann deshalb ohne Probleme den Begriff einer causa sui für den Werde-Prozess eines actual entity (PR 222/339/d 406f) übernehmen, weil dieses Werden sich in seiner spezifischen Relativität zugleich von allen anderen Prozessen unterscheidet. Die Wirklichkeit, die dabei aus sich wird, ist bereits eine Verknotung aller Beziehungen, aus denen heraus sie wird, und setzt mit ihr eine Differenz zu dem bisherigen Netzwerk der Realität. Es handelt sich nicht um eine relativistisch modifizierte Selbstbegründung. All die Vorstellungen, die mit einer Seinsmetaphysik aus der Welt ein Gegenkonzept zu Gott machen – wie eben Spinozas Verwendung des causa-sui-Gedankens –, entschärfen sich in der Prozessphilosophie, weil sie überhaupt nur mit Relativität funktioniert. Diese Einsicht wird von Whitehead zum Principle of Relativity ausgebaut. „That the potentiality for being an element in a real concrescence of many entities into one actuality is the one general metaphysical character attaching to all entities, actual and non-actual; and that every item in its universe is involved in each concrescence. In other words, it belongs to the nature of a 'being' that it is a potential for every 'becoming'. This is the 'principle of relativity'." (PR 22/33/d 64f) Das kann für eine veränderte Sichtweise über den Anfang der Welt in Gott verwendet werden:

2. Die Wirklichkeit im Prozess einer Selbstrelativierung – vom Ursprung zur Herkunft in Gott

Einstein war für Whitehead eine mathematische, aber eben keine philosophische Perspektive. Um eine relativistische Metaphysik erstellen zu können, musste er an einer anderen Größe ansetzen. Um die relativistische Metaphysik zu erarbeiten, kann man sich statt am Perspektivengeber auch am Gegenüber orientieren, von dem man sich mit der Relativität absetzt. Dabei bietet sich der metaphysische und naturphilosophische Stichwortgeber von Newton an – René Descartes. So schreibt Whitehead im ersten Satz von PR: „Diese Vorlesungen gehen im wesentlichen von der Phase philosophischen Denkens aus, die mit Descartes begann und mit Hume endete.“ (PRd 21)

Descartes hat die Welt in zwei Grundtatsachen eingeteilt – die körperlichen und geistigen Substanzen, die beide jeweils ganz für sich existieren können. Gegen eine solche, von Whitehead ‘bifurcation – Aufgabelung’ genannte Struktur wendet sich die Prozessphilosophie: „What I am essentially protesting against is the bifurcation of nature into two systems of reality, which, in so far as they are real, are real in different senses. … Thus there would be two natures, one is the conjecture and the other is the dream.”[9] Der Grund dafür liegt nicht in einer gegenteiligen, also integralistischen Absicht, die beide in eins setzen würde. Das wäre dann lediglich eine neuplatonisierende Betrachtung im Sinne der einen großen und der vielen kleinen Weltseelen, die in jedem materiellen Ding präsent sind und es erhaben hinter sich lassen, oder es wäre eine positivistische Reduktion, wie sie heute im gesamtheitlichen Wissensanspruch der Hirnforscher vorzuliegen scheint.

Die Basis für Whitehead, um eine solche Aufgabelung zu verhindern, ergibt sich aus seinem relativistischen Ansatz. Es kann hier keine Fokussierung auf eine der beiden Realitäten geben, die nicht mit der jeweils anderen vernetzt ist. Wenn man sich auf eines von beidem konzentriert, dann erschließt es sich über die Verbindung mit dem anderen. Statt einer cartesischen Aufgabelung besteht die Notwendigkeit einer prinzipiellen Beziehung zu anderem. Die Basis des kartesischen Dualismus ist der Begriff der Substanz. „Per substantiam nihil aliud intelligere possumus, quam rem quae ita existit, ut nulla alia re indigeat ad existendum. – Unter Substanz können wir uns ein Ding vorstellen, das so existiert, dass es zu seiner Existenz keines anderen Dinges bedarf."[10] Eine solche Substanz ist prinzipiell nicht relativierbar. Sie stellt das metaphysische Äquivalent zu jenem Subjekt, das sich selbst nur seines eigenen Denkens sicher ist und das von Prädikationen bestenfalls nachrangig umkreist werden kann.

Für Whitehead zeigt sich in der cartesischen Substanz ein inkohärentes Denken, mit dem die Vernetzung von Universalität und Partikularität, die für eine relativistische Physik des Kosmos zwangsläufig ist, nicht mehr begreifen. Dafür muss Descartes dann eine Gottessubstanz einführen, die allein alles miteinander verbinden kann, weil sie selbst mit allem souverän und allein in sich ruhend verbunden ist. Diese Gottessubstanz ist also die große metaphysische Ausnahme. An die Stelle einer Metaphysik, die von der in sich ruhenden Substanz ausgeht, setzt Whitehead die Relativität das actual entity. Es hat einen universalen Sinn und eine partikulare Bedeutung: „Ein wirkliches Einzelwesen ist konkret, weil es eine solche besondere Konkretisierung des Universums ist." (PRd 111, PR 50/80)

Das actual entity stellt damit so etwas wie die metaphysische Grundkategorie in Whiteheads Denken dar, die sich der Substantialisierung der Welt verweigert. Es hat zwei Pole, einen physischen und einen begrifflichen. Es ist kein Kreis, der sich selbst genügt, sondern eine Ellipse, die aus einem geistig-transzendenten und einem immanent-materiellen Brennpunkt heraus entsteht. Diese Bipolarität ersetzt die cartesische *bifurcation*. Das Entstehen ('concrescence') eines actual entity ist von allem anderen, was es überhaupt gibt, mit konstituiert und in dem, was es geworden ist, setzt es sich von allem anderen zugleich ab. Die metaphysische Grundanschauung dieses Denkens lässt sich in einem Satz aussagen: „The many become one, and are increased by one. In their natures, entities are disjunctively 'many' in process of passage into conjunctive unity. This Category of the Ultimate replaces Aristotle's category of 'primary substance'." (PR 21/32/d 63) Die vielen werden eins und um dieses eine vermehrt – darin zeigt sich Kreativität. 'Many', 'one' und 'creativity' stellen zusammen die 'Category of the Ultimate'.

Wichtig ist, dass man hier den metaphysischen Charakter der Aussagen im Auge behält; es geht um allgemeinste Begriffe, nicht um eine ontologische Substantialisierung dieser Begriffe. Kreativität ist ein Begriff, keine Substanz; damit werden Prozesse beschrieben, nicht Prozesse erschaffen. Es handelt sich um eine Kategorie, also eine formierende Matrix für sprachliche Erklärungen. Bei der Kreativität geht es also nicht um eine souveräne Größe, die alles kraft eigener Souveränität auslöst; sie ist kein metaphysisches Gegenkonzept gegen Gott. Wenn man sie so auffasst, dann bleibt man dem Substanzdenken verhaftet, das ja gerade mittels der Relativität von many und one in der Kreativität überwunden wird. Der Gegensatz 'Gott oder Kreativität' wäre ein substantivistisches Denken mit personaler Grammatik.[11] Kreativität ist vielmehr eine Erklärungsgröße, die bei keiner Betrachtung der Realität bedeutungslos ist; sie hat eine ultimative Erklärungskraft, stellt aber keine unüberbietbare Ausdrucksmacht dar. Sie markiert Relativität, nicht Souveränität.

Die Substanz- und die Prozessmetaphysik bedeuten zwei unterschiedliche allgemeinste begriffliche Grammatiken. Je nach dem, welche nun der sprachlichen Ordnung der Dinge zugrunde liegt, ergeben sich ganz unterschiedliche Betrachtungsweisen auf die Realität. Das hat auch Konsequenzen für die theologische Redeweise von der Schöpfung. Substanzmetaphysisch lässt sich über den Beginn der Welt als einem Ursprung reden; dieser Ursprung ist eine Größe, die allein in sich und aus sich zu begreifen ist. Diese muss für die Theologie unweigerlich mit Gott identifiziert werden, weil nur ihm eine solche Macht zugeschrieben werden kann. Er ist die einzige Macht, die aus dem Nichts schöpfen kann und die dabei von nichts anderem in der eigenen Kreativität abhängig ist. Der Ursprung, der mit einer so gedachten Schöpfung gesetzt ist, ist ein substanzieller Beginn, der alles folgende von sich her bestimmt und dominiert. Er ist ursächlich mit dafür verantwortlich, was dann an den abgeleiteten Substanzen geschieht. Theologisch sichert das die Ausnahmestellung Gottes; zugleich bringt es aber nicht unbeträchtliche Probleme mit sich. Vor allem die Frage nach der Bedeutung des Leidens stellt sich und eine Antwort lässt sich eigentlich nur insofern andeuten, als die Lösung in eine Zukunft verschoben wird, über die keine glaubensunabhängige Aussagen möglich sind. Die Frage nach dem Leiden kann substanzmetaphysisch durchaus einen soteriologischen Horizont finden; sie besteht dann in einer gläubigen Erwartung darauf, dass dem Leiden am Ende dann doch eine heilvolle Bedeutung auch für die Leidenden selbst zukommt. Aber eine schöpfungstheologische Antwort ergibt sich damit noch nicht. Die begründete Hoffnung auf Bedeutsamkeit von Leiden kann dann nicht in Relation zu den vorhandenen Realitäten begründet werden.

Bei einem nicht-substanzgeleiteten Denken verändert sich das Bild. Hier wird nicht über den Ursprung verhandelt, aber es wird sehr wohl die Herkunft von allem benannt. Der Anfang wird nicht nur als Singularität mit makrophysikalischer Macht postulierbar, die mit der Souveränität einer konkurrenzlosen Beginns arbeitet, sondern als eine Art mikrophysikalische Macht beschreibbar, die mit der Relativität einer umfassenden Vernetzung arbeitet. Der Anfang kommt von dem her, wie die Verhältnisse der Natur unter dem Gesichtspunkt der Kreativität zu beschreiben sind; sein Begreifen ergibt sich nicht aus einer spekulativ eingenommenen Beobachterposition. Ein Anfang wird von dem Umstand gesetzt, dass alles andere ein Verhältnis zu dem eingeht, was sich neu konstituiert. In diesem Verhältnis wird das Neue überhaupt erst als Neuheit qualifizierbar. Deshalb ist es auch keine gedankliche Schwierigkeit, von einer 'creatio ex nihilo' zu sprechen. Was es gibt, ist nicht nur formal neu, sondern auch material neu. Ein actual entity formt keine gestaltlose Kreativität aus, die wie die platonische Substanz ewig wären würde. Es führt eine Relativität ein, wo bisher nichts war. Es handelt sich nicht um eine rein geistige Schöpfung, sondern um eine wirkliche Erneuerung, die gerade weil sie auf alles andere bezogen ist, in keiner Weise von etwas anderem abhängig ist. Diese Erneuerung ist keine Verlängerung des Gegebenen um ein weiteres Glied, sondern dessen Neubegründung an einer nicht ableitbaren Einzelheit – the many become one and are increased by one. Insofern kann man sagen, dass diese neue Einheit aus dem Nichts geschaffen ist.[12] Jedes „one" manifestiert für den statischen Status der „many" ein Nichts; aber dieses Nichts markiert zugleich das kreative Geschehen, das die „many" zu dem Prozess des „one" macht. Mit einem Prozess geht man grundsätzlich nicht von der Realität weg, sondern setzt sich in eine kreative Differenz dazu.

Der Anfang ist dann relativ zu allem anderen begreifbar, er wird nicht aus sich heraus gefasst. Vielmehr ist er Ausdruck einer universalen Bezogenheit, die an den Einzelheiten ihrer Vernetzung markiert wird. Wenn Gott für diesen Anfang verantwortlich ist, dann ist dieser Anfang in jeder neuen Konstitution einer solchen Relativität zu fassen, also in jedem actual entity. Alles, was es gibt, kann in seinem Werden als ein Ort begriffen werden, an dem über Gott gesprochen werden kann. Die

Neuheit in jeder Wirklichkeit, die sich von allem anderen unterscheidet, ist ebenfalls ein solcher *locus theologicus*. Die Überwindung des zerstörerischen Leidens kann damit in jedem Leiden beginnen. Der Erlösung wird dann in allem, was Erlösung nötig hat, bereits ein Anfang gesetzt. Das löst nicht die Bedeutung der Theodizee-Frage auf. Aber der absolutistische Sinn, den sie substanzmetaphysisch in Gestalt des einen universal für jedes Leiden verantwortlichen oder zumindestens mitverantwortlichen Ursprungs hat, wird in eine soteriologische Relativität relativ gesetzt. Gott ist derjenige, der allem Leiden nachgeht und diesem Leiden mit einem kreativen Mitleiden begegnet. Er begegnet dem, was zerbrochen wird, indem er etwas Neues in diesem Gebrochenen erschafft. Whitehead hat dafür ein sehr eindrückliches Bild: Gott ist der Poet der Welt. „God's rôle is not the combat of productive force with productive force, of destructive force with destructive force; it lies in the patient operation of the overpowering rationality of his conceptual harmonization. He does not create the world, he saves it: or, more accurately, he is the poet of the world, with tender patience leading it by his vision of truth, beauty, and goodness." (PR 346/525f/d 618)

Der Schöpfer der Welt ist der Poet der Welt. Seine Souveränität erschöpft sich nicht darin, jede andere Macht durch eine noch größere Macht zu überbieten. Diese Souveränität zeigt sich darin, die Opfer dieser Mächte und Gewalten zu einer neuen schöpferischen Wirklichkeit zu führen. Die Souveränität Gottes drückt sich in einer immanent präsenten Sprache aus, die den kreativen Potentialen in der Welt zur Wahrheit, Schönheit und Güte verhilft. Seine Allmacht ist keine gegengewaltige Macht über alle anderen Mächte, sondern die Relativierung aller Mächte und Gewalten zu einer Not wendenden Kreativität. Das schafft das Leiden nicht ab, aber es gibt ihm einen anderen Rahmen – den der Neuschöpfung. Gott reagiert auf das Leiden, indem er Neues erschafft. Die Erlösung der Welt ist ein Prozess ihrer Neuschöpfung. Die Theodizeefrage wird durch diese Neuschöpfung geradezu aufgelöst, womit man nicht sehr weit vom biblischen Konzept der Apokalypse des Johannes entfernt ist.

Eine solche Relativität von Gott und Welt in der jeweiligen Kreativität einer Wirklichkeit, die den *locus theologicus* in den Prozessen der Welt markiert, führt zu einer veränderten Begriffsbestimmung Gottes, die für eine klassische Theologie ebenso gewöhnungsbedürftig ist, wie sie ihr problematisch erscheint. Aus einem absolutistischen Substanzgott wird ein Gott der Relativität. Dazu der dritte Punkt:

3. Die drei Naturen Gottes – die Überwindung der Relativierung Gottes durch die Relativität Gottes

Wenn man von Gottes Schöpfung als sich ausdeutendem Herkunftsgeschehen und nicht als eine sich letztlich nur selbst genügenden Ursprungsmanifestation spricht, dann steht man vor einem Relativismusproblem. Eine selbstgenügsame Ursprungstheologie hat das natürlich nicht; allerdings hat ihr Sinn nur Bedeutung für sich selbst und ihr Weltentstehungsdiskurs kommt entsprechend ohne Konfrontation mit den ganz anderen naturwissenschaftlichen Perspektiven aus. Diese Konfrontation würde sie auch in eine unaufhaltsame Relativierung stürzen, weil ihre Ursprungspräsentation den Daten über den Ursprung des Universums auch nicht annähernd Genüge tun könnte.

Whiteheads Philosophie versucht dagegen das Relativismusproblem zu lösen, indem er dieses Anfang-Setzen – „initial conceptual aim“ als ein ‘hybrid physical feeling’ in der Sprache des Whiteheadschen Kategorienschemas (PR 225/343/d 411) – auf den begrifflichen Pol des actual entity bezieht, in den Gottes Präsenz einbezogen ist. Gott ist jene Größe, die über all die Begriffe verfügt, die nötig sind, um zu dem, was es gibt, einen wirklichen Anfang zu setzen. Er verfügt über die ‘eternal objects’, die von Whitehead sehr bewusst den platonischen Ideen nachgeahmt sind und die unverzichtbar für den jeweiligen begrifflichen Pol in der ‘concrescence’ einer Wirklichkeit sind. Insofern ist Gott auch souverän und kann je nach Idee, die er zur Verwirklichung freigibt, dem Lauf der Dinge mit einem Neuanfang eine andere Richtung geben. Die neue Schöpfung setzt konkret und partikular an und kommt kreativ zum Zug, der sich schließlich in Gottes Poesie der Welt vollendet. Das Reich Gottes, die soteriologische Kategorie Jesu, und die Rede von Gott, dem Schöpfer, lassen sich hier versöhnen.

Das metaphysisch überraschende Moment dabei ist: Gott wird in der Relativität zu allem, was es an Wirklichkeit gibt, zu einer absoluten Größe. Whitehead nennt diese Absolutheit, die in der Relativität zu fassen ist, die *primordial nature* Gottes. Sie macht Gottes Unbegrenztheit aus. Insofern kann von ihm gesagt werden, dass es nichts gibt, das in ihm nicht schon potentiell angelegt ist: „Viewed as primordial, he is the unlimited conceptual realization of the absolute wealth of potentiality.“ (PR 343/521/d 614) In dieser Primordialität ist Gott mit jedem actual entity unmittelbar verbunden und in ihr ist jeder Prozess ein Werden in Relativität zur primordialen Unverfügbarkeit Gottes.[13]

Wenn man so von Gott spricht, dann fragt sich, was Gott für eine solche Philosophie darstellt. Er ist ebenfalls ein actual entity; er stellt also nicht die substantielle metaphysische Ausnahme dar, sondern ist ein primärer Repräsentant des prozessualen Denkens. Gott ist für die Architektur der Kategorien von Whiteheads *Process and Reality* ein unverzichtbarer Bestandteil; ohne Gott würde das Gewölbe dieses Denkens zusammenstürzen. Die concrescence des actual entity Gott setzt dabei nicht am physischen Pol an wie bei den anderen actual entities, welche die reale Welt ausbilden; Gott setzt sein Werden am geistigen Pol an. Er ist in jedem Beginn eine unfassbare, transzendente Wirklichkeit, aber zugleich wird mit jeder Wirklichkeit dieser transzendenten Unfassbarkeit ein Ort zur Verfügung gestellt, sich konkret zu zeigen und partikular begreifbar zu machen. Die Welt wird in ihren kreativen Ereignissen auf Gott hin transparent. Dieser Transparenz ihrerseits folgt Gott konsequent nach, um die eternal objects seiner Visionen für diesen jeweils aktuellen Knoten, den ein actual entity in der Realität darstellt, auch zu der Realisierung zu bringen, die für die universale kreative Prägung der Welt an dieser partikularen Stelle gerade Not tun. Whitehead nennt das die *consequent nature* Gottes, die dem relativen Geschehen in der Welt einen absoluten Ort bei Gott gibt: „The consequent nature of God is his judgement on the world. He saves the world as it passes into the immediacy of his own life. It is the judgement of a tenderness which loses nothing that can be saved. It is also the judgement of a wisdom which uses what in the temporal world is mere wreckage.” (PR 346/525/d 618)

Man lasse sich als Theologin oder Theologe nicht von diesem Terminus ‘nature’ verwirren; es ist weder ein dogmatisch inkorrekter Begriff für eine Vielheit von göttlichen Wesen noch ein versteckter Versuch, gleichsam einen weichen Gott den harten Naturwissenschaften einzureden. Es handelt sich vielmehr um den Ort, an dem die Relativität von einem der jeweils beiden Pole markiert wird. In der *primordial nature* von Gott her, in der *consequent nature* von der Welt her. Konsequent zu

Ende gedacht muss es dann aber noch diese Relativität selbst geben, die Gott qualifiziert, also die Polarität zwischen Gott und Welt von Gott her. Das ist die dritte 'nature' Gottes, die *superjective nature*. Hier wird Gott zur Relativität, welche die Relativierung überschreitet, weil sie der jeweiligen Relativität den Status einer ultimativen Kreativität gibt: „Die 'superjektive' Natur Gottes ist die Eigenschaft der pragmatischen Bedeutung, die die transzendente Kreativität in den verschiedenen zeitlichen Beispielen qualifiziert." (PRd 174; PR 87/134)

Weder Gott noch Welt können dann in einer cartesischen Weise allein aus sich heraus gedacht werden; sie sind keine Größen, die einer Identifikation in ihnen selbst und allein aus sich heraus zugänglich sind. Vielmehr sind sie an dem Ort ihrer jeweiligen Relativität beschreibbar und die Welt wird dabei von Gott zu einer kreativen Intensivierung ihrer Möglichkeiten ermächtigt. Auf der Basis der Relativität von Gott und Welt kann die Welt nicht zu einer Konkurrentin um die Allmacht Gottes im Namen einer Alleinherrschaft ihres weltlichen Prozesses werden.

Das bedeutet aber auch, dass Gott dann eben nicht im Modus einer Moderne zu verstehen ist, die ihn wie ein cartesisches Subjekt mit dem identifiziert, was er in sich ist, und die alles außerhalb von ihm für eine solche Wer-Identität Gottes als zweifelhaft ausschließt. Die Beobachterposition, die für eine solche Beschreibung nötig wäre, steht Menschen nicht zur Verfügung. Man kann nicht von der Idee einer letztbegründeten Subjektivität auf Gott schließen. Niemand kann Gott von außerhalb betrachten, ohne dass Gott bereits ein Faktor dieser Betrachtung ist. Die Rede von Gott ist prinzipiell relativ von Gott her zu führen; es gibt keine absolute Beobachterposition vor Gott. Die Absolutheit Gottes verlangt die Relativität jeder Rede von ihm zu dieser Rede. Wenn man diese Relativität der Theologie auflöst, wird Gott mit der Rede von ihm verwechselt. Diese Gefahr wächst, je absoluter der jeweilige Gott einer Rede von ihm gesetzt wird. Menschen stehen nun einmal nicht außerhalb eines Gottesverhältnisses, sie können nicht sein Inneres von ihnen selbst her beschreiben. Gott dagegen ist ihnen im Inneren ihrer selbst so innerlich, dass er außerhalb ihres Zugriffs bleibt. Was der menschlichen Beobachtung in Sachen Gott dagegen durchaus zugänglich ist, sind die Relativitäten, die dieser Gott in der Welt eingeht. Er wird von den Orten her fassbar, an denen er mit kreativen Ermutigungen zeigt, wer er ist. Whitehead nennt das ein 'lure for feeling'.[14] Diese Orte sind aber Relativierungsprozesse der bis dahin bestehenden Vernetzung der Realität und qualifizieren die Welt in dieser Veränderung ihrer Wirklichkeit als einen potentiellen Ort der Offenbarung. Gott erschließt sich topologisch, nicht subjektivistisch; ohne solche loci theologici in Raum und Zeit ist die menschliche Subjektivität über ihn bedrückend sprachlos.

Bezeichnenderweise ist diese dritte Natur Gottes, die superjektive Natur, bei den ablehnenden Kritikern der Prozesstheologie wie Kardinal Scheffczyk oder Jürgen Moltmann entweder unbekannt oder unbearbeitet. Sie begreifen beide allein und ausschließlich auf eine moderne Positionierung Gottes zurück, Kardinal Scheffczyk eben in konservativ-restaurativer Weise und Jürgen Moltmann in progressiv-revolutionärer Weise. Scheffczyk behauptet sogar, die dritte Natur Gottes bei Whitehead sei lediglich ein Produkt der wohlmeinenden Interpreten; er verfügt über das oben angeführte Zitat nicht.[15] Moltmann verwahrt sich gegen die Relativität Gottes zur Welt, die superjektiv angesetzt zu einer Gottespräsenz in jedem Prozess der Wirklichkeit führt. Whitehead nennt sie Apotheose der Welt: „Creation achieves the reconciliation of permanence and flux when it has reached its final term which is everlastingness – the Apotheosis of the World." (PR 348/529/d 622) Diesen Terminus 'Vergottung' kann Moltmann nur in einem pantheistischen Modus verstehen: „In ihr verschmelzen Gott und Natur zum einem einheitlichen Weltprozeß, so daß aus der Theologie der Natur eine Divinisation der Natur wird: 'Gott' wird zum umfassenden Ordnungsfaktor des Geschehensflusses."[16] Moltmann rückt selbst Gott und Welt durchaus in eine ökologische Relativität; seine ökologische Schöpfungslehre „impliziert ein *neues Denken über Gott.* Nicht mehr die *Unterscheidung* von Gott und Welt steht in ihrem Zentrum, sondern die Erkenntnis der Präsenz Gottes *in* der Welt und der Präsenz der Welt *in* Gott."[17] Diese Relativität findet im ökologischen Fest des Sabbaths statt. Aber sie kann dort selbst kein Thema mehr sein, weil Moltmann die elementare Zweiheit von Natur und Schöpfung dann offenbarungstheologisch auflöst. Ihm kommt es darauf an, „*Natur als Gottes Schöpfung* zu verstehen".[18]

Diese dritte Natur hat für eine theologische Verwendung der Prozess-Metaphysik Whiteheads jedoch einen sehr speziellen Wert; sie führt nämlich mittels der Relativität eine Größe wieder ein, die in der theologischen Tradition eine primäre Qualifizierung Gottes darstellt: die

Ewigkeit. Sie ist dann aber kein in sich ruhendes und geradezu cartesisch selbst genügsames 'nunc stans'. Der Ort der Ewigkeit ist vielmehr eine prozessuale Wirklichkeit, deren Kreativität immer währt – 'everlastingness', wie Whitehead das auf den letzten Seiten von *Process and Reality* nennt. „In everlastingness, immediacy is reconciled with objective immortality. – Im Immerwährenden wird Unmittelbarkeit mit objektiver Unsterblichkeit versöhnt." (PR 351/532/d 626) Dieser Phase gehen die beiden Phasen der primordialen und der konsequenten Relativität der Welt zu Gott voraus.

Die 'everlastingness' bewahrt bei Gott alles, was es je an Wirklichkeit gegeben hat und zwar im Modus der Erfüllung der kreativen Anteile, die in dem jeweiligen actual entity nicht realisiert wurden. Deshalb muss dieser Modus einer immerwährend kreativen Ewigkeit konsequent prozessual zu Ende gedacht werden: „In der vierten Phase vervollständigt sich der Schöpfungsvorgang. Denn die vollkommene Wirklichkeit geht wieder über in die zeitliche Welt und qualifiziert diese Welt so, dass jede zeitliche Wirklichkeit sie als eine unmittelbar relevante Erfahrungstatsache einschließt. Denn das Reich Gottes ist inmitten von uns. Die Auswirkung der vierten Phase ist Gottes Liebe zur Welt. [...] In diesem Sinn ist Gott der große Begleiter – der Leidensgefährte, der versteht." (PR 351/532/d 626)

Gott begriffen als „the great companion – the fellow-sufferer who understands" lässt sich gar nicht als eine Macht reduzieren, die allein in sich und für sich west. Er ist vielmehr anwesend in allen Prozessen dieser Welt, die eine kreative Neuschöpfung zu ihrer Erfüllung nötig haben. Gott tut gleichsam Not in den offenen Prozessen dieser Welt. Er ist kein cartesisches Subjekt, das allein schon dadurch ist, dass es sich allein in sich selbst denkt. Das mag für Gott und bei Gott möglich sein, aber es ist nicht für Menschen beschreibbar. Das Subjekt Gott ist vielmehr ein Superjekt in jedem Prozess; es ist vor Ort dort als eine schöpferische Macht präsent, die sich zum Präsens einer Erfüllung macht, weil es sich mit der Welt in eine erlösende und bestärkende Relativität begibt.

Aus dieser Sicht resultieren zwei Dinge: Die anfängliche Behauptung, dass es ebenso wahr ist, von der Welt zu sagen, sie erschaffe Gott, wie umgekehrt Gott die Welt erschafft, relativiert Gottes Allmacht nicht. Aber sie qualifiziert diese Macht als eine Relativität zu allem, was Gottes Macht nötig hat: Gott wird in der *everlastingness* seines kreativen Eingreifens in die Welt zu jener Größe, die ihn als Herrn der Geschichte zeigt und ihn nicht einfach in einer verjenseitigten Übergeschichte belässt. Es gehört zum Prozess Gottes von Gott her, sich in dieser Weise von der Welt her in eine Relation stellen zu lassen. Die Relativität Gottes zur Welt ist Ausdruck seiner Erlösung der Welt.

Und zweitens wird die naturwissenschaftliche Vorstellung vom Big Bang als eine typisch moderne Größe erkennbar. Im Standardmodell astrophysikalischer Weltentstehung wird zu jedem Zeitpunkt des Kosmos relativistisch gedacht – nur zum Beginn nicht; der ist cartesisch gestrickt. Die uranfängliche Singularität generiert sich aus sich selbst; sie ist etwas, das zu seiner Existenz keiner anderen Macht bedarf und von keiner anderen Größe relativiert wird. Der naturwissenschaftliche Weltentstehungsdiskurs präsentiert den Urknall wie das letzte Residuum der cartesischen Substanz, die allein sich selbst genügt. Die Ordnung der Dinge dieses Diskurses zeigt sich als ein vorrelativistischer Restbestand einer modernen Selbstvergewisserung wider das bessere Wissen um die offenen Probleme. Die große Singularität steht wie eine in sich ruhende Substanz den relativen Prozessen gegenüber, die, wenn überhaupt, dann nur in sich selbst zu denken wäre. Deshalb ist dieser Ursprung auch immer nur als eine Macht aussagbar, die alles andere in eine kosmologische Ohnmacht treibt. Sie stellt die Matrix für die Konstitution einer Macht, die nur sich selbst dient und allein von sich her agiert. Die physikalischen Probleme und Perspektiven dieser Matrix können hier mangels Kompetenz nicht angesprochen werden. Aber das Machtproblem dieser Singularität beschränkt sich nicht auf Fragen der physikalischen Kosmologie. Der cartesische Zustand dieser Singularität dient einem Wissenserwerb, der zwar einen Willen zur relativierenden Macht hat, aber doch nur, um am Ende in der Aporie einer nicht mehr relativierbaren Ohnmacht zu enden. Es geht bei dieser Kritik nicht darum, die Realität dieser Singularität zu leugnen; das wäre absurd. Aber es geht schon darum, auch für diese Singularität eine relativierbare Dimension namhaft zu machen.

Wer nun von Gottes nachhaltig wirksamem Präsens in dieser uranfänglichen Singularität spricht, bringt damit unweigerlich eine Relativität an diesen Ort hinein. Das nimmt dem kosmologischen Standardmodell nicht seine Erklärungskraft, vielmehr bestärkt es seine Grundperspektive. Und es fügt etwas hinzu: Die Unsagbarkeit, woher der Kosmos stammt, wird sagbar – und zwar nicht mit einer platten Auflösung der Unsagbarkeit in ein Wissen über seinen Ursprung, sondern die Unsagbarkeit wird selbst sagbar. Es wird nicht verschwiegen, worüber man nichts sagen kann. Was man dann nämlich sagen kann, wäre: Der Ort, an dem der Kosmos anfängt, ist die Relativität Gottes mit der Welt. Die Unsagbarkeit des Anfangens dieses Kosmos wird dann zu einer kreativen Unsagbarkeit, die vor einer nicht-relativistischen Singularität eben nicht peinlich verstummen muss. Mehr kann Theologie nicht für dieses offene Problem der modernen Kosmologie leisten. Aber mehr tut darin für sie auch gar nicht Not.

Anmerkungen

[1] *A.N. Whitehead*, Process and Reality. An Essay in Cosmology. Corrected Edition, edited by David R. Griffin and Donald W. Sherburne, New York 1978, 347f/527f; die zweite Seitenzahl stammt aus der ursprünglichen Macmillan-Edition von 1929 und wird in der prozesstheologischen Tradition stets mit angeführt. Im Folgenden wird „Process and Reality" jeweils mit PR im Text unmittelbar nach dem Zitat angeführt. Die deutsche Übersetzung ist *ders.*, Prozeß und Realität. Entwurf einer Kosmologie, übers. u. Nachw. v. G. Holl, Frankfurt 1979; sie wird im Folgenden mit PRd angeführt.

[2] *Kongregation für die Glaubenslehre*, Erklärung *Dominus Iesus*. Über die Einzigkeit und die Heilsuniversalität Jesu Christi und der Kirche, 6. August 2000, Verlautbarungen des Apostolischen Stuhls 148, Bonn 2000.

[3] Vgl. die Anerkennung von Johannes Paul II., dass die Kirche sich hier „ein schmerzliches Missverständnis" (Ansprache von Papst Johannes Paul II. an die Päpstliche Akademie der Wissenschaften am 31. Oktober 1992, in: *Der Apostolische Stuhl 1992*, Vatikan/Köln o.J., 941) geleistet hat.

[4] Eine Ausnahme bilden die Kreationisten, die mit großem finanziellem Aufwand ein Weltbild beweisen wollen, das sie der Bibel unterstellen; vgl. *S. Coleman, L. Carlin* (ed.), The cultures of creationism. Anti-evolutionism in English-speaking countries, Aldershot 2004 und *B. Forrest, P.R. Gross*, Creationism's Trojan horse: the wedge of intelligent design, Oxford 2004. Der Kreationismus gehört unter die fundamentalistischen Projekte des Glau-

bens. Es geht dabei eigentlich auch nicht um die empirische Erklärungskraft theologischer Aussagen, sondern um die Sicherung oder Rückgewinnung gesellschaftlicher Macht für diejenigen, die sich einem biblizistischen Weltbild unterworfen haben. – Vgl. dagegen die beachtlichen Versuche, auf der Höhe von naturwissenschaftlichen Erkenntnissen zu einer vernünftigen Darstellungsweise des Glaubens zu gelangen, von *U. Lüke,* Mensch – Natur – Gott. Naturwissenschaftliche Beiträge und theologische Erträge, Münster 2002; sowie *ders.*, „Als Anfang schuf Gott …" – Bio-Theologie: Zeit, Evolution, Hominisation, Paderborn 1997.

5 *A. N. Whitehead, B. Russell,* Principia Mathematica. Cambridge [2]1927.

6 Für Leben und Werk von Whitehead vgl. *V. Lowe*, Alfred North Whitehead: The Man and His Work, 2 vol., vol. 2 ed. by J.B. Schneewind, Baltimore 1985-1990. Für einen gut gefassten ersten Einstieg in die Basisimpulse von Whiteheads Denken vgl. *R. Faber*, Prozeßtheologie. Zu ihrer Würdigung und kritischen Erneuerung, Mainz 2000, 117-155. Für den aktuellen Stand in der Entwicklung der Prozesstheologie, die in der Auseinandersetzung mit dem Prozessphilosophie Whiteheads entstand, vgl. *R. Faber*, Gott als Poet der Welt. Anliegen und Perspektiven der Prozesstheologie, Darmstadt 2003.

7 Vgl. *A. N. Whitehead*, The Principle of Relativity with Applications to Physical Science, Cambridge 1922, sowie: Einstein's Theory: An Alternative Suggestion, in: *ders.*, Essays in Science and Philosophy, New York 1968, 332-341. Vgl. auch *J. Klose*, Die Struktur der Zeit in der Philosophie Alfred North Whiteheads, Freiburg 2002.

8 *V. Lowe*, Whiteheads Gifford-Vorlesungen, in: *M. Hampe, H. Maassen* (Hg.), Die Gifford-Lectures. Materialien zu Whiteheads ‚Prozeß und Realität', Bd. II, Frankfurt 1991, 75-88.

9 *A. N. Whitehead,* The Concept of Nature. Reprint of the 1920 Edition. Cambridge 1993, 30.

10 *René Descartes*, Die Prinzipien der Philosophie. Übers, und erl. v. A. Buchenau, Nachdruck, Hamburg 1992 (Philosphische Bibliothek 28.8), Teil I, Nr. 51.

11 Vgl. dazu auch die Betrachtung von *J. van der Veken*, Kreativität als allgemeine Aktivität, in: *H. Holz, E. Wolf-Gazo* (Hg.), Whitehead und der Prozeßbegriff. Beiträge zur Philosophie Alfred North Whiteheads auf dem Ersten Internationalen Whitehead-Symposion 1981, Freiburg 1984, 197-206, bes. 200-206. Van der Veken legt Kreativität nicht relativistisch aus, aber hebt sie von einer Substantialisierung klar ab.

[12] Eine solche Lesart entspricht nicht der gängigen Position in der prozesstheologischen Verarbeitung von Whitehead: „Process theology rejects the notion of *creatio ex nihilo*, if that means creation out of absolute nothingness. That doctrine is part and parcel of the doctrine of God as absolute controller. Process theology affirms instead a doctrine of creation out of chaos." (*J. Cobb, D. Griffin*, Process Theology. An Introductory Exposition. Philadelphia, Pennsylvania 1976, 65) Der Grund dieser unterschiedlichen Interpretation liegt im Gottesbegriff; für Cobb und Griffin ist Gott whiteheadianisch gesprochen eine ‚society', kein ‚process'. Sie orientieren sich dabei an der Philosophie von *Ch. Hartshorne*, Reality as Social Process. Studies in Metaphysics and Religion, reprint of the 1953 edition, New York 1971. Dabei wird die Relationalität der Prozessualität übergeordnet.

[13] „It derives from God its basic conceptual aim, relevant to its actual world, yet with indeterminations awaiting its own decisions." (PR 224/343/d 411)

[14] „The primary element in the 'lure for feeling' is the subject's prehension of the primordial nature of God. Conceptual feelings are generated, and by integration with physical feelings a subsequent phase of propositional feelings supervenes." (PR 189/287/d 351)

[15] „Interpreten seines metaphysischen Gottesgedankens aber haben den hier entstehenden Hiat erkannt und ihn durch Einführung einer 'dritten Natur' zu schließen versucht." (*L. Scheffczyk*, Prozeßtheismus und christlicher Gottesglauben, in: MüThZ 35 (1984) 81-104, 92 und ebenso in *ders.*, Einführung in die Schöpfungslehre, 3., verbesserte und erweiterte Auflage, Darmstadt 1987, 44)

[16] *J. Moltmann*, Gott in der Schöpfung. Ökologische Schöpfungslehre. München ^{2}1985, 91.

[17] *J. Moltmann*, Schöpfung (s. Anm. 16), 27.

[18] *J. Moltmann*, Schöpfung (s. Anm. 16), 35.

Ästhetisch-praktische Vermittlung

Indische Kosmogonien

Katharina Ceming

Kaum eine andere Kultur kennt eine solche Vielzahl von Kosmogonien wie Indien. Um die 240 verschiedenen Schöpfungslehren finden sich dort, was mit dem Wesen der indischen Religion zusammenhängt, das in seinen Lehren und Systemen äußerst vielschichtig ist. In dieser Vielschichtigkeit des Hinduismus lassen sich jedoch zwei Hauptströmungen ausmachen, die sich selbst wieder in unterschiedliche Subsysteme untergliedern: auf der einen Seite sind dies die volksreligiösen Lehren, auf der anderen Seite die Anschauungen des so genannten orthodox-brahmanischen Sanskrit-Hinduismus, der auf den Veden und Upanishads basiert.

Die ältesten Schichten der Veden stammen vermutlich aus der Mitte des zweiten vorchristlichen Jahrtausends. Zusammen mit ihren mystisch-philosophischen Erläuterungen, den Upanishads gehören sie zur Offenbarung, da sie von den Sehern und Dichtern der Frühzeit, den *rishis* und *kavis*, gehört und tradiert wurden. Das Wort Veda ist sprachgeschichtlich mit dem lateinischen Wort 'videre' verwandt, was 'wissen, sehen' heißt. In den Veden ist das heilige Wissen der nach Indien eingewanderten Indeuropäer niedergelegt. Größtenteils bestehen sie aus mythologischen Texten, zum Teil beinhalten sie aber schon philosophisch-spekulative Gedanken. Insgesamt gibt es vier Veden, wovon der erste der Rig-Veda ist. Er enthält die Hymnen, die der Hotar-Priester singt, um die Götter zum Opfer einzuladen. Im Sama-Veda sind die Lieder gesammelt, die vom Utgatar-Priester zum Opfer gesungen werden. Im Yajur-Veda stehen alle Sprüche und Formeln, die der Adhvaryu genannte Priester beim Vollzug der heiligen Handlungen und Opfer aufsagt, während der Atharva-Veda vor allem aus Zaubersprüchen und rituellen Anweisungen für das tägliche Leben besteht. Seine Inhalte veranlassten Forscher zu der Annahme, dass in diesem Veda auch nicht-arisches Gedankengut gesammelt ist.

Im Laufe der Zeit wurden die Inhalte der Veden durch die Brahmana-Texte erläutert. An sie schließen sich philosophische Betrachtungen an, die man als Aranyakas bezeichnet. Sie dienten den Waldeinsiedlern als heilige Texte, worauf ihr Name hinweist: aranyaka heißt 'zum Wald gehörend'. Man hängte sie etwa zu Beginn des ersten vorchristlichen Jahrtausends an die Brahmanas an. In ihnen ging es nicht mehr um die richtige rituelle Praxis, sondern um den mystischen Gehalt der vedischen Texte. In diese Aranyakas sind die verschiedenen Upanishads eingebettet. Bei den Upanishads handelt es sich um die mystisch-philosophischen Erläuterungen der Veden, die in einem Zeitraum vom 8. Jh. v. Chr. bis in etwa ins 15. Jh. n. Chr. verfasst wurden. Das Wissen der Upanishads wurde aber nicht jedem vermittelt, sondern nur demjenigen, der diesen Weg zu gehen bereit war, weswegen sie oft auch als Geheimlehre des Veda bezeichnet werden. Die ursprünglich mehr als 200 Upanishads wurden durch die Tradition zu 108 zusammengefasst, weil 108 in Indien eine heilige Zahl ist.[1] Spekulativ bedeutsam sind jedoch nicht viel mehr als zehn Texte. Weil sie am Ende der Veden standen, bezeichnete man sie auch als Vedanta, das Ende des Veda, wobei Ende hier nicht nur zeitlich zu verstehen ist, sondern auch im Sinn von Vollendung.

Diese Ausprägung der indischen Religion hat man im Westen vornehmlich im Blick, wenn man vom Hinduismus spricht. Dies trifft in gewisser Weise heute für Indien selbst zu, denn dort gilt der Glaube an die Veden nach einem Urteil des Obersten Indischen Gerichtshofs als Kennzeichen eines Hindus. Auch wenn die Mehrzahl der Hindus dem vielleicht zustimmen würde, weiß ein Großteil dennoch nicht, was sich hinter den Veden wirklich verbirgt, weil sie noch nie einen Blick hineingeworfen haben, was damit zusammenhängt, dass sie entweder des Sanskrits und seiner vedischen Vorformen oder sogar des Lesens unkundig sind, bzw. dass ihnen aufgrund ihrer niederen Kastenabstammung mehr als 3000 Jahre lang das Studium dieser Texte untersagt war.

Vom so genannten orthodoxen Hinduismus unterscheiden sich die volksreligiösen Vorstellungen z.T. erheblich. da in ihnen noch viele Aspekte autochthoner Religionsformen lebendig sind, die eine andere Ausrichtung haben. Die persönliche Frömmigkeit und der direkte Kontakt des Einzelnen zur Gottheit stehen hier oftmals im Vordergrund. Günther Sontheimer unterteilt den Hinduismus aufgrund dieser offensichtlichen Vielfalt in sechs verschiedene Strömungen: den brahmanischen, den asketisch-mystischen, den frömmigkeitsorientierten, den volksreligiösen, den modernen Reformhinduismus, sowie den Hinduismus der Waldstämme und Nomaden.[2] Entscheidend ist dabei, dass diese Ausrichtungen nicht unverbunden nebeneinander stehen, sondern sich gegenseitig beeinflussen und durchdringen. Es ist nahe liegend, dass die verschiedenen kosmogonischen und kosmologischen Lehren Indiens maßgeblich von dem Milieu, aus dem sie stammen, geprägt sind. Während die volksreligiösen Texte meist einfach strukturiert sind, vertreten die brahmanischen Texte oftmals sehr komplexe philosophische Spekulationen, die je nach Tradition selbst wieder inhaltlich differieren.

Aufgrund der philosophisch-theologischen Bedeutung der vedisch-upanishadischen Tradition wird sich dieser Beitrag ausschließlich mit auf diesen basierenden kosmologischen Lehren beschäftigen. Eingangs sollen dabei zunächst die jüngeren Anschauungen der sechs als orthodox (*astika*) geltenden philosophisch-religiösen Systeme, die *darshanas* heißen, vorgestellt werden. Als orthodox gelten sie, weil sie die Autorität der Veden anerkennen, womit ihre Übereinstimmung auch schon mehr oder weniger erschöpft ist. Von dort aus geht es zu den älteren Kosmogonien der vedisch-upanishadischen Tradition, um abschließend einen der ältesten Texte der Veden, den Rigveda 10,129, etwas eingehender vorzustellen. Dabei ist stets im Gedächtnis zu behalten, dass diese Lehren zwar aus dem Milieu des orthodoxen Sanskrithinduismus stammen, jedoch nicht die Anschauungen der Mehrzahl der Hindus widerspiegeln.

2. Überblick über die sechs orthodoxen Schöpfungsvorstellungen

Zu den sechs *darshanas* zählen der Vedanta, die Purva-Mimansa, das Vaisheshika, der Nyaya, der Yoga und das Sankhya. Aufgrund der unterschiedlichen metaphysischen Lehren, die sie vertreten, differieren natürlich auch ihre Schöpfungsvorstellungen erheblich. Yoga und Sankhya sind in ihrer ontologischen Grundlage dualistisch. Der Unterschied zwischen beiden Systemen liegt darin, dass der Yoga streng theistisch ist, während das Sankhya atheistisch ist. Die beiden Grundprinzipien des Sankhya sind *prakriti*, die Natur, die aktiv und nicht empfindungsfähig ist, und *purusha*, der Geist, welcher inaktiv, aber empfindungsfähig ist. *Prakriti* konstituiert sich aus drei Eigenschaften, den so genannten *gunas*. Dazu zählen das Reine/Seiende (*sattva*), das Scharfe/Leidenschaftliche (*rajas*) und das Dumpfe/Triebhafte (*tamas*). Sie sind für die verschiedenen Eigenschaften in allem Existierenden verantwortlich. Das *guna*, das bei einer Sache dominiert, bestimmt auch deren Natur. Bei der Verstrickung des Geistes in die Natur (*prakriti*) überführt dieser durch Hervorbringung eines Ungleichgewichts ihrer drei *gunas* diese von ihrem unmanifestierten (*avyakta*) in ihren manifestierten (*vyakta*) Zustand. Das heißt: Werden findet erst dann statt, wenn sich die *gunas* nicht mehr im Gleichgewicht befinden und eines dominiert. Wie sich jedoch ein inaktiver Geist in die *prakriti* verstricken kann, dass es zu einer Bewegung der *gunas* und damit zur Entstehung kommt, kann das Sankhya nicht so recht erklären.

Das Yoga-System basiert wesentlich auf den Anschauungen des Sankhya, auch wenn es streng theistisch ist, dennoch ist Ishvara, was so viel wie Herr heißt, nicht der Schöpfer der Welt, da sich seine Perfektion, Liebe und Güte nicht in Einklang mit der Mangelhaftigkeit und Leidhaftigkeit der Welt bringen lässt. Die Existenz des ewigen Kosmos basiert auf der *prakriti*, wie es auch im Sankhya gelehrt wird. Aus Unwissenheit verbindet sich der *purusha* (Geist) mit der *prakriti* (Natur) und verstrickt sich in sie. Befreiung heißt, sich daraus wieder zu lösen.

Vaisheshika und Nyaya gelten als pluralistisch und realistisch. Trotz ihrer materialistisch-pluralistischen Anschauung kennen sie eine Gotteslehre. Allerdings scheint der Gründer des Vaisheshika, Kanada, noch ohne die Vorstellung eines Schöpfergottes ausgekommen zu sein. Erst die späteren Denker sahen es als Notwendigkeit an, dass es einen Gott geben müsse, der die ewigen Atome lenkt und formt. „Anders als der Sankhya (sic.), der den Ursprung der Welt auf ausschließlich eine Quelle zurückführt, nämlich auf prakriti, das (sic.) sowohl als Material- als auch als Wirkursache dient, erklärt das Nyaya-Vaisheshika-System, das pluralistischer Realismus ist, den Ursprung der Welt, indem es Gott als Wirkursache anerkennt, während die Atome der Luft, des Feuers, des Wassers und der Erde als Materialursache dienen.“[3] Die Atome selbst sind im Gegensatz zu dem, was sie konstituieren, ewig und nicht-zusammengesetzt. Nur das Zusammengesetzte ist veränderlich und vergänglich. Durch die Kombination der Atome schuf Ishvara diese Welt und alles in ihr Existierende. Die individuellen Selbste der Menschen, die sehr an die leibnizschen Monaden erinnern, sind hier ebenso ewig gedacht. Sie verbinden sich entsprechend vorausgegangener Taten mit einem Körper. Erlösung bedeutet aber auch in diesem System Befreiung vom Leiden, das durch das Dasein bedingt ist. Der Zustand der Befreiung ist ewige Glückseligkeit. „Moksha [Befreiung] bezeichnet keine Vernichtung des Selbsts, sondern lediglich die Zerstörung seiner Gebundenheit.“[4]

Das eher realistische System der Purva-Mimansa ist vor allem ritualistisch ausgerichtet und dient der Rechfertigung des vedischen Opfers. „Es glaubt an die Realität der Außenwelt und außerdem an die Existenz der Seelen, an Himmel, Hölle und Götter, gegenüber denen Opfer nach den vedischen Anleitungen durchgeführt werden sollen. Die Seelen sind ewig; die materiellen Elemente, durch deren Kombination die Welt gemacht wurde, sind ebenfalls ewig.“[5] Die Mimansa kennt jedoch keine Schöpfungslehre, da sie die Welt für ewig hält. Die Welt ist weder entstanden noch wird sie vergehen. Alles Existierende ist ewig, auch wenn sich dessen Eigenschaften ändern können. Es kann damit nie etwas wirklich Neues entstehen. Alles, was wird, ist nur eine Wandlung des bereits Existierenden. „Das Gesetz des karma [Ursache-Wirkungszusammenhang] regelt das Leben und das Schicksal eines Individuums in Relation zu den Gegenständen der Welt, und deswegen braucht es keinen Gott …“[6]

Die philosophische Interpretation des vedischen Opferglaubens bietet der Vedanta. Der Vedanta unterteilt sich noch einmal in mehrere Richtungen, von denen der non-dualistische Advaita-Vedanta Shankaras besondere Bedeutung erlangte. Vedanta und Purva-Mimamsa haben von allen sechs Systemen den engsten Bezug zu den Veden und den Upanishads, den heiligen Schriften des Hinduismus, in denen sich ebenso eine Vielzahl von Schöpfungsvorstellungen finden, weswegen Vedanta und Purva-Mimamsa eine besondere Hochschätzung erfahren. Das klassische Vedanta-System, das Badarayana in seinem Brahma-sutra niederlegte, lehrt, dass das rein geistige Brahman die absolute Wirklichkeit ist, welches die Welt, hervorbringt. Diese Lehre des Badarayana erfuhr in den verschiedenen Schulrichtungen des Vedanta eine unterschiedliche Ausdeutung.

Für Ramanuja und seinen Vishistadvaita – Vishistadvaita kann mit 'eigenschaftsbehafteter Non-Dualismus' wiedergegeben werden – folgte daraus, dass nicht nur Brahman, sondern ebenso die Welt, die aus diesem hervorgeht, real ist, da nämlich auch die Natur (*prakriti*) trotz ihrer Abhängigkeit von Brahman ewig ist. Eine noch strengere dualistische Unterscheidung zwischen absoluter Wirklichkeit (Brahman), Welt und Seele vollzog der Dvaita-Vedanta, der zweiheitliche oder duale Vedanta, des Madhva. Madhva differenzierte so sehr zwischen diesen drei Größen, die er alle als ewig betrachtete, auch wenn Brahman das höchste Prinzip darstellt, dass es niemals zu einer Vereinigung der Seele mit Brahman kommen kann.

Eine radikal andere Vorstellung pflegte diesbezüglich der Advaita-Vedanta, die spekulativ bedeutendste Schule des Vedanta, deren Name so viel wie Non-Dualismus bedeutet. Die in den anderen beiden Systemen angenommene Realität der Welt wird von ihm nicht akzeptiert. Für den Advaita-Vedanta ist der Glaube an die Realität der Welt eine falsche Sicht der Wirklichkeit. Brahman als das Ewige und Unwandelbare, das frei von Relationen ist, kann nicht Ursache der Welt sein. Die Welt ist eine Erscheinung Brahmans, die durch maya erzeugt wird. Sie ist eine Umwendung (vivartavada) und keine Emanation (parinamavada) Brahmans.[7]

3. Die vedisch-upanishadischen Schöpfungsvorstellungen

Die Veden bieten eine Vielzahl von Schöpfungsvorstellungen, die jedoch alle der Frage nach dem Woher der Welt nachgehen. Zum Teil wird die Schöpfung als Werk eines Gottes gedacht. „Der ist öfters nur eine Art Personifikation einer natürlichen Kraft, eines der machtvollen Elemente *Agni*, des Feuers, *Savitar* der Sonne, oder *Tapas*, der schöpferischen Glut, um die wichtigsten zu nennen."[8] Daneben gibt es Texte, die von einer Schöpfung durch das Wort oder durch das Opfer oder durch ein weibliches Prinzip sprechen. Typisch für die sehr frühen Spekulationen ist die Tendenz, Schöpfung und schöpferisches Prinzip auf einer Ebene zu verorten. „Die Frage nach dem eigentlichen Schöpfer, dem Baumeister oder Vater der Welt, wurde vielfach als Geheimnis oder Problem behandelt. Sollte man ihn innerhalb oder außerhalb des Kreises der bekannten Volksgötter suchen?"[9] Das Problem, das es zu lösen galt, war die Frage, wie die Götter, die nicht selten als ein Erzeugnis von Himmel und Erde gedacht wurden, deren Erzeuger sein können. In vielen Hymnen spielte man gerade mit diesem Paradoxon, dass das Erzeugte gleichzeitig Erzeuger ist.

Eine Bestimmung der Erschaffungsrelation versucht z.B. Rigveda 1,89,10 zu liefern, wo von der Göttermutter Aditi, was so viel wie die Ungeteiltheit bedeutet, die Rede ist. Sie selbst wird zum Himmel, zur Erde, zur Mutter, zum Vater und zum Sohn in einer Person. Das Prinzip von Erzeuger und Erzeugtem, das sich wechselseitig bedingt, wird im Zusammenhang mit Aditi im Rigveda 10,72 noch einmal aufgegriffen, wo zu Aditi noch Daksha, was so viel wie Vermögen heißt, hinzutritt. Karl Geldner interpretiert diese Passage dahingehend, dass es sich hier um zwei Potenzen handelt, die beide zusammen zur Schöpfung notwendig sind. Aditi repräsentiert das Weibliche, während Daksha für das Männliche steht.[10]

Eine spekulativ neue Richtung wird hingegen dort angedacht, wo das Schöpfungsprinzip nicht mehr in die Schöpfung verwoben ist. Schöpfer ist das namenlose Eine, das weder erkannt noch ausgesagt werden kann. Diese Vorstellung wurde vor allem in der upanishadischen Tradition aufgegriffen und ausgeweitet. „Er war der Urkeim, den die Wasser bargen, | In dem die Götter all versammelt waren, | Der Eine, eingefügt der ew'gen Narbe, | In der die Wesen alle sind gewurzelt. || Ihr kennt ihn nicht, der diese Welt gemacht hat, | Ein andres schob sich zwischen euch und ihn ein; | Gehüllt in Nebel und Geschwätz umherziehn | Die Hymnensänger, ihren Leib zu pflegen."[11] Wie im Rigveda 10,129 ist dieses Eine in sich geteilt als das Eine, das allem vorausgeht, und als der Urkeim, der die Welt schafft. Als das schöpferische Prinzip ist es nun schon aus sich herausgetreten und ruht keimhaft in den Urwassern.

Dieses Eine bringt durch einen Akt der Selbstbefruchtung oder -teilung die Welt aus sich hervor, die dort potentiell eingefaltet ist. Ein beliebtes Bild hierfür ist der Mythos vom goldenen Keim oder Ei, dem Hiranyagharba, der ja bereits im gerade zitierten Text vorkam. „Als goldener Keim ging er hervor zu Anfang; | Geboren kaum, war einziger Herr der Welt er; | Er festigte die Erde und den Himmel, – | Wer ist der

Gott, daß wir ihm opfernd dienen?"[12], fragt der Dichter des Rigveda 10,121. Der Grund für die Schöpfung ist der Wunsch dieses Einen zur Selbstverwirklichung durch ein Nachaußentreten. Dieser Gedanke wird sowohl in den späteren Brahmanatexten als auch in den upanishadischen Schöpfungsvorstellungen immer wieder thematisiert. „Er [Brahman] begehrte: 'Ich will vieles sein, will mich fortpflanzen.' Da übte er Kasteiung. Nachdem er Kasteiung geübt, schuf er diese ganze Welt, was irgend vorhanden ist."[13] Oft ist es dort Atman oder Purusha, der kosmische Urmensch, der den Wunsch nach Bewusstwerdung verspürt und deshalb aus sich heraustritt und schafft.[14] Der Gedanke von der Schöpfung aus dem unerkennbaren Einen, das jenseits von allem steht, das von niemandem erkannt werden kann und das Welt schafft durch den Wunsch aus sich heraus zutreten, wird in grandioser Art und Weise im Rigveda 10,129 thematisiert.

4. Der Schöpfungshymnus des Rigveda 10,129

Der vorliegende Schöpfungshymnus des Rigveda stammt vermutlich aus dem 12./10. Jh. v.Chr., wobei eine genaue Zuordnung nicht möglich ist. Es handelt sich hier um die vielleicht beeindruckendste kosmologische Spekulation in der Geschichte der Menschheit, die durch ihre philosophische Reflexion besticht. Die Lehren dieses Textes sind also keine Zusammenfassung und Quintessenz des gerade Dargestellten, sondern dessen Grundlage.

> „Weder Nichtsein war noch Sein war damals, / weder der Luftraum noch der Himmel darüber. / Was wirbelte umher, wo, unter wessen Schirm/Obhut? War da Wasser/Nebel? Bodenloser Abgrund. / Weder Tod noch Unsterblichkeit war damals, nicht Zeichen von Tag und Nacht. / Es atmete atemlos aus Eigenkraft / Dieses Eine; irgend etwas anderes war jenseits von Diesem nicht vorhanden. / Im Anfang war Dunkelheit von Dunkelheit verhüllt; unterschiedslose Salzflut war all dies; / was als Leere(s)/Wirksames von Leere(m)/Raum verborgen war, wurde durch die Macht (glühen)der Anstrengung als das Eine geboren. / Verlangen überkam Dieses am Anfang, was des Denkens Primärsame/Urfluß war. / Die Anknüpfung des Seins im Nichtsein fanden im Herzen forschend die Dichter/Weisen

> durch Denken/Sinnen. / Quer/horizontal hindurch gespannt deren Richt-/Meßschnur; war denn ein Unten, war denn ein Oben? / Besamer waren, Expansionskräfte waren, Eigenkraft nach unten, Ausdehnung nach oben. / Wer weiß es sicher, wer kann es hier verkünden, wodurch sie entstanden, woher diese Emanation kam? Die Götter [kamen erst] herbei durch die Emanation dieser [Welt]; wer weiß dann, woraus sie geworden? / Woraus diese Emanation geworden ist, ob sie geschaffen wurde oder ob nicht –/ der, welcher Auf-Seher dieser [Welt] im höchsten Himmel ist, der allein weiß es, es sei denn, auch er weiß es nicht."[15]

Entscheidend an diesem Hymnus ist, dass er nicht so sehr kosmologisch, sondern eher transzendental argumentiert. Meine Interpretation versucht besonders diesen Aspekt zu berücksichtigen.[16] Dass es andere mögliche Auslegungsformen geben kann, wird keinesfalls bestritten. Wir können hier verschiedene Strukturelemente der Wirklichkeit erkennen, die notwendig für eine Weltbeschreibung sind: ein reines, eigenschaftsloses, in sich ruhendes Absolutes, das als Bedingung der Möglichkeit für Schöpfung fungiert, ohne selbst jedoch schöpferisch zu sein; ein Impuls, der dafür sorgt, dass dieses in sich ruhende Eine aus sich heraustritt; der Vorgang des Heraustretens, und das Resultat dieses Hervorgangs.

Eingangs betont der Hymnus, dass weder Sein noch Nicht-Sein war. Dieses jenseits aller Entitäten 'Befindliche' ist das reine in sich ruhende Absolute, das im Folgenden als bodenloser Abgrund und (Salz-)Flut bezeichnet wird. Hier ist von einer Entstehung noch nichts zu sehen, es gibt weder Tag noch Nacht, noch den Luftraum, den Himmel und die Erde, die drei Stufen der Welt. Auch ein Hüter der Welt ist nicht zu erkennen. Denn dieses als weder Sein noch Nicht-Sein Bezeichnete ruht unausgefaltet in sich. Es kennt weder Tod noch dessen Gegenteil die Unsterblichkeit. Nichts Duales ist in diesem Zustand existent.

Die zweite Strophe bringt nun einen weiteren Aspekt. Sie spricht von einem Einen, das atemlos aus eigener Kraft atmet und außer dem nichts Zweites vorhanden ist; reine Finsternis, die von Finsternis umhüllt ist. Man könnte dieses Eine nun mit dem eingangs genannten weder Sein noch Nicht-Sein, welches der ungründige Abgrund der Salzflut ist, identifizieren. Man könnte es aber auch als eine erste Form des beginnenden Heraustretens aus der Ununterschiedenheit verstehen. Das atemlos atmende Eine wäre demnach der Beginn, an dem sich das Absolute schon in einer ersten Potenz der Differenzierung artikuliert, indem es aus eigener Kraft atemlos zu atmen beginnt, also etwas tut. Dass seine erste Artikulationsform gerade das Atmen ist, ist natürlich kein Zufall. Atmen ist der urgeistige vitale Prozess. Ohne Atem gibt es kein Leben. Das atemlose Atmen verweist dabei auf den immer noch rein geistigen in sich verweilenden Aspekt. Karl Geldner formuliert dies folgendermaßen: „Es atmete d.h. es lebte, nicht physisch, sondern rein geistig, daher ohne die wahrnehmbare Luft des Hauches, nur innerlich, svadháya.“[17] Der Hauch, der Atem, ist nicht nur Geist, sondern er beseelt und belebt auch.

Ein schönes Beispiel diesbezüglich findet sich auch im Schöpfungsbericht des Alten Testaments, wo davon die Rede ist, dass der Geist über den Wassern schwebt. Im alttestamentlichen Bericht ist der Geist allerdings nicht mehr die erste Manifestation der ununterschiedenen Salzflut, sondern Geist Gottes, da die große Flut eher das chaotische Prinzip repräsentiert, das in der babylonischen Tradition Tiamat ist. Das lebensspendende Prinzip des Geistes taucht aber noch einmal in Gen 2,7, dem älteren Schöpfungsbericht, auf, wo Gott seinen Geist dem Menschen einhaucht und ihn dadurch lebendig macht. Doch zurück zum Rigveda.

Das ununterschiedene Absolute entwickelt den Drang zu werden, bzw. im Atmen des Atemlosen manifestiert sich der Drang zu werden. Damit geht es aus der Potentialität in eine erste Aktualität über. Dieses atemlos atmende Eine steht zwischen der Salzflut und dem Keim, aus dem die Schöpfung hervorgeht. Das reine Absolute, das im Moment des atemlosen Atmens das Eine wird und damit schon erste potentielle Aspekte der Differenzierung in sich trägt, möchte jetzt Werden und lässt sich durch hitzige Glut als Keim gebären. Es tritt nun gänzlich in die Aktualität über. Das Verlangen zu werden, war der erste Keim des Denkens. ‘Ich will werden.’ Im reinen Denken oder man müsste besser vom reinen Bewusstsein sprechen, wurzelt der Keim oder Same für alle weitere Schöpfung. Wir befinden uns immer noch in einer rein geistigen Ebene für alles Werden.

Aus diesem Keim geht nun die Schöpfung hervor, die in dem Moment existent ist, wo die Weisen durch Sinnen das Band, das Sein und Nichtsein verbindet, im eigenen Herzen fanden.[18] Das Sein, von dem hier die Rede ist, ist das rein Geistige, während das Nicht-Sein der abgrundlose Ursprung ist.[19] Im Bewusstsein, d.h. im reinen Denken sind beide verbunden und als Welt zu erkennen. Ich darf hier an Parmenides erinnern, der ebenso wie Rigveda, die Welt als Resultat des geistigen Durchdenkens betrachtet. Im Denken entsteht Dualität und Differenz, die notwendig für die Pluralität des Geschaffenen ist. Erst durch das Denken differenziert sich die Wirklichkeit aus. Denken schafft Zweiheit und Gegensätze, die notwendige Konstituenzien der Weltwirklichkeit sind. Ohne diese wäre nichts zu erkennen, da Erkenntnis immer dual organisiert ist.

Nachdem der Weltschöpfungsprozess bereits im Gange ist, entstehen nun die Götter. Sie selbst werden als geschaffen gedacht und sind nicht für die Schöpfung der Welt verantwortlich. Was realiter bedeutet, dass sie keine absolute Position inne haben, da auch sie nur entstanden sind. Diesen Gedanken griff auch Buddha auf, der zwar nie die Existenz der Götter leugnete, ihnen aber für die Befreiung des Menschen keine Bedeutung zumaß, weil sie selbst nur ein Teil des kosmischen Geschehens sind. Wie soll jemand oder etwas den Weg zum Heil weisen können, der oder das selbst nicht erlöst ist? In der späteren hinduistischen Purana-Tradition[20] wurden die verschiedenen Hochgötter in den jeweiligen Schulrichtungen jedoch mit dem Absoluten selbst identifiziert, so dass je nach Schule Shiva oder Vishnu oder Brahma als Weltenschöpfer galt.

Der beeindruckendste Aspekt des gesamten Hymnus, neben seiner transzendentalen Struktur, findet sich nun aber im Schlussteil. Denn hier taucht eine Skepsis bezüglich aller Welterklärungsmodelle auf, die einzigartig ist. So heißt es gegen Ende: „Wer weiß es sicher, wer kann es hier verkünden, wodurch sie entstanden, woher diese Emanation kam? Die Götter [kamen erst] herbei durch die Emanation dieser [Welt]; wer weiß dann, woraus sie geworden?/ Woraus diese Emanation geworden ist, ob sie geschaffen wurde oder ob nicht –/ der, welcher Auf-Seher dieser [Welt] im höchsten Himmel ist, der allein weiß es, es sei denn, auch er weiß es nicht.“ Die Frage nach dem Woher des Kosmos ist nicht zu beantworten. Die Menschen wissen es nicht, die Götter wissen es nicht, ja nicht einmal der Aufseher im höchsten Himmel scheint es zu wissen.

In diesem Schluss des Rigveda manifestiert sich seine ganze Wucht und denkerische Größe. Der Dichter dieses Hymnus wollte sicherlich nicht zum Ausdruck bringen, dass er die Frage nach dem letzten Ursprung nicht beantworten kann, weil ihm noch das naturwissenschaftliche Know-How fehlt, sondern, dass sie generell unbeantwortbar ist, da es sich hier um ein Strukturproblem des menschlichen Denkens handelt.[21] Oder um mit Karl Jaspers zu sprechen: „wir sind trotz aller Wissenschaft im Grunde nicht einen Schritt weiter als dieser alte Weise in Indien.“[22] Nebenbei bemerkt: der Aufweis der Unbeantwortbarkeit einer Sache ist auch eine Antwort, wenn auch eine negative. Weder zukünftige denkerische noch naturwissenschaftliche Modelle werden das Rätsel des absoluten Anfangs lösen können, denn um den letzten Grund zu erkennen, müsste man hinter diesen zurück treten. Gelänge dies, wäre es jedoch nicht mehr der Urgrund, da es ja ein Dahinter-Zurückgehen-gäbe. Damit sind alle kosmologischen Erklärungen bezüglich des Urgrundes unmöglich. Jedes sich absolut verstehende Welterklärungsmodell muss letztlich an diesem Punkt scheitern.

Anmerkungen

1 Eine Aufzählung der 108 Upanishads findet sich bei *P. Deussen*, Sechzig Upanishad's des Veda, Leipzig 1897, 533.

2 *G. Sontheimer*, 'Natur' und 'Kultur' in der Weltsicht des Hinduismus, in: *B. Mensen*, Die Schöpfung in den Religionen, Nettetal 1990, 36-37.

3 *R. Balasubramanian*, Weltursprung, Gottesbegriff und Menschenbild im Hinduismus, in: *P. Koslowski*, Gottesbegriff, Weltursprung und Menschenbild in den Weltreligionen, München 2000, 25.

4 *S. Radhakrishnan*, Indische Philosophie, Bd. 2, Darmstadt – Baden-Baden – Genf 1956, 111.

5 *R. Balasubramanian*, Weltursprung, Gottesbegriff und Menschenbild im Hinduismus (s. Anm. 3), 16.

6 *Ebd.*,19.

7 Cf. *K. Ceming*, Einheit im Nichts, Augsburg 2004, Kap. D.I.2.c.

8 *A.T. Khoury* & *G. Girschek*, Das religiöse Wissen der Menschheit, Bd. 1, Freiburg et al. 1999, 83.

9 *K. Geldner*, Zur Kosmogonie des Rigveda, Marburg 1908, 4.

10 *Ebd.*, 6.

11 *Rigveda* 10,82, in: *P. Deussen*, Die Geheimlehre der Inder, Leipzig 1907, 7.

12 *Rigveda* 10,121 (s. Anm. 12), 4.

[13] *Taittiriya-Upanishad* II,6, in: *P. Deussen*, Die Sechzig Upanishads des Veda). Cf. Brihadaranyaka-Upanishad I,2,1, in: *P. Deussen*, Die Sechzig Upanishads des Veda.

[14] Cf. *Rigveda* 10,90 (s. Anm. 12), 8-9; cf. Brihadaranyaka-Upanishad I,4,1-17, (s. Anm. 14).

[15] Übersetzung: *H.P. Sturm*: Weder Sein noch Nichtsein, Würzburg 1996, VII.

[16] Mein Dank gilt besonders Hans Peter Sturm, mit dem ich in langen Diskussionen verschiedene Interpretationsmöglichkeiten des Rigveda 10,129 durchdenken konnte.

[17] *K. Geldner*, Zur Kosmogonie des Rigveda (s. Anm. 10), 18.

[18] *C. Lindtner,* Madhyamaka Causality, in: Horin. Vergleichende Studien zur japanischen Kultur 6 (1999), 49-50.

[19] In der vedisch-upanishadischen Tradition herrschte immer Uneinigkeit darüber, ob das Urprinzip Sein oder Nichtsein ist. Eine andere, wenn auch gegen die gesamte vedisch-upanishadische Tradition gerichtete Interpretation, könnte dieses Sein aber auch als die Form des Existierenden und das Nichtsein als die reine gestaltlose Materie lesen.

[20] Legendarische Berichte über die Götter, die zwischen dem 6.Jh. n.Chr und dem 13. Jh. n.Chr. zusammengestellt wurden.

[21] Cf. *R. Puligandla*, Consciousness, Cosmology and Science: An Advaitic Analysis, in: Asian Philosophy 14,2 (2004) 147-153.

[22] *K. Jaspers*, Chiffren der Transzendenz, München [4]1984.

„Die Schöpfung“ von Haydn

Marianne Danckwardt

Die Uraufführung von Joseph Haydns „Schöpfung“ am 30. April 1798[1] wurde vom Publikum mit größter Begeisterung und Ergriffenheit aufgenommen.[2] In den folgenden Jahren einte gleichsam ein „Schöpfungs“-Taumel das Publikum öffentlicher und privater Veranstaltungen in ganz Europa,[3] gleichgültig welcher religiösen oder weltanschaulichen Ausrichtung die Zuhörer waren.[4] Beides wohl, Textbuch und Musik (tabellarischer Überblick[5] Anhang 1), hatte den Publikumsgeschmack voll getroffen. Welcher Art musste ein Werk sein, um solchen Erfolg zu haben? Im Textbuch lassen sich unterschiedliche Einflüsse erkennen. Eine Äußerung des Librettisten Baron Gottfried van Swieten[6] weist auf die barocken Wurzeln: Das als Ausgangspunkt verwendete englische Werk, das er recht frei übersetzt habe, stamme „von einem Ungenannten,[7] der es größtenteils aus Miltons verlorenem Paradies zusammengetragen, und für Händel bestimmt hatte.“ Barock ist auch der Bilder- und Kontrastreichtum der Sprache. Dass gegenüber Miltons Epos „Paradise lost“ von 1667 der Sündenfall und der ausgeprägte Kampf zwischen Himmels- und Höllenmächten ausgespart sind[8] – die Darstellung der Schöpfung endet mit dem sechsten Tag –, lässt sich aus dem Blickwinkel der Aufklärung verstehen.[9] Auch spezifisch freimaurerische Elemente sind zu erkennen, etwa in der Bevorzugung der Zahl Drei: drei statt wie im Oratorium üblich zwei Teile, drei Berichterstatter anstelle von einem.[10] Dass im dritten Teil, der fast 30% des Oratoriums umfasst, Adam und Eva als in einem glückhaften Urzustand der Frömmigkeit und Gattenliebe befindlich geschildert werden, lässt außerdem an Jean-Jacques Rousseaus Ideen denken.[11] Nicht vernachlässigbar ist auch der Einfluss der

Ästhetik der Erhabenheit, die durch die Miltonbegeisterung des 18. Jahrhunderts wichtige Impulse erhielt.[12]

Textbuch und Musik verwenden wie auch sonstige Oratorien Elemente der Oper. Das eigentliche Schöpfungsgeschehen wird in Rezitativen, deren Sprechgesang entweder nur akkordisch (secco) oder auch mit Orchestereinwürfen (accompagnato) begleitet ist, geschildert; die Seccorezitative bringen oft wörtlich Bibeltext (in Anhang 1 durch Fettdruck gekennzeichnet).[13] Die Arien basieren auf betrachtenden Texten, die Chöre, vor allem Nr. 26-28, auf Lobes- und Dankeshymnen; alle diese Texte sind reimlos und nehmen häufig – gegen Ende des zweiten Teils allerdings abnehmend – mehr oder weniger engen Bezug auf die Bibel. Einige weitere Eigenschaften des Librettos erinnern an die Gattung Oper: Die Rezitative sind nicht einem distanzierten Historicus, sondern dreien der Erzengel übertragen;[14] die einzelnen Abschnitte – in den ersten beiden Teilen den sechs Schöpfungstagen entsprechend – waren im Textbuch „Auftritte" benannt.[15] Dies alles kam dem Bedürfnis der opernliebenden Zuhörer nach Dramatik entgegen; es wurden sogar Forderungen laut, man müsse das Oratorium szenisch aufführen.[16]

Van Swieten hat in seinem handschriftlichen Textbuch teilweise vermerkt, wie er sich die zu komponierende Musik vorstellte.[17] Haydn hat sich vielfach von diesen Vorschlägen leiten lassen:[18] Einige der Nummern mit populärem Charakter[19] und etliche der Stellen mit Tonmalerei verdanken ihr Aussehen den Anregungen van Swietens,[20] der Haydn vermutlich auch bei den Proben beriet. Die Tonmalerei, eine aus dem Barock stammende Vertonungsweise,[21] kam beim Publikum gut an, genossen doch Georg Friedrich Händels Oratorien, die hierfür ein gutes Vorbild abgaben (z.B. „Israel in Ägypten"), immer noch höchste Wertschätzung. Schier liebevoll wird daher über die „Schöpfung" berichtet: „Da hat bloß d'Musik den Donner und den Blitz ausdruckt, und da hat der Herr Vetter den Regnguß und 's Wasser rauschen ghört, und da haben d'Vögel wirklich gesungen, und der Löw hat brüllt, und da hat man so gar hörn können, wie d'Würmer auf der Erden fortkriechen."[22] Die „Schöpfung" ist reich an solchen musikalischen Bildern (die Kreuze im Anhang 1 kennzeichnen in dieser Hinsicht besonders auffällige Nummern). Eindeutig sind Tonmalereien zu erkennen, wenn die Musik im Text unmittelbar angesprochene charakteristische Geräusche auf klanglicher und/oder rhythmischer Ebene nachahmt oder wenn räumliche

che oder zeitliche Begriffe oder eine geschilderte Bewegung – die ja nichts anderes ist als eine räumliche Änderung in der Zeit – in ihr musikalisches Äquivalent – Höhe und Tiefe für den Raum und Rhythmus für die Zeit – übertragen werden.[23] Im Rezitativ Nr. 21 etwa sind plakative Abschilderungen von Geräuschen, Bewegungen und räumlichen Begriffen – die dort wie meist auch in den anderen Rezitativen schon vor dem Aussprechen des entsprechenden Stichwortes erklingen – besonders zahlreich. In Nr. 30 findet sich ein Beispiel für die Darstellung eines zeitlichen Begriffs: lang gehaltene Töne oder Klänge als Abbild der Ewigkeit. Daneben gibt es auch abstraktere und komplexere, stärker zu Mehrdeutigkeit neigende Tonmalereien: wenn z.B., wie etwa häufiger in Nr. 3, die musikalische Schilderung als pars pro toto steht oder mehrere Abbildungsebenen kombiniert sind.

Doch die „Schöpfung" ist ein Werk voller Widersprüche, und es erhob sich dem Oratorium gegenüber auch bald – und zunehmend – Kritik. Das Werk wurde aus den katholischen Kirchen verbannt,[24] wofür verschiedene Gründe denkbar sind: 1. das Fehlen des Sündenfalls, ja sogar fast jeder Andeutung der Existenz des Bösen in der Welt[25] und damit auch das Fehlen einer der wichtigen Grundlegungen für das Christentum, 2. die im dritten Teil erfolgende Verklärung des weltlichen Paradieses der Liebe,[26] und 3. jene Vergottung der Kunst und des Künstlers, wie sie Haydn selbst schon ansatzweise betrieb[27] und wie er und sein Werk sie von Seiten des Publikums in großem Umfang erfuhren.[28] Doch man kritisierte auch die Qualität des Werkes – den Text, aber auch die Musik. Die oben beschriebenen, vom größten Teil des Publikums hoch geschätzten Tonmalereien stießen auf Ablehnung vieler Ästhetiker. Einige Kritiker witzelten nur: Franz Liszt bemerkte 1855, die Tierbilder seien eine Miniaturausgabe des Buffon (des Äquivalents des 18. Jahrhunderts für Brehms „Tierleben"),[29] und der Schweizer Komponist Franz Xaver Schnyder von Wartensee betitelte 1861 etwa die beiden oben erwähnten Rezitative Nr. 3 und 21 als „meteorologisches" und „zoologisches Rezitativ".[30] Doch es wurden auch grundsätzliche Vorwürfe gegen die musikalischen Abbildungen erhoben, denn Empfindung und Ausdruck und nicht Malerei galten als die ästhetischen Ideale.[31] Vielfach gab man dem Text, der sich kaum anders vertonen lasse, die Schuld an den musikalischen Mängeln.[32] Zwei Formulierungen können uns an die kompositorischen Hintergründe dieser Bewertungen heranführen: Ein Kritiker in der „Zeitung für die elegante Welt" schrieb 1801, die „Schöpfung" sei „nur ein grell kolorirtes Gemählde ohne wahre ästhetische Einheit",[33] und Friedrich von Schiller bezeichnete nach einer Aufführung, die er Neujahr 1801 hörte, das Werk als „charakterlosen Mischmasch".[34] Beide Kritiken sehen also in der fehlenden Einheit des Werkes das Hauptmanko. Die nötige musikalische Mannigfaltigkeit durch vereinheitlichende Elemente auszubalancieren, war vor allem für die Instrumentalmusik, der ja äußerlich Zusammenhaltendes fehlt, eine wichtige Forderung der Zeit.[35] Gerade aber bei den punktuellen Abschilderungen, wie sie etwa für die genannten Rezitative Nr. 3 und 21, aber auch für einige Arien (vor allem Nr. 6 und 15) charakteristisch sind, gibt es kaum eine Möglichkeit, kompositorisch zu vereinheitlichen.

Eine Stelle aus Haydns „Schöpfung" soll ausführlicher besprochen werden: die Erschaffung des Lichts. Schon Baron van Swieten hatte sich in den Randnotizen zu seinem Textbuch für die Vertonung dieser Textstelle Besonderes vorgestellt: „In dem Chore könnte die Finsterniß nach und nach schwinden; doch so daß von dem Dunklen genug übrig bleibe um den augenblicklichen Übergang zum Lichte recht stark empfinden zu machen. *Es werde Licht* &c: darf nur einmahl gesagt werden."[36] Doch Haydn machte weit mehr daraus; die Takte wurden zu den auffälligsten des ganzen Oratoriums.[37] Die Wiener Zuhörer der ersten Aufführung waren von der Stelle wie elektrisiert, so dass das Orchester einige Minuten nicht weiterspielen konnte.[38] Eine Zuhörerin einer späteren Aufführung äußerte sich: „es ist unmöglich, die Wirkung des Augenblicks zu beschreiben ..., das ist erhaben."[39]

Nun sind es aber keine Tonmalereien, die die Wirkung dieser Stelle ausmachen. Licht lässt sich in der Musik ebensowenig wie in der bildenden Kunst unmittelbar nachahmen. Die bildende Kunst ist, will sie diesen Akt der Schöpfungsgeschichte darstellen, auf – nicht einmal allzu aussagekräftige – Symbole angewiesen, weshalb die Lichtwerdung wohl wesentlich seltener thematisiert worden ist als etwa die Erschaffung von Adam und Eva.[40] In Haydns Oratorium wird nicht punktuell der Begriff 'Licht' gemalt, sondern es wird ein Geschehen, das Hereinbrechen eines 'unerhörten' Ereignisses, vor Ohren geführt: „Es w a r d Licht".[41] Hier erweist sich der große Vorteil der Musik gegenüber der bildenden Kunst: dass sie in der Zeit verläuft. Ohne das Vorausgehende, ohne die instrumentale „Vorstellung des Chaos" (siehe Anhang 2, Abschnitt I.) und den Chor, der die Atmosphäre „Und der Geist Gottes schwebte auf der Fläche der Wasser“ einfängt (Abschnitt III.),[42] ist die „Licht“-Stelle nicht verständlich. Die Einheitlichkeit der ganzen Einleitung ist durch ein Auf-ein-Ziel-hin-Ausgerichtetsein gewährleistet – eine Eigenschaft, die sehr viele Instrumentalsätze vor allem Haydns und Beethovens aufweisen. In der Einleitung der „Schöpfung“ sind hierfür in extremem Maße der Musik der Zeit inhärente Mittel genutzt: Voraussetzungen und spezifische Gestaltungsweisen vor allem der Instrumentalmusik, die es vorher – in der Barockmusik und teilweise auch noch in den ersten Jahrzehnten der zweiten Jahrhunderthälfte – nicht gab und die im (späteren) 19. Jahrhundert bereits als abgenützt galten.[43] An wichtigen Voraussetzungen sind zu nennen:

1. Gegenüber der Barockmusik hat sich die Verbindung von Gattung und Besetzung wesentlich gelockert. So ist es möglich, dass die Bibelworte „und Gott sprach: Es werde Licht, und es ward“ als (Accompagnato-)Rezitativ in chorischer Besetzung vorgetragen werden, so dass für das abschließende Wort „Licht“ die volle Kraft eines Chores genutzt werden kann.

2. Die Dynamik, die bis zur Mitte des Jahrhunderts noch mit wenigen Angaben auskam, weil sich die meisten Wechsel – Terrassendynamik, Echos oder das Concertoprinzip mit Solo und Tutti – mit Selbstverständlichkeit aus dem Notentext ergaben, ist nun in voller Verfügung des Komponisten. Bezeichnenderweise beschreibt man nun die extremen Lautstärkegrade mit den Begriffen ‘Licht’ und ‘Schatten’;[44] große Lautstärke dürfte sich schon allein daher als probates Mittel für die Vertonung der „Licht“-Stelle angeboten haben.

3. Für das Komponieren in der zweiten Hälfte des 18. Jahrhunderts haben der Dreiklang und die Dreiklänge der drei Hauptstufen Tonika (als Ruheklang, sowohl mit eröffnender als auch mit schließender Funktion), Subdominante und Dominante (als Spannungsklänge) sowie die durch diese drei Hauptstufen definierte Tonart größte Bedeutung;[45] sie bestimmen entweder weitgehend das harmonische Geschehen oder sind mindestens im Hintergrund präsent. So ist dann, wenn in Abschnitt III. bei „Und der Geist Gottes schwebte“ der Hörer erstmals nicht wie im instrumentalen „Chaos“ durch Dissonanzen und Chromatik verunsichert und durch unerwartete Weiterführungen verwirrt ist,[46] sondern klare lange Durklänge, allerdings noch in der fremden Tonart Es-Dur,[47] wahrnimmt und wenn bei „Und Gott sprach: Es werde Licht, und es ward

Licht" erstmals nach fast zehn Minuten Musik die drei Hauptklänge der C-Tonart – Tonika und Subdominante noch in Moll und erst der Zielklang in Dur[48] – deutlich und ungestört als Kadenz verknüpft sind, gleichsam der harmonische Urgrund der Musik dieser Zeit erreicht.

4. Nachdem in den 50er und 60er Jahren kaum in Moll komponiert wurde – so stehen z.B. die Sinfonien aus dieser Zeit fast ausschließlich in Dur –, hat sich nun Moll wieder etabliert, allerdings anders, fester definiert als in der Barockmusik und in scharfem Kontrast zu Dur stehend, so dass der C-Dur-Klang der „Licht"-Stelle – aus dem zudem eine weitere breite Kadenz erwächst – weitaus auffälliger wirkt als die üblichen Durabschlüsse von Mollkompositionen der Barockzeit.[49]

5. Das Gegeneinander der Tonarten wird, weil sie derart plakativ durch nur drei Klänge festgelegt sind, wichtiger. So entsteht ein ganz starker atmosphärischer Gegensatz zwischen dem Es-Dur des über den Wassern schwebenden Geistes Gottes und dem C-Dur des Lichts (Abschnitt III.).

6. Die Musik der Haydnzeit ist vom Prinzip der regelmäßigen Taktabsteckung getragen; Takt ist stets als metrisches Gerüst präsent, und sei es auch als Widerpart der rhythmischen Abläufe. Klangliche Vorgänge sind mit metrischen verknüpft. Im instrumentalen „Chaos" finden sich viele Verschiebungen gegen den Takt, dazu viele zerfahrene, unregelmäßig ins Metrum eingestreute Motive (die allerdings über die Teile hinweg aufeinander Bezug nehmen), wohingegen ab der Kadenz, die das instrumentale „Chaos" zum Abschluss bringt (T. 56ff. in Abschnitt I. b), ein deutliches Einrasten ins Taktmetrum erfolgt, also metrische Ordnung um sich zu greifen beginnt.

Außerdem ist die Einleitung der „Schöpfung" auch fest verwurzelt in den spezifischen kompositorischen Gestaltungsweisen der Instrumentalmusik der Haydnzeit:

1. Vor allem unter tonalen Aspekten hat die „Licht"-Stelle gewisse Ähnlichkeit mit dem Reprisenbeginn von Sinfoniekopfsätzen u.dgl., also von Sätzen in sog. Sonatenhauptsatzform. Normalerweise ist in solchen Sätzen der mittlere Teil, die Durchführung, tonal instabil und thematisch zerrissen, so dass der darauf folgende, meist durch einige Takte stringent vorbereitete Repriseneinsatz in doppelter Hinsicht – tonal wieder die Grundtonart erreichend und motivisch-thematisch wieder Fuß fassend – die Situation klärt.[50] In der Theorie spricht man wenig später – in einer

dramentheoretischen Interpretation – vom Reprisenbeginn als E n t wicklung oder Entschürzung (dénoûement) nach der V e r wicklung, der Intrige bzw. dem Knoten der Durchführung.[51] Von solchem Entschürzen hat, obwohl hier die thematische Verbindung zum Vorausgehenden fehlt und statt dessen, wie oben unter 3.-5. gezeigt, stärkste Gegensätze aufeinanderprallen, auch die „Licht"-Stelle etwas.[52] Das spätere 19. Jahrhundert hingegen betrachtet den Verlauf von Kopfsätzen nicht mehr als dramatisches Geschehen, sondern als leere formale Hülse, die mit melodisch-thematischen Verwandlungen zu füllen ist; vielfach wird der Repriseneintritt geradezu bewusst verschleiert.

2. Das C-Dur der „Licht"-Stelle lässt entfernt auch an den Einsatz des raschen Teils von Sinfoniekopfsätzen nach langsamen Einleitungen denken. Dieser überwindet mit seiner anfänglichen tonalen Klarheit und thematischen Eingängigkeit die 'Unfertigkeit' der Einleitung, die ganz auf die spannungsreiche Öffnung zum schnellen Satzteil hin angelegt ist.[53]

3. Tatsächlich erinnert ganz konkret vor allem der vorletzte Teil des instrumentalen „Chaos", letztlich aber auch das Vorausgehende an langsame Sinfonieeinleitungen.[54] Diese beginnen üblicherweise mit einem deutlichen, vom Tutti gespielten Tonikagrundton oder -klang – eventuell mit sogleich gegenübergestellter Dominante –,[55] treten dann oft in eine klanglich verschleiernde Partie ein, führen schließlich sehr nachdrücklich, oft mit kleinen Schritten, auf eine durch Dynamik und Länge herausgehobene, meist durch eine nachfolgende Generalpause noch unterstrichene Dominante hin und erzeugen auf diese Weise einen Moment größter Spannung.[56] Diese Eigenarten sind in den Takten 40-49 des „Chaos" (Abschnitt I. a) klar erkennbar; wenn vor T. 50, nach einer raschen Aufwärtsbewegung der Fagottstimme, der Satz abrupt abbricht, könnte anschließend ein schneller Satz beginnen. Dieser kleine Abschnitt ist nun aber gleichsam eine Komprimierung des vorausgehenden Teils,[57] so dass z.B. das dem T. 40 ähnelnde, von der Literatur[58] als „Regungslosigkeit der Massen", unbegrenzter leerer Raum, „Urbeginn aller Zeiten" und „Urknall" interpretierte Anfangsunisono der „Schöpfung" – das übrigens wie auch einige der chromatischen Partien erst in späteren Arbeitsschritten Eingang in die Komposition fand[59] – auch rein musikalisch – im Hinblick auf die sinfonische Musik der Haydnzeit – als 'Urbeginn' verstanden werden kann. Allerdings ist der großen 'langsa-

men Einleitung' des „Chaos" im Gegensatz zu Sinfonieeinleitungen ein Abschluss angehängt: Mit T. 50 setzt noch einmal eine Erinnerung an T. 2 an und führt in eine abrundende Kadenz in Moll (Abschnitt I. b).

4. Damit sich Tongeschlecht, Besetzung und Dynamik auf dem Schlusswort einer Phrase (mit dem Wort „Licht") ändern können, bedarf es einer in den letzten Jahrzehnten des 18. Jahrhunderts gängigen instrumentalen Satztechnik: des Abschneidens eines Schlusses zugunsten eines auffälligen Neubeginns (im Falle der „Schöpfung" Beginn einer breiten C-Dur-Kadenz). Vor allem in der Sinfonik verwendet, dient diese Satztechnik dazu, große Spannungsbögen zu schaffen, da sie das vom Zuhörer erwartete Zur-Ruhe-Kommen verhindert.[60]

Musikalisch ist die Einleitung wohl der stimmigste und einleuchtendste Teil der „Schöpfung": Die Gestaltung, die gänzlich aus Haydns spezifischer kompositionsgeschichtlicher Situation heraus erwachsen ist und in dieser Weise in keiner anderen Epoche möglich gewesen wäre, ist in einem stark abstrahierten Sinn intensive Deutung des Textes. Sie verzichtet auf punktuelle Abbildungen – auf dieses Relikt vergangener Zeiten – zugunsten prozessualer Einheit. Auch textlich hat dieser Teil der „Schöpfung" großes Gewicht: Gerade die Darstellung der Erschaffung des Lichts ist ja Verkörperung der Ästhetik der Erhabenheit[61] und Symbol der Aufklärung, des 'enlightenments'; sie wird aber durch Haydns Vertonung gleichzeitig auch zum religiösen Zentrum. Als einzige nämlich der nicht als Seccorezitativ gesetzten, sondern musikalisch ausgestalteten Partien basiert sie auf Bibeltext – einem Text, der zudem einen besonders wichtigen Akt der Schöpfung zum Inhalt hat: die Erschaffung des Lichts als Lebensnotwendiges, als Geheimnisvolles und damit – nach Psalm 27(26) – auch als Sinnbild für Gott. In ihrer Komplexität eine faszinierende Stelle!

Anmerkungen

1 Dieses Datum aus einem Augenzeugenbericht – s. *H.-J. Horn*, Fiat lux. Zum kunsttheoretischen Hintergrund der „Erschaffung" des Lichtes in Haydns Schöpfung, in: Haydn-Studien 3/2 (1974), 65-84, hier 66 Anm. 3 – geben

z.B. *L. Finscher* (Hg.), Die Musik in Geschichte und Gegenwart, Personenteil 8, Kassel u.a. [2]2002, 966 und *G. Feder*, Joseph Haydn. Die Schöpfung (= Bärenreiter Werkeinführungen), Kassel u.a. 1999, 137. Dass in der Literatur auch andere Daten genannt werden – z.B. bei *A.P. Brown*, Perfoming Haydn's The Creation. Reconstructing the Earliest Renditions, Bloomington 1986, 1 der 28.4., bei ebd. 2 und *G. Kraus*, Booklet zur CD Orfeo C 150 852 H der 29.4., bei *St. Sadie, J. Tyrell* (Hg.), The New Grove Dicitionary of Music and Musicians, London u.a. [2]2001, Bd. 11, 209 der 29./30.4.1798 –, hängt wohl damit zusammen, dass die Proben am 27. und 28.4. bereits vor Zuhörern stattfanden (*G. Feder*, Haydn. Schöpfung [s. oben], 137).

[2] *G. Feder*, Haydn. Schöpfung (s. Anm. 1), 13, 139f.

[3] *M. Stern*, Haydns „Schöpfung". Geist und Herkunft des van Swietenschen Librettos. Ein Beitrag zum Thema „Säkularisation" im Zeitalter der Aufklärung, in: Haydn-Studien 1/3 (1966), 121-198, hier 195 und *G. Feder*, Haydn. Schöpfung (s. Anm. 1), 13, 140-149, 159-178.

[4] *M. Stern*, Haydns „Schöpfung" (s. Anm. 3), 129.

[5] Nach dem bei *G. Feder*, Haydn. Schöpfung (s. Anm. 1), 195-235 abgedruckten Textbuch (aus Platzgründen bei den Psalmen ohne die Zählung der Vulgata). Die Zählung der einzelnen Nummern des Oratoriums nach *H.C.R. Landon*, Haydn: The Years of 'The Creation' 1796-1800 (= Haydn: Chronicle and Works IV), London 1977, 388-390 und der Taschenpartitur Edition Eulenburg (EE 3250), London u.a. [1925].

[6] *M. Stern*, Haydns „Schöpfung" (s. Anm. 3), 134.

[7] Dieser „Ungenannte", bei *G.A. Griesinger*, Biographische Notizen über Joseph Haydn, Leipzig 1810, Reprint Leipzig 1979, 66 „Lidley" genannt, ist bis heute nicht identifiziert..

[8] *G. Feder*, Haydn. Schöpfung (s. Anm. 1), 16.

[9] Ebd. Außerdem lässt sich der Sonnenaufgang (in Nr. 12 und 29 der „Schöpfung") als Symbol des Anbruchs einer neuen, durch die Rationalität erhellten Zeit verstehen; s. die von *G. Feder*, Haydn. Schöpfung (s. Anm. 1), 59 erwähnte Radierung „Aufklärung" Daniel Chodowieckis von 1791/92.

[10] Auch das Verständnis von Gott als Handwerker und Ingenieur, die Verehrung des Lichts (Nr. 1 und die beiden Sonnenaufgänge), die Verkündigung gottebenbildlicher Humanität (Nr. 24) und die Tonart Es-Dur (Nr. 27 und 32) lassen sich freimaurerisch deuten; s. *H.C.R. Landon*, Haydn (s. Anm. 5), 346, 349f., 402.

[11] *M. Stern*, Haydns „Schöpfung" (s. Anm. 3), 143.

[12] *H.-J. Horn*, Fiat lux (s. Anm. 1), 79. Charakteristika für die Erhabenheitsästhetik sind vor allem unvermittelte Übergänge, starke Empfindung, Einfachheit und Einmaligkeit; s. ebd., 84 und allgemein 71ff.

[13] Van Swieten hat für diese Rezitative im Wesentlichen wohl die englische Textvorlage, die sich an die „Authorised or King James Version" der Bibel von 1611 anlehnte, übersetzt; eine Orientierung an der Lutherbibel fand nur ausnahmsweise statt (*G. Feder*, Haydn. Schöpfung [s. Anm. 1], 132).

[14] Diese Änderung ist bereits im ersten gedruckten Libretto vorgenommen, geschah also noch vor der ersten Aufführung; *H.C.R. Landon*, Haydn (s. Anm. 5), 350.

[15] *G. Feder*, Haydn. Schöpfung (s. Anm. 1), 21.

[16] Ebd., 19, 147.

[17] Eine Edition und Besprechung dieser Anmerkungen bei *H. Walter*, Gottfried van Swietens handschriftliche Textbücher zu „Schöpfung" und „Jahreszeiten", in: Haydn-Studien 1/4 (1967), 241-277.

[18] *H.C.R. Landon*, Haydn (s. Anm. 5), 352f. Für ein geplantes drittes, allerdings nicht mehr realisiertes Oratorium wünschte sich Haydn dezidiert solche Anmerkungen des Librettisten, damit dieser genötigt sei, musikalisch zu dichten; *G. Feder*, Haydn. Schöpfung (s. Anm. 1), 133.

[19] Etwa Nr. 18 und 30; s. dazu *H. Walter*, Handschriftliche Textbücher (s. Anm. 17), 254, 256. Besonders deutlich tritt solch populärer Charakter außerdem in Nr. 2 (Anfang und Ende), 24, 32 („Der thauende Morgen") und im pastoralen Charakter von Nr. 8 und 21 (Mittelteil) zutage.

[20] *H.C.R. Landon*, Haydn (s. Anm. 5), 351. Haydn äußerte später selbst sein Interesse an Texten, die reich an Bildern sind; *G. Feder*, Haydn. Schöpfung (s. Anm. 1), 132.

[21] Zur Altertümlichkeit der Tonmalereien s. *G. Feder*, Haydn. Schöpfung (s. Anm. 1), 185.

[22] Bericht des Wiener Volksschriftstellers Joseph Richter in seiner Wochenschrift "Briefe eines Eipeldauers an seinen Herrn Vetter in Kakran über d'Wiesenstadt", 6. Heft, 1799, 4. Brief, zitiert nach *G. Feder*, Haydn. Schöpfung (s. Anm. 1), 147.

[23] Siehe hierzu ausführlich *A. Riedel-Martiny*, Das Verhältnis von Text und Musik in Haydns Oratorien, in: Haydn-Studien 1/4 (1967), 205-240, insbesondere 224-239. Symbole, z.B. den chromatischen Abwärtsgang als Sinnbild für Kreuz, Sünde, Chaos, Trauer usw. (vgl. hierzu Anm. 46), sollte man von Tonmalereien grundsätzlich unterscheiden, da ihre Wahrnehmung vom Zuhörer Vertrautsein mit ihrer Bedeutung erfordert.

[24] *M. Stern*, Haydns „Schöpfung“ (s. Anm. 3), 129 und *G. Feder*, Haydn. Schöpfung (s. Anm. 1), 13, 101. Von einem konkreten kirchlichen Aufführungsverbot wissen wir allerdings nur – im Zusammenhang mit der einerseits recht naiven und andererseits ganz von Aufklärung und Erhabenheitsästhetik geprägten Rechtfertigung Haydns wegen der Übertretung des Verbots – aus Böhmen; *M. Stern*, Haydns „Schöpfung“ (s. Anm. 3), 131.

[25] Nur an wenigen Stellen nach dem Sturz der Höllengeister in Nr. 2 wird kurz das Böse angesprochen: in Nr. 8, 15, 27, 33; s. dazu *M. Stern*, Haydns „Schöpfung“ (s. Anm. 3), 135ff., 180, 187.

[26] *M. Stern*, Haydns „Schöpfung“ (s. Anm. 3), 190. Das Lob der Gattenliebe (Nr. 32) erklingt n a c h dem Lob Gottes (Nr. 30)!

[27] *M. Stern*, Haydns „Schöpfung“ (s. Anm. 3), 131, 193. Vgl. auch das in Anm. 39 gegebene Zitat.

[28] *M. Stern*, Haydns „Schöpfung“ (s. Anm. 3), 195f.; *H.-J. Horn*, Fiat lux (s. Anm. 1), 65, 67f.

[29] *G. Feder*, Haydn. Schöpfung (s. Anm. 1), 181.

[30] *J.X. Schnyder von Wartensee*, Ästhetische Betrachtungen über die Schöpfung. Oratorium von Joseph Haydn, Frankfurt a.M. 1861, zitiert nach *G. Feder*, Haydn. Schöpfung (s. Anm. 1), 80.

[31] Siehe z.B. *J.G. Sulzer*, Allgemeine Theorie der Schönen Künste ..., Erster Theil, Leipzig 1786, Art. „Ausdruk (Schöne Künste)“, 183; „Ausdruk in der Musik“, 197-200, hier 197 und 200; Zweyter Theil, Leipzig 1786, Art. „Gemähld (Musik)“, 285f.; Vierter Theil, Leipzig 1787, Art. „Recitativ (Musik)“, 4-19, hier 9 und 18f. Ein wichtiger Ausgangspunkt für diese in der zweiten Hälfte des 18. Jahrhunderts auch für die Musik wichtige ästhetische Forderung war G. E. Lessings „Laokoon oder Über die Grenzen der Malerei und Poesie“ von 1766, s. *G. Feder*, Haydn. Schöpfung (s. Anm. 1), 182-184. Aufschlussreich sind in diesem Zusammenhang die – auf das geänderte Verständnis des 19. Jahrhunderts hinsichtlich der Tonmalereien hinführenden – Anmerkungen L. van Beethovens zu seiner 6. Symphonie: „mehr Empfindung als Tongemälde“ in den Skizzen und „Mehr Ausdruck der Empfindung, als Malerey“ auf dem Programmzettel der Uraufführung der Symphonie 1808; s. auch *G. Feder*, Haydn. Schöpfung (s. Anm. 1), 186.

[32] *G. Feder*, Haydn. Schöpfung (s. Anm. 1), 187.

[33] Ebd., 181.

[34] *M. Stern*, Haydns „Schöpfung“ (s. Anm. 3), 176; *H.C.R. Landon*, Haydn (s. Anm. 5), 343.

[35] Siehe z.B. *H.Chr. Koch*, Versuch einer Anleitung zur Composition, Teil II, Leipzig 1787, Reprint Hildesheim u.a. 2000, 98-101 und 131-133; Teil III, Leipzig 1793, Reprint Hildesheim u.a. 2000, 54. Derartige Forderungen erfolgten vermutlich auch in Anlehnung an die Philosophie, in der das Begriffspaar Vielheit (Mannigfaltigkeit) - Einheit von jeher eine wichtige Rolle spielte.

[36] *H. Walter*, Handschriftliche Textbücher (s. Anm. 17), 251.

[37] Frühere Werke vertonen eine ähnliche textliche Konstellation gänzlich unspektakulär: Georg Friedrich Händel, „Samson" (1741/42), Chor aus Akt I Szene 2 (Nr. 5) „O first created beam" (The Works of George Frederic Handel, Leipzig o.J., Reprint Farnborough 1966, S. 48f.), Johann Samuel Carl Possin, „Die Schöpfungsfeier oder die Hirten in Midian" (um 1782), Benedict Kraus, „Die Schöpfung" (1789) (Notenbeispiele zu den beiden letztgenannten Werken bei *G. Feder*, Haydn. Schöpfung [s. Anm. 1], S. 43).

[38] *H.-J. Horn*, Fiat lux (s. Anm. 1), 66 Anm. 3. Allerdings störten sich auch einige der Zuhörer an dem kräftigen Fortissimo; *G. Feder*, Haydn. Schöpfung (s. Anm. 1), 42f.

[39] *G. Feder*, Haydn. Schöpfung (s. Anm. 1), 42. Haydn muss um die Wirkung der Stelle sehr wohl gewusst haben, ist doch berichtet, dass er die Seite der Partitur niemandem vor der ersten Aufführung gezeigt hatte und beim ersten Erklingen ausschaute „wie jemand, der sich auf die Lippen zu beißen denkt, entweder um seine Verlegenheit zu hemmen oder auch, um ein Geheimnis zu verbergen. Und in demselben Augenblick, als zum ersten Mal dieses Licht hervorbrach, würde man gesagt haben, daß Strahlen geschleudert wurden aus des Künstlers brennenden Augen."; zitiert nach ebd., 42.

[40] Siehe dazu *H.M. von Erffa*, Ikonologie der Genesis. Die christlichen Bildthemen aus dem Alten Testament und ihre Quellen, Bd. 1, München 1989, 59; vgl. etwa Illustrationen aus der Bibel von Michaelbeuern (Michaelbeuern, Stiftsbibl., Cod. perg. 1, fol. 6) oder der Bibel von Pontigny (Paris, Bibl. nat., Ms. lat. 8823, fol. 1) (s. *W. Cahn*, Die Bibel in der Romanik, München 1982, 158, Abb. 116 und 176, Abb. 137).

[41] Auch Johann Friedrich Reichardt betonte in seinem Bericht über eine Aufführung der „Schöpfung" in Berlin (Allgemeine Musikalische Zeitung vom 21. Januar 1801, 289-296), es handele sich bei dieser Stelle nicht um „mager[e] Pinseleyen ohne Kraft und Gedanken", nicht um „die Historia von der Susanna oder von der Bathseba, die hier abkonterfeyt sein soll" (292). In den Verweisen auf musikalische Historienerzählungen sieht *G. Feder*, Haydn. „Biblische Sonaten" aus dem Jahr 1700 o.ä.

[42] Auch der über den Wassern schwebende Geist Gottes ist übrigens in der Bildenden Kunst nicht gegenständlich, sondern nur symbolisch darstellbar, z.B. durch eine über dem Wasser fliegende Taube. Vgl. *H.M. von Erffa*, Ikonologie (s. Anm. 40), 59.

[43] Vgl. auch *R. Bockholdt*, Über das Klassische der Wiener klassischen Musik, in: ders. (Hg.), Über das Klassische (= suhrkamp taschenbuch 2077), Frankfurt a.M. 1987, 225-259, hier 246.

[44] Siehe z.B. *J.J. Quantz*, Versuch einer Anweisung die Flöte traversiere zu spielen ..., Breslau [3]1789, Reprint hg. von H.-P. Schmitz (= Documenta musicologica 1/II), Kassel u.a. 1953, 140.

[45] Siehe auch *A. Riethmüller*, Die Vorstellung des Chaos in der Musik. Zu Joseph Haydns Oratorium „Die Schöpfung", in: A. Giannarás (Hg.), Convivium Cosmologicum. Interdisziplinäre Studien. Helmut Hönl zum 70. Geburtstag, Basel u.a. 1973, 185-195, hier 191 und 194.

[46] Teilweise stieß das instrumentale „Chaos" bei den Zuhörern auf Unverständnis; *G. Feder*, Haydn. Schöpfung (s. Anm. 1), 166. Es sind vielfach „die Auflösungen, die man sich am meisten erwartet, vermieden", wie Haydn sagt und anführt: „Der Grund dafür ist, daß noch nichts Form angenommen hat."; zitiert nach ebd., 36. *A. Riethmüller*, Die Vorstellung des Chaos (s. Anm. 45), 188f. weist allerdings darauf hin, dass die Musik keineswegs formlos sei, ja gar nicht sein könne. – Das „Chaos" war Gegenstand unterschiedlichster Interpretationen; s. *G. Feder*, Haydn. Schöpfung (s. Anm. 1), 33f. Die im „Chaos" vorkommenden musikalischen Motive werden vielfach auch inhaltlich gedeutet (s. ebd. 34f.); allerdings ist das wichtigste der Motive, der fallende, meist chromatisch ausgefüllte Quartgang (T. 13-16 Bass c - G, T. 15-19 Violine I c^3 - g^2 - d^2, T. 18-21 Bass ces^1 - ges - des, T. 25-27 Bass c - G, T. 37-39 [Viola/]Bass [c^1] - g, T. 50-55 Viola c^1 - g), nicht als Tonmalerei, sondern als ein in der Lamentotradition wurzelndes Symbol zu verstehen. *A.P. Brown*, Haydn's Chaos: Genesis and Genre, in: The Musical Quarterly 73 (1989), 18-59, hier 50-53 sieht im "Chaos" ein Ricercar in alter Satztechnik.

[47] Es ist auffällig, dass in der instrumentalen „Vorstellung des Chaos" nicht nur der C-Dur-, sondern auch der Es-Dur-Klang ausgespart wird. Doch letzterer wird nach und nach vorbereitet: in T. 9, 16, 26, 27, 28 und 29 finden sich Sextakkorde (wogegen im Folgenden der Basston g als Basis der Dominante zu c-Moll umfunktioniert wird), in T. 19/20 eine verhinderte Kadenz nach Es und in T. 31 ein Quartsextakkord, über dem auch bereits der wichtige

Dreiklang (T. 64/65 in c nochmals fallend, T. 76/77 in Es aufsteigend) eingeführt wird.

[48] Dieses bislang ausgesparte C-Dur wird zusammen mit der Dynamik und dem Tutti der Stelle in der Literatur als das entscheidende Ereignis der Einleitung gewürdigt; z.B. *A. Riedel-Martiny*, Verhältnis von Text und Musik (s. Anm. 23), 230, *H.-J. Horn*, Fiat lux (s. Anm. 1), 66, *G. Feder*, Haydn. Schöpfung (s. Anm. 1), 44 (dort auch ein Hinweis auf die vergleichbare Wirkung beim Eintritt des C-Dur-Finalsatzes der 5. Symphonie von Beethoven).

[49] Siehe hingegen *G. Feder*, Haydn. Schöpfung (s. Anm. 1), 44, der von einer zwar „hervorragend inszenierten", aber doch „althergebrachten ... picardischen Terz" spricht.

[50] *A. Riethmüller*, Die Vorstellung des Chaos (s. Anm. 45), 189 zieht Parallelen zwischen „Licht"-Stelle und Beginn einer Coda; deren Funktion besteht jedoch nicht darin, von einer deutlich gesetzten Tonika auszugehen, sondern zu einer entschieden schließenden Tonika hinzuführen.

[51] *C. Czerny*, Vollständiges Lehrbuch der musikalischen Composition (Übersetzung von *A. Reicha*, Cours de Composition musicale, Paris um 1816-1818, Traité de melodie, Paris 1814, Traité de haute composition musicale, Paris 1824-1826), Wien 1832, 1162.

[52] *A. Riedel-Martiny*, Verhältnis von Text und Musik (s. Anm. 23), die in der Verbindung derartiger Gegensätze, auch solcher auf der Ebene von Melodik, Harmonik und formaler Gestaltung, mit textlichen Gegensatzpaaren ein – allerdings komplexeres – Mittel der Textausdeutung sieht (231-233), beschreibt auch die Haydnsche Einleitung unter diesen Aspekten (235f.). *A. Riethmüller*, Die Vorstellung des Chaos (s. Anm. 45), 192f. hingegen bezeichnet die Kontrastbildung generell als ein Merkmal Haydnschen Komponierens.

[53] Siehe z.B. das Vivace aus dem Kopfsatz der Sinfonie Nr. 102 von Haydn.

[54] *A. Riethmüller*, Die Vorstellung des Chaos (s. Anm. 45), 189 sieht zumindest eine formale Nähe des instrumentalen „Chaos" zu einer Sinfonieeinleitung gegeben. *G. Feder*, Haydn. Schöpfung (s. Anm. 1), 32 ist jedoch der Meinung, dass in den „Londoner Sinfonien mit ihren suchenden Modulationen" allenfalls Vorläufer und Ansätze für das „Chaos" zu sehen seien. *E. Müller-Arp*, Die langsame Einleitung bei Haydn, Mozart und Beethoven. Tradition und Innovation in der Instrumentalmusik der Wiener Klassik (= Hamburger Beiträge zur Musikwissenschaft 41), Hamburg u.a. 1992, 114f. sagt gar, das „Chaos" unterscheide sich grundsätzlich von einer Sinfonie-

introduktion, da es keinen vorbereitenden Charakter habe und nicht wie jene auf etwas hinziele, sondern selbst etwas darstellen solle. Allerdings schreibt er dann doch – ohne jedoch konkreter zu werden –: „In der Wahl der Mittel zur Darstellung dieses Sujets freilich greift Haydn auf eine Sprache und kompositorische Erfahrungen zurück, die er anhand der Entwicklung der Sinfonieeinleitung gewonnen hat." (115).

55 Siehe als eine von vielen Haydns Sinfonie Nr. 93 von 1791; ähnlich auch die Sinfonie Nr. 103 von 1795 mit einem isolierten Paukenwirbel und die Sinfonie Nr. 104 von 1795 mit einer Unisono-Fanfare. Die ungewöhnliche „con sordino"-Vorschrift am Beginn des „Chaos" (s. dazu *A.P. Brown*, Haydn's Chaos [s. Anm. 46], 53) findet am ehesten im anfänglichen Piano der Einleitung der Sinfonie 102 von 1794 eine Entsprechung.

56 Exemplarisch findet sich dieser Vorgang zweimal in der Einleitung der Sinfonie Nr. 50, als Gerüst in vielen anderen Sinfonieeinleitungen.

57 Der Teil ab T. 40 wird in der Literatur als komprimierte Wiederholung (z.B. *A. Riethmüller*, Die Vorstellung des Chaos [s. Anm. 45], 189) oder als verkürzte Reprise von T. 1-31 bezeichnet (z.B. *G. Feder*, Haydn. Schöpfung [s. Anm. 1], 38). Der erste Takt dieses Abschnitts greift auf T. 1 zurück (der nochmals in T. 5 anklingt), T. 41f. erinnert an die harmonisch eher ‚chaotisch' wirkenden Takte 2-4 und 6f., und das kleinschrittige Anzielen des Dominantgrundtons (der allerdings bis zu T. 29 immer einen ‚falschen' Akkord über sich trägt; s. Anm. 47) erfolgte auch schon einige Male (T. 8/9, 15/16, 26-29, 38/39).

58 Vgl. *G. Feder*, Haydn. Schöpfung (s. Anm. 1), 34.

59 Vgl. ebd., 36 und Skizze A bei *A.P. Brown*, Haydn's Chaos (s. Anm. 46), 21.

60 Im Kopfsatz der Sinfonie Nr. 104 von Haydn etwa ist in den Takten 32, 86, 112, 155, 208, 257, 277 solches Wegschneiden des erwarteten Schlusses unübersehbar. Eine Äußerung Haydns charakterisiert diese Kompositionsweise: „... ich konnte als Chef eines Orchesters Versuche machen, beobachten, was den Eindruck hervorbringt, und was ihn schwächt, also verbessern, zusetzen, wegschneiden, wagen ..."; s. *G.A. Griesinger*, Biographische Notizen (s. Anm. 7), 24.

61 Siehe dazu *H.-J. Horn*, Fiat lux (s. Anm. 1), insbesondere 74ff. und 82 mit Anm. 90. Die Bibelstelle wurde schon im 1. Jahrhundert, in dem fälschlicherweise Longinus zugeschriebenen Traktat „Über die Erhabenheit", in diesen Zusammenhang gestellt; ebd. 74.

Anhang 1

Nr.	Titel	Form		Bibelstelle
1	Im Anfange schuf Gott Himmel und Erde	Einleitung		**Gen. 1.1-4**
2	Nun schwanden vor dem heiligen Strahle	Arien + Chor		Gen. 1.5b
---	------------------------------------	----------	--	-------------------------
3	Und Gott machte das Firmament	Rezitativ		**Gen. 1.7**
			X	Ps. 135.7; Hiob 38.22, 25, 28
4	Mit Staunen sieht das Wunderwerk	Chor + Solo		Gen. 1.8b
---	------------------------------------	----------	--	-------------------------
5	Und Gott sprach: Es sammle sich	Rezitativ		**Gen. 1.9-10**
6	Rollend in schäumenden Wellen	Arie	X	Ps. 104.6-8, 10
7	Und Gott sprach: Es bringe die Erde	Rezitativ		**Gen. 1.11**
8	Nun beut die Flur das frische Grün	Arie	X	Ps. 104.13-14, 16
9	Und die himmlischen Heerscharen	Rezitativ		Gen. 1.13
10	Stimmt an die Saiten, ergreift die Leier	Chor	X	Ps. 33.2, 6; 57.9; 98.5
---	------------------------------------	----------	--	-------------------------
11	Und Gott sprach: Es sei'n Lichter an der Feste	Rezitativ		Gen. 1.14-16
12	In vollem Glanze steiget jetzt	Rezitativ	X	Ps. 19.5-6; Gen. 1.19
13	Die Himmel erzählen die Ehre Gottes	Chor + Soli		Ps. 19.2-5
==	====================================	==========	=	=========================
14	Und Gott sprach: Es bringe das Wasser	Rezitativ		**Gen. 1.20**
15	Auf starkem Fittige schwinget sich	Arie	X	Hiob 39.27
16	Und Gott schuf große Walfische	Rezitativ		**Gen. 1.21-22** gekürzt; Gen. 1.22
17	Und die Engel rührten	Rezitativ		Gen. 1.23
18	In holder Anmut stehn	Terzett	X	Gen. 1.26; Ps. 104.25-26, 24, 31
19	Der Herr ist groß in seiner Macht	Chor + Soli		
---	------------------------------------	----------	--	-------------------------

20	Und Gott sprach: Es bringe die Erde hervor	Rezitativ		**Gen. 1.24**
21	Gleich öffnet sich der Erde Schoß	Rezitativ	X	Gen. 1.26
22	Nun scheint in vollem Glanze	Arie	X	
23	Und Gott schuf den Menschen nach seinem Bilde	Rezitativ		**Gen. 1.27; 2.7**
24	Mit Würd' und Hoheit angetan	Arie		
25	Und Gott sah jedes Ding	Rezitativ		**Gen. 1.31a,** 31b
26	Vollendet ist das große Werk	Chor		Gen. 2.1
27	Zu Dir, o Herr, blickt alles auf	Terzett		Ps. 145.15-16; 104.27-30
28	Vollendet ist das große Werk	Chor		Ps. 148.13-14
29	Aus Rosenwolken bricht, geweckt	Rezitativ		
30	Von deiner Güt', o Herr und Gott	Duett + Chor	X	Ps. 148.1-10; Daniel 3.58-81
31	Nun ist die erste Pflicht erfüllt	Rezitativ		
32	Holde Gattin! Dir zur Seite	Duett		
33	O glücklich Paar, und glücklich immerfort	Rezitativ		
34	Singt dem Herrn, alle Stimmen!	Chor + Soli		Ps. 96.2; Daniel 3.52-57

Anhang 2

I. „Die Vorstellung des Chaos“, instrumentaler Teil (c-Moll)

	Takt 40	anschließend	Takt 44, 46, 49	Takt 49
a)	Unisono-c; Fortissimo; Rückgriff auf T.1	Chromatik bzw. Halbtonschritte; Rückgriff auf T.6	kleinschrittig vorbereitete Dominante; Forte bzw. Fortissimo	am Ende abruptes Abreißen

	anschließend	Takt 56-59
b)	Chromatik bzw. Halbtonschritte; Rückgriff auf T.2	Abschluss in c-moll; Einrasten im Taktmetrum

II. Rezitativ (Bass)

Im Anfange schuf Gott Himmel und Erde; (c-Moll) – instrumentaler Einwurf
und die Erde war ohne Form und leer; (Es-Dur) – instrumentaler Einwurf
und Finsternis war auf der Fläche der Tiefe. (es-Moll) – instrumentale Weiterführung

III. Chor

	Und der	*Geist Gottes*	*schwebte auf der*	*Fläche der*	*Wasser;*
Es-Dur; Pianissimo	Tonika	dominantischer Klang	Tonika _______	....	c-Moll

	und Gott sprach:	*Es werde Licht,*	*und es ward*	***Licht.***
c-Moll; Pianissimo; nur Streicher	Tonika_____________	Subdominante____________	Dominante_________	**C-Dur Tonika; Fortissimo; Tutti**

„Wie hat Gott das eigentlich genau gemacht, als er die Welt erschaffen hat?“

Kinder fragen nach dem Anfang der Welt

Regina Radlbeck-Ossmann

1. Die kindliche Frage nach dem Anfang der Welt als Frage nach einer komplexen Wirklichkeit

Kinder wollen nicht nur die Welt entdecken, in der sie leben, sie wollen sie auch verstehen. Diese Aufgabe gestaltet sich um so aufwändiger, je größer mit fortschreitender Reifung die Welt wird, in der ein Kind lebt: Der Zugewinn an Komplexität will verstanden und eingeordnet sein.[1] Eigene Beobachtungen sind dabei ebenso unverzichtbar wie Auskünfte von Seiten anderer. Beide, die eigenen Beobachtungen wie die Auskünfte der Umwelt, dienen dem Kind als Fixpunkte, zwischen denen es in eigenständiger denkerischer Arbeit Zusammenhänge herstellt.

Im Laufe seiner Entwicklung wird das Kind darauf aufmerksam, dass alle Phänomene, die ihm in seiner Lebenswelt begegnen, einem Prozess des Werdens und Vergehens unterworfen sind. Mit dieser Einsicht in die Geschichtlichkeit allen Seins wird auch die Frage nach dem Anfang der Welt geweckt. Sie kann durch eigene Beobachtungen allein nicht gelöst werden. Von daher überrascht es nicht, dass Kinder etwa vom vierten Lebensjahr an gezielt nach dem Anfang der Welt zu fragen beginnen.

Erwachsene haben auf diese Frage zwei Antworten anzubieten: eine religiöse und eine naturwissenschaftliche. Die religiöse Antwort spricht davon, dass die Schöpfung das Werk des guten Gottes ist. Sie gibt weiter zu bedenken, dass dieser Schöpfergott auch der Erlösergott ist, der seine Schöpfung auf ihrem Weg durch die Zeit begleitet, um sie ihrem endgültigen Heil entgegen zu führen. Die naturwissenschaftliche Antwort spricht vom Urknall als dem Beginn aller zeitlichen Vorgänge im Universum. Sie bietet zudem Kausalketten, die erklären sollen, wie aus dem Paukenschlag dieses zeitlichen Anfangs die Welt in ihrer unglaublichen Differenziertheit entstehen konnte.

Die Vertreter der modernen Physik wie die der modernen Theologie sind sich einig, dass sowohl ihre eigene Position wie die des jeweils anderen eine legitime Antwort auf die Frage nach dem Anfang der Welt darstellt.[2] Diese gegenseitige Anerkennung zeigt, dass beide Wissenschaften ihre Ergebnisse als lediglich perspektivische Einblicke in eine größere Wirklichkeit verstehen, die sich jeder von ihnen letztlich entzieht. Die darin ausgedrückte erkenntnistheoretische Bescheidenheit beider Disziplinen besagt gleichzeitig, dass die Frage nach der Wahrheit der jeweils vertretenen Positionen nicht im Sinne eines „entweder – oder“ gelöst werden kann. Der immer nur perspektivisch mögliche Einblick in eine unser Erkennen übersteigende Wirklichkeit bringt es mit sich, dass Antworten, die auf den ersten Blick miteinander zu kollidieren scheinen, sich unter Umständen komplementär ergänzen und gerade in diesem Zueinander ein Mehr an Erkenntnis ermöglichen. Theologen und Physiker sehen sich damit auf eine Zusammenarbeit verwiesen, die nicht von Konkurrenz und Konflikt, sondern von Komplementarität und Kooperation geprägt ist.[3]

Die Fähigkeit zum komplementären Denken ist ohne Zweifel an zahlreiche Voraussetzungen gebunden. Sie verlangt ein beachtliches Maß an denkerischer Reife und geistiger Flexibilität. Diese relativ hohen Voraussetzungen bringen es mit sich, dass die komplexe Antwort, zu der Erwachsene gefunden haben, nicht ohne weiteres eingesetzt werden kann, um die kindliche Frage nach dem Anfang der Welt zu beantworten. Diese Schwierigkeit lässt Erwachsene unsicher werden, wenn Kinder nach dem Ursprung allen Seins fragen. In ihrer Verlegenheit neigen Eltern und Erzieher deshalb nicht selten dazu, diesen Kinderfragen auszuweichen, sie zu beschwichtigen oder sie ganz einfach zu überhören. Eine solche Nulllösung kann jedoch weder in religiös-theologischer noch in pädagogisch-psychologischer Hinsicht als ein akzeptabler Ausweg betrachtet werden.

Die Aussage über den Schöpfergott wird im ersten Artikel des christlichen Credo festgehalten. Von diesem ersten Artikel spannt sich der Bogen der Heilsaussagen bis hin zum letzten, der von der endzeitlichen Vollendung der Welt spricht. Bricht die erste Aussage des Glaubensbekenntnisses weg, so hat das in religiöser wie in theologischer Hinsicht Konsequenzen für alle weiteren Aussagen. Die Frage nach dem Anfang der Welt ist darüber hinaus in pädagogisch-psychologischer Hinsicht von enormer Bedeutung. Mit dieser Frage richtet das Kind sich auf einen umfassenden Sinnhorizont, in den es die Fülle seiner Erfahrungen einbringen kann. Diesen Horizont will es ergründen, um dadurch die Sicherheit und Orientierung zu gewinnen, derer es gerade aufgrund seiner eigenen Verletzlichkeit so dringend bedarf.

Die Einsicht in die herausragende Bedeutung, welche der kindlichen Frage nach dem Anfang der Welt zukommt, lässt danach fragen, wie eine sowohl in religiös-theologischer als auch in pädagogisch-psychologischer Hinsicht angemessene Antwort auf diese Frage aussehen kann. Die Suche nach einer solchen Antwort hat das eingangs Gesagte in Erinnerung zu behalten: Sie muss berücksichtigen, dass das Kind seine Frage nicht vor dem Hintergrund totaler Ahnungslosigkeit stellt, sondern sich längst aktiv auf die Suche nach einer Antwort gemacht hat. Von daher ist das Aufkommen der Frage als Teil eines Beobachtungs- und Reflexionsprozesses zu verstehen, der lange vor dem Zeitpunkt der Fragestellung begonnen hat und zu diesem Zeitpunkt bereits erste, vorläufige Ergebnisse erzielt hat.

2. Das Schöpfungsverständnis von Kindern – unterschiedliche Zugänge

Das Schöpfungsverständnis von Kindern ist ein relativ wenig untersuchter Forschungsgegenstand der Religionspädagogik. Um so erfreulicher ist es, dass mit der vor wenigen Jahren veröffentlichten Studie von Reto Luzius Fetz, Karl Helmut Reich und Peter Valentin eine eingehende aktuelle Untersuchung zum Thema vorliegt.[4] Dieser logisch analytisch ansetzenden Studie wird im folgenden ein zweites Werk an die Seite gestellt, das sich ebenfalls dem Schöpfungsverständnis von Kindern zuwendet, dabei aber einen künstlerisch-poetischen Ansatz wählt. Da dieses zweite Opus dem erstgenannten um Jahrzehnte vorausgeht, wird es im folgenden auch vor diesem vorgestellt.

2.1 „Samstag im Paradies“ – ein künstlerisch poetischer Zugang zu kindlichen Schöpfungsvorstellungen

„Samstag im Paradies“, so lautet der Titel eines von Helme Heine verfassten und illustrierten Kinderbuches.[5] Das Buch ist in mehrfacher Hinsicht bemerkenswert: Ein bekannter Kinderbuchautor befasst sich mit einem religiösen Thema, der Schöpfung. Sein Werk wird in die Auswahlliste des Deutschen Jugendliteraturpreises aufgenommen und es hält sich über mehr als 30 Jahre auf dem in Deutschland bekanntlich überaus hart umkämpften Markt für Bilderbücher. Diesen drei an sich schon bemerkenswerten Tatsachen ist eine vierte, nicht weniger bedeutsame hinzuzufügen: Wenn man das Buch in einem Kinderzimmer aus dem Regal zieht, dann sieht es meist recht zerfleddert aus. Der Einband ist abgestoßen und nicht selten fehlt dem Band der Rücken. Er hat sich im Zuge der häufigen Beanspruchung aufgelöst. Wer mit Kindern zu tun hat, weiß, dass das ein gutes Zeichen ist. Das Buch scheint bei seinen Adressaten angekommen zu sein.

Wie geht sein Autor nun an das Thema Schöpfung heran? Heine greift in seiner Beschreibung vom Anfang der Welt auf das biblische Siebentageschema zurück und bleibt seiner Vorlage auch in der Zuordnung von Tagen und Einzelwerken treu. Allerdings rafft seine Version die ersten fünf Tage sehr stark zusammen und konzentriert sich im wesentlichen auf den sechsten Schöpfungstag als den Tag, an dem der Mensch erschaffen wurde. Der Künstler setzt dies darstellerisch um, indem er sein Buch erst auf Seite zehn richtig beginnt. Die vorausgehenden Seiten wirken wie ein Vorspann. Sie nennen kurz die Werke der ersten Schöpfungstage und bieten dazu lediglich kleine Bilder an.

Der sechste Schöpfungstag hingegen wird sehr eingehend geschildert. Es ist der Tag, an dem der Schöpfergott sich seinem letzten und bedeutendsten Werk zuwendet: dem Menschen. HELME HEINE berichtet von der wohlbedachten Erschaffung des Menschen als Mann und Frau und schildert sodann in großformatigen, bunten Bildern, wie die ersten Menschen ihren Mitgeschöpfen begegnet sind und wie sie das Leben im Paradies genossen haben. Das Buch schließt, seinem Titel entsprechend, mit dem Ende des sechsten Schöpfungstages. Dieses Ende illustriert der Künstler mit dem Anblick des nächtlichen Sternenhimmels. Der zugehörige Text erzählt von der Freude, die Gott über dem getanen Schöpfungswerk empfindet, und weist voraus auf die wohlverdiente Ruhe des siebten Tages, der biblischen Vorstellungen entsprechend mit dem Sonnenuntergang des sechsten Tages bereits begonnen hat.

Schloss Heine sich im Hinblick auf die Grundstruktur seiner Erzählung an den Gen 1,1-2,4a gegebenen priesterschriftlichen Schöpfungsbericht an, so orientiert er sich in der Beschreibung des göttlichen Schöpfungshandelns an dem Gen 2,4b-25 gegebenen jahwistischen Bericht. Die im Bilderbuch beschriebene schöpferische Tat Gottes besteht deshalb nicht in einem machtvollen „es werde“, sondern in einem schöpferischen Handeln.

Der Kinderbuchautor arbeitet gerade diesen Aspekt sehr deutlich heraus. In seinen Bildern zeichnet er Gott als Handwerker oder Künstler, der die Geschöpfe fabriziert, wie ein Schreiner einen Stuhl fertigt oder eine Künstlerin eine Statue schafft. Diese Interpretation des Schöpfergottes begegnet bereits bei der Erschaffung der Tiere in sehr eindrucksvoller Weise: So zeigt die Illustration des fünften Schöpfungstages einen Handwerkergott im hellen Kittel, der - stellvertretend für die gesamte Tierwelt - einen Elefanten aus einem grauen Felsblock herausmeißelt. Derselbe Handwerkergott begegnet erneut bei der Erschaffung des Menschen. Ihn formt der Schöpfer aus Lehm.

Die von Heine gewählte Beschreibung des Schöpfungshandelns findet sich nicht nur in der biblischen Vorlage, sondern auch in anderen religiösen und mythischen Traditionen der Menschheit. Dieses Schöpfungsverständnis verweist auf die Größe des Schöpfers wie auf die notwendige Wertschätzung seines Werkes. Darüber hinaus bietet es ein Analogon für eine allgemeine Wertschätzung schöpferischen Tuns. Dies mag erklären, warum die Deutung Gottes als eines *artifex mundi* in der darstellenden Kunst häufig aufgegriffen worden ist. Religionspädagogik und Entwicklungspsychologie bezeichnen diese Gottesvorstellung seit den Arbeiten des Schweizer Psychologen Jean Piaget mit dem Fachbegriff „Artifizialismus“.[6]

Der Rückgriff auf ein solches artifizialistisches Gottesbild bringt es mit sich, dass Gott als Schöpfer der Welt stark anthropomorphe Züge erhält. Diese Konsequenz macht sich im Kinderbuch bemerkbar. Der

Schöpfergott erscheint dort als ein Wesen, das wie ein Mensch aussieht und wie ein Mensch handelt. Was ihn vom Menschen unterscheidet, ist lediglich die Priorität seiner Existenz und unter Umständen seine besondere Tüchtigkeit. Dieses anthropomorphe Gottesbild scheint sich für den Autor nicht einfach nur ergeben zu haben. Vielmehr hat er sich wohl bewusst und ausdrücklich dafür entschieden. Dafür spricht, dass er die anthropomorphe Gottesvorstellung nicht nur in seinen Zeichnungen verwendet, sondern sie durch seine Wortbeiträge gezielt verstärkt.

Ein besonders einprägsamer Beleg findet sich – sicher nicht zufällig – bei der Erschaffung des Menschen und damit auf dem Höhepunkt der Erzählung. Ein nach Menschenart vorgestellter Gott, der zum Schöpfer des Menschen wird, wie kann das gehen? – Der Verfasser scheint mit einer solchen Kinderfrage zu rechnen. Eben deshalb will er gerne zugestehen, dass die Erschaffung des Menschen auch für Gott eine besonders große Tat war. So vermerkt er, dass diese Tat einer intensiven Vorplanung bedurfte und gibt des Weiteren zu bedenken, dass Gott dieses letzte und besonders große Werk nicht in Angriff nehmen wollte, ohne vorher noch einmal tüchtig ausgeschlafen zu haben.

Das Kinderbuch entleiht seinen biblischen Vorgaben jedoch nicht nur grundlegende Erzählstrukturen und einzelne Vorstellungsmuster, sondern bleibt diesen auch bezüglich der religiösen Hauptaussagen treu: Heine führt die Existenz der ganzen Welt eindeutig auf das Wirken Gottes zurück. Des Weiteren macht er klar, dass der Mensch die Welt als einen ihm von Gott überantworteten Lebensraum betrachten darf, den er jedoch mit anderen Geschöpfen teilen muss. Unmissverständlich gibt der Schriftsteller schließlich auch zu verstehen, dass Gott Herr über die Schöpfung bleibt und deren Geschick mit liebendem Wohlwollen begleitet. In Wort und Bild entsteht so eine poetisch-zarte, dabei aber doch nie im Vagen verbleibende, sondern im Gegenteil anschaulich konkrete Darstellung des Schöpfungsgeschehens.

Diese Darstellung ist insofern in sich geschlossen, als sie alle wesentlichen Fragen klar beantwortet und die gebotenen Einzelaussagen zu einer ausgewogenen Gesamtkomposition verbindet. Ihre innere Geschlossenheit ist jedoch keine hermetische Abgeschlossenheit. Denn wenngleich die Ausführungen zu den sechs aktiven Schöpfungstagen sich zu einem harmonisch geordneten Gedankengebäude zusammenfügen, so öffnet die letzte Seite des Buches, welche auf den Sabbat als den Tag der Ruhe hinweist, doch eine Tür, die aus diesem ansehnlichen Gebäude doch wieder hinausweist. Der auf dieser letzten Seite gewährte Anblick des mit Sternen übersäten Nachthimmels konfrontiert den Betrachter nämlich nicht nur mit der Weite des Alls, sondern auch mit der Aussage, dass bei Gott tausend Jahre wie ein Tag sind. Mit dieser Aussage gelingt es dem Autor, seiner Erzählung eine neue Qualität zu verleihen und sie zu einer „mitwachsenden" Geschichte zu machen. Das vom Psalmisten entliehene Wort (vgl. Ps 90,4) weist seine jungen Leser wie ihre erwachsenen Vorleser darauf hin, dass Gottes Handeln zwar in Worten und Bildern beschrieben werden kann, diese Worte und Bilder aber stets unendlich weit übersteigt.

Ein ähnlicher potentieller Ausstieg wird bei dem für die Erzählung zentralen Bericht über die Erschaffung des Menschen vorbereitet. Auch hier, auf dem Höhepunkt seiner Geschichte, ist Heine bemüht, den wachsenden intellektuellen Möglichkeiten seiner Leser gerecht werden. Von daher kommt der kreativen Pause, die Gott vor der Erschaffung des Menschen einlegt, wohl eine doppelte Funktion zu: Mit der Rede von einem nach Menschenart vorgestellten Gott, der nach Menschenart im Schlaf Kräfte sammelt, um in absehbarer Zukunft außergewöhnliche Leistungen zu vollbringen, wird ein anthropomorphes Gottesbild zweifellos auf den ersten Blick bestärkt.[7]

Für den gereiften Leser, der zu einem kritischeren Mitvollzug der Erzählhandlung in der Lage ist, dürfte dieser gesteigerte Anthropomorphismus jedoch die Funktion einer Sollbruchstelle besitzen. Dieser gereifte Leser wird gerade über die zugespitzt anthropomorphe Aussage stolpern, auf die Begrenztheit eines solchen Gottesbildes aufmerksam werden und so den Impuls erhalten, die gebotene Vorstellung zu übersteigen. Hat der außergewöhnliche Erfolg des Kinderbuches „Samstag im Paradies" unter Umständen auch damit zu tun, dass es eine Geschichte erzählt, die ihre eigenen Sollbruchstellen bereit hält?

Die von Heine vorgelegte Erzählung ermuntert ihre Leser, nicht nur eine freundliche Auskunft auf ihre Fragen entgegen zu nehmen, sondern über die erhaltenen Antworten ihren eigenen intellektuellen Fähigkeiten entsprechend hinauszufragen. Dem Kind wie seinen erwachsenen Begleitern wird damit signalisiert, dass die ihnen vorliegende Schöpfungserzählung zwar manches Wahre enthält, das Geheimnis des Schöpfergottes und seines gewaltigen Werkes aber letztlich nicht ausloten kann.

Damit gibt der Verfasser zu verstehen, dass es nicht nur erlaubt, sondern sogar erwünscht und notwendig ist, immer wieder neu über den Schöpfergott nachzudenken, um vorhandene Antworten in Frage zu stellen und bessere zu suchen. Der augenzwinkernde Hinweis auf das Kräftesammeln Gottes im Schlaf und das den Anblick des Alls begleitende Psalmwort wirken dabei wie ein ideologiekritischer Stachel, der verhindert, dass die vorgelegte Schöpfungserzählung hinter dem stetig wachsenden Reflexionspotential ihrer Leser zurückbleibt.

2.2 *Überindividuelle Muster im Schöpfungsverständnis von Kindern – die Ergebnisse strukturgenetischer Untersuchungen*

Die von Reto Luzius Fetz u. a. vorgelegte, strukturgenetisch ansetzende Studie beschäftigt sich explizit mit der Weltbildentwicklung und dem Schöpfungsverständnis von Kindern und Jugendlichen. Nach eingehenden Untersuchungen kommt das Werk zu bemerkenswert eindeutigen Ergebnissen: Das Forscherteam weist nach, dass die Frage nach dem Anfang der Welt in der Kindheit eine Antwort erfährt, die Gott unkritisch nach Menschenart, also anthropomorph, vorstellt. Fetz u. a. können zudem zeigen, dass das göttliche Schöpfungshandeln in dieser frühen Phase der Entwicklung als ein fabrikatorisches Schaffen verstanden wird. Der Schöpfer wird als *artifex mundi* vorgestellt, leitend für sein Schöpfungshandeln ist das, was man den kindlichen Finalismus nennt. Gottes Tun ist danach immer zweckgerichtet, wobei der „liebe Gott“ vor allem „lieb zu den Menschen“ ist. Demzufolge richtet sein Handeln sich konkret darauf, all das bereit zustellen, was die Menschen benötigen, um sich auf der Erde wohl zu fühlen.[8]

Wie sieht dieses kindliche Weltbild nun näher aus? Nach den Aussagen der erwähnten Studie prägt dieses Weltbild sich in drei Stadien aus. Diese spannen sich von einem ersten, vorbereitenden Stadium über die entwickelte Vollform zu einer dritten Form, welche als Auflösungsstadium zu betrachten ist. Die erwähne Vorstufe fanden die Forscher insbesondere bei fünf- bis sechsjährigen Kindern. Reste dieser Stufe konnten sie bei Kindern im frühen Schulalter nachweisen. Typisch für diese erste Entwicklungsstufe ist, dass Gott keineswegs schon als Schöpfer der ganzen Natur gesehen wird. Diese wird im Gegenteil oft als seinem Handeln bereits vorgegeben gedacht. Auf das schöpferische Tun Gottes entfällt der Teil der Artefakte, von denen das Kind annimmt, dass ein Mensch von ihnen überfordert wäre. Dies kann etwa so aussehen, dass das Kind ausführt, die Häuser im allgemeinen hätten wohl die Menschen gemacht, aber die besonders großen Häuser wie etwa Wohnblocks oder Hochhäuser habe Gott gemacht.[9]

Dieses erste, vorbereitende Stadium ist nach Fetz u. a. dort zur Vollform herangereift, wo das Kind präzise zwischen Natur und Kultur unterscheiden kann und - parallel zu den Aussagen der jüdisch-christlichen Tradition - die Erschaffung der Natur auf Gott, die der Artefakte jedoch auf den Menschen zurückführt. Erst auf dieser zweiten Stufe wird das Handeln Gottes qualitativ vom Handeln des Menschen abgehoben. Während das Handeln Gottes nun ausschließlich auf das Große (Berge, Flüsse, Seen ...) bezogen wird, bleibt das Handeln des Menschen auf das Kleine verwiesen. Menschliches Handeln wird zudem stets als ein von Gott ermächtigtes Handeln gesehen. Die Kinder dieser Stufe gehen davon aus, dass Gott das Material bereitstellt, welches die Menschen in ihrem Schaffen verwenden. Darüber hinaus hat er für die von den Menschen benötigten Lebensmittel zu sorgen.[10]

Spuren eines dritten Stadiums, das bereits Auflösungstendenzen zeigt, erkennen die Forscher in den Äußerungen von Kindern, die erste Zweifel an der Schlüssigkeit ihres bislang fraglos gültigen Weltbildes anbringen. Solche Zweifel können sehr unauffällig formuliert sein, wie dies etwa bei der im Titel des vorliegenden Beitrags genannten Frage der Fall ist: „Wie hat Gott das eigentlich genau gemacht, als er die Welt erschaffen hat?“[11] Was zunächst wie die Bitte um weitere, schildernde Ausführungen zum Schöpfungshandeln Gottes anmutet, offenbart sich im Gespräch mit dem viereinhalbjährigen Kind als früher Zweifel an der Glaubwürdigkeit der erhaltenen religiösen Antwort. Das Mädchen hat anhand eigener Versuche festgestellt, wie schwer es sein kann, schon relativ kleine, ganz einfache Dinge herzustellen. Angesichts dessen fällt es ihm schwer anzunehmen, eine einzige Person könne die Schöpfung in ihrer ganzen Vielfalt hervorgebracht haben.[12] Offensichtlicher tritt die Auflösung des kindlichen Weltbildes in den Zweifeln eines knapp Zwölfjährigen zu Tage, von dem Fetz u. a. berichten. Der Junge hat erfahren, dass das Weltall unendlich ist und erkennt, dass er diese Information mit seinem bisherigen, kindlichen Weltbild nicht zusammenzubringen kann. So folgert er, dass Gott das Weltall doch immerhin nicht gemacht haben könne. Denn wenn dieses unendlich sei, dann wäre der Schöpfer mit seiner Aufgabe ja nie an ein Ende gekommen.[13]

Wie ist es nun zu erklären, dass das kindliche Weltbild in aller Regel durch die drei Aspekte eines anthropomorphen Gottesbildes, eines fabrikatorisch vorgestellten Schöpfungshandelns und eines handlungsleitenden Finalismus gekennzeichnet ist? Die zitierte Studie kommt zu dem Ergebnis, dass dieses spezifisch kindliche Vorstellungsmuster sich aus der Verbindung von kindlichen Denkstrukturen einerseits und biblischen Schöpfungserzählungen andererseits ergibt. Die beiden Komponenten wirken nach Fetz u. a. so zusammen, dass das kindliche Denkmuster die Matrix darstellt, unter der die biblischen Texte aufgenommen werden.[14]

Die Ursachen für die im Kind entstehende Matrix werden in den kindlichen Sozialbeziehungen gesucht, also näherhin in dem, was Eric H. Erikson das „Urvertrauen“ nennt. Diese Deutung erscheint sehr plausibel. Das Kind erfährt seine Welt in erster Linie als eine von den Eltern geordnete Welt. Die Erfahrung, wonach das eigene Leben stark vom Handeln der Eltern abhängig ist, führt wie die Forscher darlegen dazu, dass das Eltern-Paradigma zum vorherrschenden Paradigma der Welterklärung wird. Das Resultat ist ein nach Menschen- präziser nach Elternart vorgestellter, anthropomorpher Gott. Mit dem Elternparadigma verbunden ist zugleich die Erfahrung, dass die wohnliche Einrichtung der Welt auf das Kulturschaffen des Menschen, genauer gesagt des Erwachsenen zurückgeht. Es waren Erwachsene, welche die Häuser gebaut und die Möbel gefertigt haben, in denen das Kind lebt. Es waren Erwachsene, die seine Nahrung produziert haben, usw. Die Parallelen sind offensichtlich. In der Erfahrung der durch das herstellende Handeln Erwachsener ausgestatteten Welt wird deshalb auch der Ursprung des kindlichen Artifizialismus vermutet. Über das Elternparadigma kommt schließlich auch die dritte Komponente, der handlungsleitende Finalismus, in das kindliche Weltbild. Da das Handeln der Eltern darauf gerichtet ist, das Wohl des Kindes zu gewährleisten, wird mit dem Handeln des nach Elternart vorgestellten Gottes auch die auf Fürsorge zielende finalistische Komponente eingebracht.[15]

Erklären die vorauslaufenden Sozialbeziehungen des Kindes, warum die Matrix des kindlichen Weltbildes sich so gleichförmig ausgestaltet, so erklären die Funktionen dieses Weltbildes, warum dieses in der Regel über mehrere Jahre hinweg konstant bleibt und selbst über intellektuelle

Anfechtungen hinweg aufrechterhalten wird. Das beschriebene Weltbild hat für das Kind nämlich eine eminent positive Bedeutung. Wie Fetz u. a. ausführen, erfüllt dieses Weltbild genau genommen eine doppelte Funktion: Es leistet einmal Welterklärung, nämlich die, dass alles, was ist, auf das Handeln Gottes zurückgeht, und es bietet zum zweiten Sinnstiftung an: In seinem Schöpferhandeln erweist der anthropomorphe Gott sich als ein menschlich guter Gott, dem man Vertrauen entgegen bringen kann. Er ist bleibend auf das Wohlergehen seiner Geschöpfe bedacht, sorgt für sie und beschützt sie.[16]

Die mit der Rede von einem fürsorglichen Gott einhergehende Sinnstiftung ist so umfassend ausgelegt, dass sie sich wie die Forscher zeigen können selbst dort bewährt, wo eine Antwort auf die Frage nach dem Bösen gegeben werden muss. Dass Böses existiert, wird von den Kindern unbedingt bejaht. Sie erzählen von bösen Tieren (Skorpionen, Giftschlangen oder Würmern ...), finden aufgrund der sowohl kognitiven wie emotionalen Beheimatung in ihrem kindlichen Weltbild aber stets Antworten, die das Böse schließlich doch wieder in einen umfassenden Horizont des Guten integrieren. So ordnen sie etwa die zunächst als böse vorgestellten Tiere aufs Ganze gesehen doch wieder einem guten Zweck zu. Dies geschieht beispielsweise mit dem Hinweis, dass man Giftschlangen und Würmer ja auch essen könne, wenn man mal nichts anderes habe, oder der Aussage, dass Gott Skorpione doch ab und zu ganz gut brauchen könne, um Menschen, die böse sind, zu bestrafen, damit sie wieder gut würden. Erklärungen wie die genannten zeigen, dass das kindliche Weltbild sogar im Hinblick auf solche Situationen ausbaufähig ist, in denen die Güte der Schöpfung und der Sinn einzelner Schöpfungswerke in Frage gestellt wird.[17]

2.3 Der Schöpfer als artifex mundi *– eine bedeutsame, aber früh in Frage gestellte Schöpfungsvorstellung*

Die beiden vorgestellten, sehr unterschiedlichen Zugänge zum kindlichen Schöpfungsverständnis haben gezeigt, dass zwischen den Aussagen des im Kinderbuch verfolgten künstlerisch-poetischen Ansatzes und den Ergebnissen der strukturgenetischen Untersuchung bemerkenswerte Parallelen bestehen. Diese beziehen sich einmal auf die inhaltliche Ausgestaltung der kindlichen Schöpfungsvorstellungen. Erbrachte die von

Fetz u. a. erarbeitete Untersuchung, dass Kinder im Vor- und Grundschulalter zu einer Schöpfungsvorstellung neigen, in der ein unreflektiert anthropomorph vorgestellter Gott die Welt wie ein *artifex mundi* erschafft und dabei stets das Wohl seiner Geschöpfe im Blick hat, so findet sich exakt diese Vorstellung in dem von Heine verfassten Kinderbuch „Samstag im Paradies“ wieder.

Fetz u. a. verweisen auf die Passgenauigkeit, mit der die mythisch aufgeladenen, biblischen Erzählungen auf die kindliche Matrix des Denkens antworten. Von da aus erklären die Forscher auch den prägenden Einfluss dieser Texte auf die kindliche Weltbildentwicklung. Der Kinderbuchautor legt die Analytik, die seiner Poetik vorausgegangen ist, nicht offen, doch ist seinem Ausführungen abzulesen, dass auch er sich eingehend mit kindlichen Schöpfungsvorstellungen wie mit den biblischen Texten beschäftigt hat. Offensichtlich hat auch er erkannt, wie sehr die Aussagen der Bibel der im Kind bestehenden Fragehaltung entgegenkommen.

Die Parallelen zwischen den beiden so unterschiedlichen Werken gehen jedoch noch weiter und beziehen sich über die inhaltliche Komposition der kindlichen Schöpfungsvorstellung hinaus auf dessen Brüchigkeit. Sowohl der Kinderbuchautor wie auch das an verschiedenen europäischen Universitäten angesiedelte Forscherteam rechnet mit einer frühen Erschütterung des vom Kind gewählten, unreflektiert artifiziellen Gottesverständnisses. Diese Annahme wird durch andere Untersuchungen bestätigt.[18] Wie verschiedene Studien gezeigt haben, können erste Anzeichen einer solchen Erschütterung bereits im Vorschulalter auftreten, wobei es in der Regel freilich noch Jahre dauert, bis Kinder wirklich bereit sind, sich von ihrem bisherigen Weltbild zu verabschieden.

Die Anhänglichkeit an ein Weltbild, welches das Kind nicht mehr in allen Punkten wirklich zufriedenstellt, dürfte mit der bedeutsamen Doppelfunktion zusammenhängen, welche diesem Weltbild nach Fetz u. a. zukommt. Da mit der Verabschiedung des in der Kindheit erarbeiteten Weltbildes ein Verlust an Orientierung und emotionaler Sicherheit einhergeht, neigen Heranwachsende dazu, eine ins Wanken geratene Konzeption im Nachhinein wieder zu restaurieren. Kinder entwerfen Hilfshypothesen und stellen Denkverbote auf, um ihr fraglich gewordenes Weltbild vor weiterer Destabilisierung zu schützen.[19] Manches spricht dafür, dass sie auf diese Weise versuchen, die für ihre Selbstverortung wichtige Annahme eines umfassenden Sinnhorizontes zu rehabilitieren.

3. Religionspädagogische Konsequenzen: Respekt vor den Konzepten kindlicher Theologie und Anregungen zu alternativen, weiterführenden Intuitionen

Die Ergebnisse, welche die entwicklungspsychologische Forschung zum Schöpfungsverständnis und der Weltbildentwicklung von Kindern und Jugendlichen erarbeitet hat, sind von großer Bedeutung für religionspädagogische Bemühungen in Familie, Schule und Gemeinde. Weisen diese Ergebnisse daraufhin, dass das Kind schon bald nach der Erarbeitung seines Weltverständnisses beginnt, dieses zumindest ansatzweise wieder zu demontieren, so muss eine am Kind orientierte Religionspädagogik sich herausgefordert sehen, diesen komplexen Prozess in der Gegenläufigkeit seiner Einzelbemühungen zu unterstützen.

Eine solche differenzierte Begleitung des kindlichen Weges verlangt einmal, dass das vom Kind selbst eingebrachte entwicklungstypische Konzept eines artifizialistischen Schöpfungsverständnisses als solches anerkannt und gewürdigt wird. Wie der in der Tradition Piagets stehende Salzburger Religionspädagoge Anton A. Bucher betont, ist die vom Kind erarbeitete Vorstellung nicht einfach als ein defizitäres Stadium zu betrachten, das es religionspädagogisch zu überformen gilt. Vielmehr scheint es angebracht zu sein, diesen kindlichen Deutungen so lange ein Existenzrecht zu bewahren, bis sie im Laufe der Entwicklung schließlich überwunden werden.[20] Bucher selbst plädiert dafür, diese Wertschätzung kindlicher Konzepte zu einer Leitidee der Religionspädagogik zu erheben. In diesem Zusammenhang fordert er seine Kolleginnen und Kollegen ausdrücklich dazu auf, die religiösen Vorstellungen der Kinder selbst dann anzuerkennen, „wenn sie [den eigenen Vorstellungen] diametral entgegengesetzt sein sollten“ und warnt davor, die kindlichen Deutungsversuche „sogleich ins Schema erwachsener Theologen und Religionspädagogen hineinzukorrigieren.“[21]

Die Stellungnahme Buchers hat in einem wichtigen Punkt den Nerv der Zeit getroffen. Wenngleich nicht alle Religionspädagogen, seinen Forderungen mit der von ihm befürworteten Konsequenz folgen wollen,[22] so ist die Bereitschaft, die Zeugnisse einer authentischen kindlichen Religion zu würdigen, doch enorm gestiegen. Die bis in die Mitte des vergangenen Jahrhunderts vertretene Position, das Kind sei zu religiösen Erfahrungen im eigentlichen Sinn noch gar nicht in der Lage, sondern erwerbe diese Fähigkeit erst mit seiner geschlechtlichen Reifung,[23] ist damit endgültig überwunden. Mit der Kindertheologie, die in den letzten Jahren zu einem religionspädagogischen Boomthema geworden ist, dürfte sich zudem eine stabile Gegenposition etabliert haben.

Ziel dieser neuen theologischen Richtung ist es, das Bewusstsein für den Wert kindlicher Religiosität zu stärken. Dieser wird einmal schon rein formal darin gesehen, dass das Kind sich mit allen ihm zur Verfügung stehenden Kräften um eine religiöse Weltdeutung bemüht. Der Wert kindlicher Theologie wird des weiteren an inhaltlichen Aspekten festgemacht. So ist etwa im Blick auf das von Kindern gewählte artifizialistische Schöpfungsverständnis nicht zu leugnen, dass dieses zentrale Aussagen des biblischen Schöpfungsglaubens bewahrt. Immerhin wird Gott darin als *prima causa* erkannt und als ein Gegenüber gesehen, das die Geschichte der Menschen wohlwollend begleitet, um schließlich Horizont menschlicher Hoffnungen zu sein.

Neben der zweifellos unverzichtbaren Anerkennung der religiösen Produktivität des Kindes ist jedoch die Notwendigkeit einer qualifizierten Anregung der kindlichen Entwicklung nicht zu vergessen. Die Bedeutung dieser zweiten Komponente ist gerade im Hinblick auf die Frage nach dem Anfang der Welt nicht zu unterschätzen. Untersuchungen haben ergeben, dass es neben der Theodizeefrage vor allem Fragen aus dem Komplex Schöpfung und Weltentstehung sind, die im Jugendalter zu einer schwerwiegenden Einbruchsstelle des Gottesglaubens werden.[24] Wie leicht einzusehen ist, muss sich der Konflikt zwischen Glaubensaussagen einerseits und den in der späteren Entwicklungsphase gewachsenen Möglichkeiten einer rationalen Durchdringung der Schöpfungsrealität andererseits um so heftiger ausprägen, je stärker die unreflektierte Bindung an ein artifizialistisches Schöpfungsverständnis ist.

Eine verantwortliche religionspädagogische Begleitung wird deshalb nicht nur den Ist-Stand kindlicher Religiosität berücksichtigen, sondern auch die anstehenden Transformationen dieser Religiosität im Auge behalten. Dies gilt um so mehr, als die Infragestellung des kindlichen Weltbildes immer früher einzusetzen scheint. Der Münchner Religionspsychologe Bernhard Grom weist in seinen Veröffentlichungen deshalb verstärkt auf die Notwendigkeit einer qualifizierten Förderung hin. Er schlägt vor, mit diesen Bemühungen bereits im Vorschulalter zu beginnen. Dies könne in dieser frühen Phase der Weltbildentwicklung etwa dadurch geschehen, dass Erwachsene ihre Aussagen zum Schöpferhandeln Gottes von einem menschlichen Machen absetzen. Auf der Basis einer solchen Vorbereitung sei mit Hilfe der theologischen Aussagen von der Schöpfung aus dem Nichts (*creatio ex nihilo*) und einer durch Gott erfolgenden schöpferischen Erhaltung der Welt (*creatio continua*) dann gegen Ende der Grundschulzeit eine Unterscheidung zwischen einer Erst- und einer Zweitursache der Schöpfung zu gewinnen. Anregungen dieser Art würden wie GROM ausführt nicht nur einem späteren Konflikt zwischen Glaube und Naturwissenschaft vorbeugen, sondern auch Wege zu einem Gottesverständnis weisen, das sich vor den elementaren Daseinsfragen des Heranwachsenden bewährt.[25]

Gingen viele Religionspädagogen noch bis vor wenigen Jahren davon aus, dass das Kind in seinen religiösen Vorstellungen durch solche Anregungen nicht wesentlich zu beeinflussen sei,[26] so ist diese Meinung gerade in den letzten Jahren verstärkt in Frage gestellt worden. Aktuelle Studien zeigen, dass Kinder – anders als Piaget das gesehen hat – doch schon relativ früh dazu fähig sind, ihre Wahrnehmungen in einander gegenläufigen Bildern zu beschreiben.[27] Diese Studien weisen des Weiteren daraufhin, dass die beim Kind zunächst nur rudimentär gegebene Fähigkeit auf mehreren Ebenen zu denken durch entsprechende Anregungen beträchtlich gesteigert werden kann.[28] Angesichts dessen plädieren heute zunehmend mehr Religionspädagogen für eine frühzeitige gezielte Förderung dieser Fähigkeit.[29] Die Verwendung komplementärer Denkstrukturen wollen sie jedoch nicht nur im Religionsunterricht beheimatet sehen, sondern im schulischen Lernen überhaupt.

Eine besondere Bedeutung wird dabei nicht zuletzt dem Unterricht in den Naturwissenschaften zukommen. Wie Karl Ernst Nipkow anmerkt, verstärkt gerade dieser Unterricht bis heute weithin einen sachlich falschen und insgesamt verhängnisvollen Dualismus. Dieser besteht in der doppelten Annahme, dass die Naturwissenschaften Phänomene nach dem Prinzip von Ursache und Wirkung erklären und dabei zu sicheren Erkenntnissen kommen, während Glaube und Theologie sich lediglich auf die subjektive Erfahrung eines mystischen Gegenübers stützen und sich von daher jeder kritischen Reflexion entziehen.[30]

Weiterführend könnte deshalb die Haltung des Physikers Ernst Peter Fischer sein, der das genannte sachlich falsche Verständnis mitverantwortlich für das mangelnde Interesse macht, das Schüler wie Erwachsene den Naturwissenschaften entgegenbringen und plädiert seinerseits für ein alternatives Verständnis. Er gibt zu bedenken, dass die Naturwissenschaften sich vorrangig von der Frage nach dem Leben herausgefordert sehen, das letztlich ein Geheimnis bleibe. In ihren Forschungen habe die Naturwissenschaft nicht diese Ausgangsfrage, sondern lediglich einzelne, damit zusammenhängende Detailfragen gelöst, dabei aber stets neue und kompliziertere Folgefragen provoziert. Von daher sei es angemessener, die Arbeit der Naturwissenschaft nicht als ein Lösen von Problemen, sondern als ein „Verschieben von Geheimnissen“ zu betrachten.[31]

Eine solche neue Ausrichtung am Paradigma des Geheimnisses könnte in mehrfacher Hinsicht inspirierend wirken. Die Orientierung am größeren Geheimnis des Lebens stimuliert Physiker wie Theologen und Kinder wie Erwachsene zu einem intensiven Ringen um je bessere Antworten auf die Frage nach Gott und der Welt. Die Ausrichtung am bleibenden Geheimnis nötigt darüber hinaus zu einem intensiven Austausch der gewonnenen Einsichten wie zu einem respektvollen Umgang mit den Antworten des je anderen. Die vom Geheimnis ausgehende Faszination könnte deshalb auch zur idealen Basis für das weitere interdisziplinäre Gespräch nicht nur über Fragen nach dem Anfang der Welt werden.

Anmerkungen

1 Vgl. *G. Büttner*, Naive Theologie als besondere Kompetenz der Kinder, in: KatBl (= Katechetische Blätter) 127 (2002) 286-292; *F. Schweitzer*, Was ist und wozu Kindertheologie? in: *A. A. Bucher* u.a. (Hg.), „Im Himmelreich ist keiner sauer“. Jahrbuch für Kindertheologie, Bd. 2, Stuttgart 2003, 9-18; ders., Die Religion des Kindes. Zur Problematik einer religionspädagogischen Grundfrage, Gütersloh 2002, bes. 424-440.

[2] Vgl. *A. Benk*, Physik und Theologie – Grenzen des Verstehens, Stimmen der Zeit, Bd. 222, 129 (2004) 795-806.

[3] Vgl. *M. Seckler*, Was heißt eigentlich Schöpfung? Zugleich ein Beitrag zum Dialog zwischen Theologie und Naturwissenschaft, in: *J. Dorschner* (Hg.), Der Kosmos als Schöpfung. Zum Stand des Gesprächs zwischen Naturwissenschaft und Theologie, Regensburg 1998, 174-214.

[4] *R. L. Fetz, K. H. Reich, P. Valentin*, Weltbildentwicklung und Schöpfungsverständnis. Eine strukturgenetische Untersuchung bei Kindern und Jugendlichen, Stuttgart 2001. Das Werk ist bedauerlicherweise im Buchhandel nicht mehr erhältlich, über den Autor R. L. Fetz, der an der Katholischen Universität Eichstätt lehrt, jedoch noch zu beziehen. - Die Arbeit steht in der Tradition der von J. Piaget begründeten strukturgenetischen Entwicklungspsychologie, vgl. ders, Das Weltbild des Kindes, München [7]2003 (frz. Originalausgabe 1926).

[5] *H. Heine*, Samstag im Paradies, Weinheim 2004.

[6] Vgl. *J. Piaget*, Das kindliche Weltbild (s. Anm. 4), 227-337.

[7] Die Vorstellung eines Kräftesammelns im Schlaf ist ein Motiv, das in Sagen und in Märchen häufig wiederkehrt, vgl. etwa die Sage von dem im Kyffhäuser schlafenden Kaiser Barbarossa.

[8] Vgl. ebd. 341-345.

[9] Vgl. ebd. 172ff.

[10] Vgl. ebd. 174f.

[11] Vgl. *R. Radlbeck-Ossmann*, Phantastische Erklärung für den Anfang der Welt, in: Die lebendige Zelle 42 (1999) Heft 1, 24-26.

[12] Von ähnlichen Anfragen berichtet *B. Grom*, vgl. ders., Zurück zum alten Mann mit Bart? Zu Anton A. Buchers Plädoyer für die „Erste Naivität", in: KatBl 14 (1989) 791; vgl. ders., Religionspädagogische Psychologie des Kleinkind-, Schul- und Jugendalters, Düsseldorf [5]2000, 136.

[13] Vgl. *R. L. Fetz u. a.*, Weltbildentwicklung und Schöpfungsverständnis (s. Anm. 4), 276.

[14] Vgl. ebd. 343-345.

[15] Vgl. ebd. 172-176, 343-345.

[16] Vgl. ebd. 343-345.

[17] Vgl. ebd. 345 (Aussagen der interviewten Kinder vgl. 191f, 204, 215, 226).

[18] Vgl. *B. Grom*, Zurück zum alten Mann mit Bart? (s. Anm. 12), 791; *R. Oberthür*, Das ist ein zweifaches Bild. Wie Kinder Metaphern verstehen, in: KatBl 120 (1995) 821.

[19] In diesem Zusammenhang wäre etwa auch die Bedeutung des kindlichen Fabulierens näher zu untersuchen. Interessante Theorieansätze dazu finden sich bereits bei *J. Piaget*, vgl. ders., Das kindliche Weltbild (s. Amn. 4), 17, 27ff.

[20] Vgl. *A. A. Bucher*, „Wenn wir immer tiefer graben ... kommt vielleicht die Hölle“. Plädoyer für die Erste Naivität,KatBl 114 (1989) 654-662.

[21] Vgl. ebd. 656.

[22] Vgl. *B. Grom*, Zurück zum alten Mann mit Bart? (s. Amn. 12), 790-793.

[23] Vgl. *K. Tamminen*, Religiöse Entwicklung in Kindheit und Jugend, Frankfurt a.M. u. a . 1993, 41ff.

[24] Vgl. *B. Grom*, Zurück zum alten Mann mit Bart? (s. Amn. 12), 791; ders., Religionspädagogische Psychologie des Kleinkind-, Schul- und Jugendalters, 96f, 138f; *K. E. Nipkow*, Bildung in einer pluralen Welt, Bd. 2. Religionspädagogik im Pluralismus, Gütersloh 1998, 265-269.

[25] Vgl. *B. Grom*, Religionspädagogische Psychologie des Kleinkind-, Schul- und Jugendalters (s. Amn. 12), 143ff.

[26] Vgl. *K. Wegenast*, Wie ernst sollen wir die Naivität von Kindern nehmen? Zu Anton A. Buchers Plädoyer für die „Erste Naivität“, in: KatBl 115 (1990) 185-190; vgl. ebenso *L. Kuld*, Kinder denken anders. Anregungen zur Kontroverse um die „Erste Naivität“, ebd. 180-185.

[27] In diese Richtung weist auch das sehr frühe Aufkommen erster Zweifel an dem artifizialistischen Konzept.

[28] Vgl. *R. Oberthür*, Das ist ein zweifaches Bild, 820-831; *W. Ritter*, Kommen Wunder für Kinder zu früh? Wundergeschichten im Religionsunterricht der Grundschule, in: KatBl 120 (1995) 832-842.

[29] Vgl. *K. E. Nipkow*, Bildung in einer pluralen Welt (s. Amn. 24), Bd. 2, 269-276; *K. H. Reich, A. Schröder*, Komplementäres Denken im Religionsunterricht, Fribourg 1995.

[30] Vgl. *K. E. Nipkow*, Bildung in einer pluralen Welt (s. Amn. 24), Bd. 2, 266f.

[31] *E. P. Fischer* äußerte diese Ansicht in einer am 7.1.05 ausgestrahlten Sendung des Bayerischen Rundfunks, die sich angesichts des 2005 begangenen Einsteinjahres mit der Frage „Werden die Naturwissenschaften vernachlässigt?“ beschäftigte.

Weltbild und Wirklichkeitsverständnis von Jugendlichen

Plausibilität und (Un)Vereinbarkeit von schöpfungstheologischen Deutungsangeboten und naturwissenschaftlichen Erklärungsmodellen zur Weltentstehung?

Markus Schiefer Ferrari

Nachdem sich vor allem die naturwissenschaftlichen Disziplinen in zum Teil atemberaubenden Flügen durch Raum und Zeit dem Anfang der Welt anzunähern versucht haben, soll es im folgenden Beitrag um eine wesentlich kürzere Reise gehen. Auch wenn die zeitlichen und räumlichen Dimensionen dieser Reise vergleichsweise harmlos erscheinen, sind die „Objekte" unserer Reisebetrachtungen nicht weniger komplex. Wir wollen Kinder begleiten auf ihrer Reise von der Kinderwelt in die Welt der Erwachsenen und dabei den sich entwickelnden Weltentstehungskonzepten von Jugendlichen und ihrem Wirklichkeitsverständnis nachgehen. Bevor wir uns jedoch der eigentlichen Reise durchs Jugendalter zuwenden, soll zunächst ein Blick auf die Startphase oder Ablösungsphase aus der Welt der Kinder geworfen werden.

1. Kindesalter – Startbedingungen ins Jugendalter

Betrachten wir die Startbedingungen der Kinder bei ihrer Reise ins Erwachsenenalter, stellt sich auch auf dem Hintergrund des Beitrags von

Regina Radlbeck-Ossmann die Frage: Ab wann beginnt das anthropomorphe Gottesbild und artifizialistische Weltverständnis der Kinder, nach dem Gott der „große Macher“ ist, der Himmel und Erde erschaffen hat, zu bröckeln und in Frage gestellt zu werden? Wann fangen Kinder an, ihr mythisches-wortwörtliches Denken aufzugeben?

Exemplarisch mögen diese Problematik zwei Bilder verdeutlichen, die Kinder einer dritten Jahrgangsstufe zur Frage nach dem Anfang der Welt gemalt haben. Das eine Kind verknüpft auf seinem Bild die Frage nach dem Anfang der Welt noch auf das Engste mit der Paradieses- beziehungsweise Sündenfallgeschichte: Ein Menschenpaar in der Nähe eines Baumes mitten in einer grünen Landschaft bekommt von oben aus einer Sprechblase – ausgehend von dem Wort Gott – die Botschaft: „Das könnt ihr haben, esst nicht die goldenen Äpfel.“ Das andere Kind hingegen bietet auf seinem Bild bereits einen relativ sauberen naturwissenschaftlichen Erklärungsversuch: Über drei von Rot nach Blau hin sich verändernden Kreisen ist zu lesen: „Zuerst war die Welt ganz rot, und heiß. Dann war sie noch immer rot und heiß, aber nicht so heiß und rot. Dann war sie schon ein bisschen kalt und blau. Und dann am Ende war sie eine Eiskugel.“ Nun könnte man vermuten, dass es sich beim zweiten Kind um einen „Ausreißer“ handeln könnte, einen Buben, der von einem naturwissenschaftlich interessierten Vater mit entsprechenden Informationen gefüttert wurde. Das zweite Kind, eine Lidia, ist aber mit ihren Vorstellungen in ihrer Klasse keineswegs ein Sonderfall, die Verhältnisse scheinen eher umgekehrt zu sein, wenn man sich die Unterrichtssituation genauer anschaut.

Im Rahmen eines Seminars „Theologisieren mit Kindern“ im Sommersemester 2004 versuchte Vanessa Frenzl, Studentin an der Universität Augsburg, den in der Literatur theoretisch formulierten Überlegungen zu Weltentstehungskonzepten von Kindern selbst in einer Unterrichtsstunde auf den Grund zu gehen.[1] Interessant an dem Versuch in der dritten Jahrgangsstufe zum Thema „Kinder denken über den Anfang der Welt nach“ war: Die 10 Mädchen und 12 Buben kannten die Studentin zwar von ihrem allgemeinen Grundschulpraktikum her, waren sich aber in dieser Unterrichtsstunde nicht bewusst, dass es sich um eine Fragestellung des Religionsunterrichts handeln könnte, da die Stunde im Klassenverband und nicht wie sonst nach konfessionellen Gruppen getrennt stattfand. Die meisten Schüler/-innen erschienen der Praktikantin eher als lernschwach und vom Elternhaus in ihren schulischen Problemen nicht allzu unterstützt. Am Beispiel einer Blume machten sich die Kinder zunächst Gedanken über die Entstehung der Pflanzen, um langsam auf die allgemeine Frage nach dem Anfang der Welt zu kommen. Ausgehend von der Erwartung, die Mehrheit der Grundschulkinder würden nun ähnlich wie bei einer Vergleichsstunde in der ersten Jahrgangsstufe die Schöpfungsgeschichten anführen, war das Ergebnis umso überraschender. „Nur zwei Mädchen trauten sich, die Schöpfungsgeschichten zu nennen. Die anderen, hauptsächlich die Jungen, hielten aber die naturwissenschaftliche Erklärung über die Entstehung der Welt für die Wahrheit.“[2] Das weitgehend freie Gespräch drehte sich dann vor allem um den Urknall. Schließlich sollten die Schüler/-innen noch versuchen, ein Bild zu ihrer eigenen Vorstellung von der Entstehung der Welt zu malen. Wie bereits erwähnt dominierten auch bei den Bildern naturwissenschaftliche Erklärungsmodelle.

Offenbar existieren bei diesen Drittklässler/-innen noch zwei Vorstellungen nebeneinander, allerdings mit einem deutlichen Übergewicht naturwissenschaftlicher Weltentstehungskonzepte, die zudem einen erstaunlich hohen Differenzierungsgrad aufweisen. Dieses Ergebnis findet sich auch in der Literatur bestätigt, wenn etwa Fetz, Reich und Valentin in ihrer strukturgenetischen Untersuchung der Weltbildentwicklung und des Schöpfungsverständnisses von Kindern und Jugendlichen davon ausgehen, dass sich das artifizialistische Denken der Kinder in drei Stadien entwickelt: Zunächst ist Gott nicht in erster Linie für die Naturdinge zuständig, sondern hat jene Artefakte „gemacht“, deren Herstellung nach der Auffassung der Kinder außerhalb der menschlichen Möglichkeiten liegt. Im Hauptstadium des artifizialistischen Denkens stellt Gott nur noch die Naturdinge her. Im dritten Stadium kommt es schließlich zur Auflösung des Schöpfungsverständnisses, „wenn das Kind aufgrund naturwissenschaftlicher Kenntnisse – Urknall, Evolution – immer weitere Naturbereiche als von selbst entstanden oder als Entwicklungsprodukte ansieht und entsprechend negiert, daß sie von Gott ‘gemacht’ seien.“[3] Charakteristisch für dieses artifizialistische Denken ist vor allem das Primat sinnstiftender Erklärungen: Kinder versuchen allem in der Welt einen Sinn zugeben, Sinnlücken werden auf unterschiedlichste Weise mit Gott geschlossen. „Nicht auf die Plausibilität einer Geschichte kommt es dem Kind in erster Linie an, sondern auf die Evidenz des

Sinnes, der durch die Geschichte hergestellt wird. ... Wollte man die Welt des Kinderglaubens auf eine Formel bringen, so könnte man sagen, daß in ihr das Realitätsprinzip im Sinnprinzip – konkret in Gott – 'aufgehoben' ist."[4] Die Kinder der beschriebenen dritten Jahrgangsstufe befinden sich nach diesem Ansatz also offensichtlich im dritten Stadium beziehungsweise Auflösungsstadium des artifizialistischen Denkens. Ein Versuch der Kinder, Gott gleichsam als Lückenbüßer für Sinnlücken zu funktionalisieren, ist nicht mehr erkennbar.

Im Gegensatz zu Aussagen in der Literatur, wonach erst ab dem zwölften Lebensjahr die Fähigkeit des formal-operatorischen Denkens beginnt und zu einer Hochschätzung der „beweisbaren Naturwissenschaft" und umgekehrt zu einer Geringschätzung „bloß subjektiver Glaubensinhalte" führt[5], scheint dieser Prozess und damit der Start ins Jugendalter in dieser Klasse allerdings relativ früh eingesetzt zu haben.[6]

Abschließend ist zu den Startbedingungsüberlegungen am Beispiel der beschriebenen Praktikumsklasse allerdings zu sagen: Natürlich kann diese Klasse keineswegs als repräsentativ gelten, beispielsweise wären die Kontextbedingungen zu klären, etwa was die Schüler/-innen in den vorausgehenden Unterrichtsstunden behandelt haben, oder die Eigendynamik des Gruppendrucks zu beachten u.v.a.m. Deutlich wird aber zum einen trotzdem, dass der Start in Weltentstehungstheorien des Jugendalters mit der Aufgabe des kindlichen Schöpfungsglaubens beginnt, und zum anderen, dass sich der Zeitpunkt nur bedingt angeben lässt.[7] Eine besondere Chance des beschriebenen Versuches scheint gerade darin zu liegen, dass die befragten Kinder in der Studentin nicht die Religionslehrerin wahrgenommen haben, deren Erwartungen sie sonst mittels des Religionsstunden-Ich zu bedienen versucht hätten, sondern relativ unverstellt über die spannende Aufbruchsphase von der Welt des Kinderglaubens in die unbekannt Welt der Erwachsenen erzählen konnten.

2. Jugendalter – Reise von der Welt des Kinderglaubens in die Welt der Erwachsenen

Wird es unseren Kindern nun im Laufe ihrer Reise in die Erwachsenenwelt gelingen, das biblische und naturwissenschaftliche Weltsichtparadigma miteinander vereinbaren zu können und zu wirklich tragfähigen

Erklärungsmodellen zu gelangen, ohne eine der beiden Weltentstehungstheorien aufgeben zu müssen oder irgendwelchen eher verzerrenden Kompromissvorstellungen nachlaufen zu müssen?

Wesentlich für die Weltbildentwicklung im Jugendalter ist nach Fetz u. a. der Übergang von einer Objekt- zu einer Mittelreflexion. Die Heranwachsenden beginnen nun, bewusst die eigenen Vorstellungen, Denkkategorien und ihre Tragweite für die Wirklichkeitsauslegung zu reflektieren und hinterfragen.[8] Dies äußert sich zum Beispiel in der Kritik an den anthropomorphen Gottesvorstellungen der eigenen Kindheit, die nun als Phase der Unmündigkeit erkannt wird. Die Jugendlichen beanspruchen jetzt ein eigenes Urteil in Weltentstehungsfragen. Jede bildliche Vorstellung von Gott oder die Existenz Gottes überhaupt wird negiert. „Die einzige Gewißheit ist dann negativer Art: Gott ist nicht so, wie man ihn sich als Kind vorgestellt hat.“[9]

Die weitere Reise in die Welt der Erwachsenen darf man sich nun nicht mehr als gemeinsam und einheitlich vorstellen, auch wenn sich die Jugendlichen immer wieder an ihrer Peergroup orientieren werden und gerne das denken, was sie meinen, dass die anderen von ihnen erwarten.

„Durch die Wahl zwischen verschiedenen Denkmöglichkeiten zeichnet sich insgesamt eine immer größere Freiheit des Denkens ab, die nun die Weltbilder je nach den Erfahrungen und Wertungen einer Person divergieren läßt. Von einer einheitlichen Weltbildentwicklung kann deshalb fortan nur noch in einem eingeschränkten Sinn gesprochen werden, insofern sich trotz unterschiedlicher inhaltlicher Ausprägungen generelle Tendenzen erkennen lassen.“[10]

Das unreflektierte artifizialistische Schöpfungsverständnis wird nun endgültig durch ein naturalistisches Weltbild ersetzt. Nach der Übernahme der Urknalltheorie wird auch die Evolution als Basis der Welterklärung herangezogen. Die Welt ist „von selbst“ entstanden und entwickelt sich „von selbst“ weiter. „Diese Verselbständigung der Welt und ihre Selbstorganisation hat ihre Abkoppelung von einem Schöpfergott zur Folge. Gottesglaube und Welterklärung trennen sich.“[11]

Der „ersten Naivität“ des Kinderglaubens folgt eine Phase, die man fast als „erste Plattheit des Denkens“ bezeichnen könnte: Die biblische Schöpfungsgeschichte wird ausschließlich wörtlich verstanden und damit als ein Ammenmärchen weggeschoben, an ihre Stelle tritt eine erste naturwissenschaftliche Halbbildung, ein „aufgeklärter“ pseudowissenschaftlicher „Rationalismus". Eine einseitig forcierte Denkentwicklung kennt und favorisiert in dieser Phase nur das mathematisch-naturwissenschaftliche Denken als „logische" Rationalitätsform, andere Denkformen erscheinen als unterlegen und werden verdrängt und beiseite geschoben. Naturwissenschaftliche Erklärungsmodelle zur Weltentstehung und schöpfungstheologische Deutungsangebote scheinen in dieser Phase miteinander unvereinbar zu sein.

Mit dieser Verwissenschaftlichung der Welterklärung geht aber zugleich eine Vergleichgültigung einher, und zwar vor allem für die Jugendlichen, die nicht besonders an Naturwissenschaften interessiert sind. Im Zentrum stehen jetzt die Suche nach der eigenen Identität, Selbstbestimmung und Selbstfindung. Beim Umgang mit Weltentstehungsfragen steht die eigene Meinungsbildung als Ausdruck persönlicher Identität im Vordergrund.

Aber auch diese Phase der „ersten Plattheit" relativiert sich wieder zunehmend im Laufe der Reise in die Erwachsenenwelt, wie das folgende Beispiel zeigt: Wiederum im Rahmen eines Praktikums hat Andreas Hollick, Student an der Universität Augsburg, im Wintersemester 2002/03 sechs Mädchen und zehn Buben einer achten Jahrgangsstufe auf einem Gymnasium im Rahmen des Stundenthemas „Schöpfungserzählungen aus biblischer Sicht" nach ihrer Meinung gefragt. Die Schüler/-innen konnten auf die Fragen mit Ja, Vielleicht oder Nein antworten. Diese Meinungsumfrage hatte lediglich das Anliegen, den Schüler/-innen ihre eigenen Positionen zu verdeutlichen. Das heißt die Ergebnisse sind in keiner Weise repräsentativ, dennoch sind einige Tendenzen erkennbar:

Fragen	*ja*	*vielleicht*	*nein*
Ist der Schöpfungsbericht wahr?	0	3	13
Enthält der Schöpfungsbericht Wahrheiten?	0	15	1
Schuf Gott die Welt in sieben Tagen?	0	2	14
Ist Gott am Schöpfungsvorgang beteiligt gewesen?	4	6	6
Schuf Gott die Welt?	0	2	14
Stellen euch allein wissenschaftliche Berichte über die Weltentstehung zufrieden?	0	5	11

Deutlich wird hier: Die Schüler/-innen lehnen es mehrheitlich ab, die Schöpfungsberichte als wahr zu bezeichnen oder Gott als Schöpfer der Welt in sieben Tagen anzuerkennen, dennoch attestieren sie, dass der Schöpfungsbericht Wahrheiten enthalten könnte, und erscheinen bei der Frage, inwieweit Gott an der Schöpfung beteiligt gewesen sein könnte, relativ unsicher. Allein wissenschaftliche Berichte zur Weltentstehung scheinen die Schüler/-innen der achten Jahrgangsstufe nicht zufrieden zu stellen. Wieder abgesehen von den Kontextbedingungen und einer gewissen Gruppendynamik bei einer solchen offenen Befragung scheint also die Ablehnung der Schöpfungsberichte im Vergleich zu der dritten Jahrgangsstufe oder der ersten Phase des Jugendalters wesentlich weniger dezidiert auszufallen.

Die Weiterentwicklung des Denkens und die damit verknüpfte Entwicklung des Welt-, Gottes- und Menschenbildes werden im Laufe des Jugendalters zunehmend komplexer und ausdifferenzierter. Der Einzelfall lässt sich immer weniger auf die Gruppe gleichaltriger Jugendlicher übertragen. Einzelne Jugendliche versuchen beispielsweise das biblische und naturwissenschaftliche Weltentstehungsmodell in einer Art deistischen Deutung zu verbinden, indem sie Gott bei der Weltentstehung einen Initialakt zuweisen, aus dem sich ohne ein weiteres Zutun Gottes alles von selbst ergibt.[12] Andere Jugendliche vor allem zwischen 16 und 18 tendieren eher zu einem dualistischen Denken, wie die folgende Fallstudie aus der Untersuchung von Fetz u. a. exemplarisch zeigen kann.

Für einen sechzehnjährigen Probanden namens Walter erklärt einerseits „die Naturwissenschaft die Entstehung des Universums auf eine Weise, daß er nicht mehr den angelernten biblischen Schöpfungsglauben beibehalten kann. Andererseits hält Walter aber an einem ungedeuteten Gottesglauben fest: ‘Gott’ steht bei ihm nicht mehr für eine besondere ‘Person’, die die Welt ‘gemacht’ haben soll, sondern für eine zweite Wirklichkeit neben der materiellen, die in den Lebewesen und speziell in der menschlichen ‘Seele’ zum Ausdruck kommt.“ So erklärt Walter beispielsweise:

> „Dass jemand da ist, der alles macht, das geht für mich einfach nicht. Machen, das finde ich unbefriedigend. Weil ich es nicht in Einklang bringen kann mit dem, was ich schon von der Physik her weiß. ... Zur Frage, ob man an Gott glaubt, da kann ich sagen, daß in jedem Menschen so etwas ist wie

> Gott, dass er nicht mit so großen Sachen wie Entstehung oder so etwas zu tun hat. .... In Sachen der Entstehung, da glaube ich eher an die Physik. Und in der Psyche eines Menschen, da glaube ich eher an die Religion. So ein wenig eine Mischung."[13]

Bei weiteren Befragungen in den kommenden Jahren zeigt sich, dass Walter als Zweiundzwanzigjähriger mittlerweile seine dualistische Wirklichkeitskonzeption aufgegeben hat, ohne sie allerdings durch eine andere ersetzt zu haben. Er nimmt eine ausgesprochen wissenschafts- und erkenntniskritische Haltung ein und ist sich durch eine konsequente Mittelreflexion bewusst geworden, dass die Naturwissenschaften nur „Modelle" bilden und „Theorien" entwickeln können, die aber keine „Wahrheit" darstellen. Er „traut dem menschlichen Verstand auch jenseits der Wissenschaften keine adäquate Wirklichkeitserkenntnis zu, rechnet jedoch mit der Möglichkeit weiterreichender mystischer und meditativer Erfahrungen."[14]

Fünf Jahre später, Walter arbeitet nun in einer internationalen Forschergruppe am Abschluss seiner Dissertation über Zellteilung, hat sich sein weltanschaulicher Standpunkt eines dialektischen Relativismus zunehmend gefestigt. „Auf einen dahinterstehenden Gott oder religiösen Sinn glaubt er verzichten zu können. Einen über sein Leben hinausreichenden Sinn sieht er potentiell in einer wissenschaftlichen Entdeckung, welche für die Menschheit positive Folgen haben könnte, sowie in dem, was er im Familien- und Freundeskreis bewirken kann."[15]

Dass dies aber nur *ein* Beispiel dafür ist, welche potentiellen „Landegebiete" unsere Jugendlichen in der Welt der Erwachsenen ansteuern werden, zeigt etwa die Untersuchung von Martin Rothgangel aus dem Jahr 1999 im Rahmen einer Befragung zum Gottesbild Erwachsener an evangelischen Erwachsenenbildungswerken. Nach dieser Studie haben die befragten „Erwachsene abgesehen von einer Minderheit älterer Menschen kaum kognitive Dissonanzen zwischen religiösen und naturwissenschaftlichen Aussagen aufgewiesen. Vielmehr zeigt sich eine Palette verschiedenster 'Vereinbarungsstrategien' von Naturwissenschaft und Theologie." So werden in den alltagstheoretischen Verhältnismodellen der religiösen Erwachsenen zum Beispiel die Grenzen der naturwissenschaftlichen Methoden und Theorien ebenso wie die Transzendenz Gottes benannt. Oder es wird auf den spezifischen Charakter religiöser

Sprache und die Kontextbedingtheit biblischer beziehungsweise kirchlicher Aussagen hingewiesen, „gläubige Naturwissenschaftler“ ins Feld geführt oder auch die naturwissenschaftlichen Theorien zum Teil als Hinweis beziehungsweise Beweis Gottes betrachtet oder umgekehrt Gott als Schöpfer naturwissenschaftlicher Theorien.[16] Zu betonen ist allerdings nochmals, dass es sich bei der Untersuchung von Rothgangel um religiös eingestellte Erwachsene gehandelt hat.

3. Unterstützungsmöglichkeiten der Jugendlichen auf ihrer Reise in die Erwachsenenwelt

Um die Jugendlichen bei ihrer Reise von der Welt des Kinderglaubens in die Erwachsenenwelt unterstützen zu können, genügt aber nicht eine bloße Beschreibung des Reiseverlaufs oder potentieller „Landegebiete“ in der Erwachsenenwelt, sondern bedarf es vor allem auch der Reflexion der Entwicklungsziele, die gefördert werden sollen. Dazu erscheint es hilfreich, die sich verändernde Weltentstehungstheorien der Jugendlichen und die damit verknüpfte Entwicklung des Gottes- und Menschenbildes nochmals in einen übergeordneten Deutungskontext einzuordnen, und zwar in das Denken in Komplementaritäten, mit dem sich vor allem auch Ernst Peter Fischer in diesem Band auseinander setzt.

3.1 Übergeordneter Deutungskontext – Denken in Komplementaritäten

Komplementarität meint nicht nur das Sich-Ergänzende (z.B. Komplementärfarben, -winkel), sondern die Verknüpfung auch widersprüchlich erscheinender Aussagen zur möglichst umfassenden Beschreibung eines Bezugsobjektes. Aussagen können sich auf der Basis einer zweiwertigen Logik, die nur ein Entweder-Oder zulässt, gegenseitig ausschließen, bei einer relationsbezogenen Logik, die den jeweiligen Betrachtungskontext berücksichtigt, hingegen auch gleichzeitig bedingen. Ziel eines Denkens in Komplementaritäten ist es daher nicht, die Widersprüche aufzulösen, vielmehr gilt es, die Spannungen auszuhalten, um auf diese Weise möglichst die ganze Wirklichkeit zu erfassen. Unter Komplementarität ist damit nicht nur eine Denkfunktion, sondern auch eine Handlungsbegründung zu verstehen, die auf das „Ganze“ zielt.

Klassisch wurde der Begriff der Komplementarität in der Verwendung durch Niels Bohr zur Beschreibung des Lichts. Die Natur des Lichtes (Objekt) lässt sich je nach „Beobachterstandpunkt" (Subjekt: Interferenzmessungen oder Streuversuche) entweder als Welle oder Teilchen darstellen, zwei Aspekte, die an sich nicht gleichzeitig auftreten können. Welle und Teilchen dienen damit als komplementäre Bilder, um das Phänomen Licht annähernd erfassen zu können.[17]

Vielfach sprengt auch die biblische Sprache das begrifflich-modellhafte und damit möglichst widerspruchsfreie Denken der Theologie und eröffnet ein Verständnis für nichtdiskursive Wirklichkeitszugänge. Komplementaritäten entstehen dabei einerseits aus der zeitlichen Distanz, etwa bei der beschriebenen Konfrontation heutiger naturwissenschaftlich geprägter Leser/-innen mit den biblischen Schöpfungserzählungen, finden aber auch innerbiblisch Verwendung, um beispielsweise die Erfahrung der Wirklichkeit aus dem Christusereignis heraus hinreichend beschreiben zu können (historischer Jesus – Christus der Verkündigung). Einzelne komplementäre Aussagen verdichten sich dabei zu paradoxen Bildern (z.B. Ex 3,2: „Da brannte der Dornbusch und verbrannte doch nicht"; 2Kor 12,10: „Wenn ich schwach bin, bin ich stark."[18]).

Insbesondere mit Blick auf die Plausibilität und (Un)Vereinbarkeit der schöpfungstheologischen Deutungsangebote und naturwissenschaftlichen Erklärungsmodelle zur Weltentstehung ist zu fragen, inwieweit beziehungsweise ab wann Jugendliche in der Lage sind, kontextbezogen zu denken. Wegweisend dazu sind die langjährigen entwicklungspsychologischen Untersuchungen u.a. von Karl Helmut Reich, der im Wesentlichen zu folgenden Niveaubeschreibungen gelangt:

Niveau I: Die Erklärung A und die Erklärung B werden jeweils für sich alleine betrachtet. Je nach Kenntnis und Sozialisation wird meist A oder B gewählt, gelegentlich beide, jedoch ohne wirkliche Begründung.

Niveau II: Die Möglichkeit, dass A und B beide gelten könnten, wird in Betracht gezogen.

Niveau III: A und B werden beide als notwendig erkannt.

Niveau IV: A und B werden als zusammengehörig verstanden, und die Beziehung zwischen beiden wird erklärt. Die Situationsabhängigkeit der Erklärungsgewichte wird zumindest erahnt.[19]

Niveau V: Alle relevanten Denkelemente und -prozesse sind voll entwickelt und – bei genügender Sachkenntnis und Motivation – wird die volle Einsicht in die Sachzusammenhänge relations- und kontextkritisch dargestellt.[20]

Betrachten die meisten Kinder zunächst zwei unterschiedliche Erklärungen A und B nur jeweils für sich alleine, erreicht in der Altersgruppe der 6- bis10-Jährigen etwa ein Viertel ein Niveau, auf dem zunehmend die Möglichkeit in Betracht gezogen wird, Aussage A und Aussage B könnten beide gelten (Niveau II). Erst in der Altersgruppe der 11- bis 14-Jährigen kann etwa ein Drittel der Jugendlichen erkennen, dass A und B beide notwendig sind für eine umfassende Beschreibung eines Bezugsobjektes (Niveau III). In der Altergruppe der 15- bis 20-Jährigen erreicht mehr als ein Drittel das Niveau IV, auf dem A und B als zusammengehörig verstanden werden und die Beziehung zwischen den beiden versucht wird zu erklären.[21]

3.2 Entwicklungsziele und Unterstützungsmöglichkeiten

Es stellt sich nun die Frage, welche Entwicklungsziele auf dem Hintergrund dieser Entwicklung des Denkens in Komplementaritäten verfolgt werden sollten und wie die Jugendlichen darin zu unterstützen wären.

Fetz u. a. plädieren bei der Bestimmung von Entwicklungszielen vor allem für die Entwicklung und damit Förderung der Mittelreflexion. Mit der Mittelreflexion ist einerseits eine Begriffsarbeit verbunden, die sich mit den Kategorien befasst, in denen wir die Wirklichkeit und uns selbst denken – die Autoren sprechen von einer ontologischen Entwicklung – , andererseits geht es der Mittelreflexion auch um das Verständnis und die Zuordnung der großen tradierten Wirklichkeitsauslegungen, also um die Koordination der Weltsichtparadigmen. Fetz u. a. sehen dabei drei Teilziele: Als eher objektiv orientiertes Teilziel eine möglichst adäquate Wirklichkeitserfassung, angefangen bei Teilbereichen der Wirklichkeit, bei Natur, Mensch und Kultur, bis hin zu ihrem letzten Grund, als eher subjektiv orientiertes Teilziel eine angemessene Berücksichtigung der eigenen Lebenserfahrungen, Wertsetzungen, Entscheidungen und Hoffnungen und schließlich als hermeneutisches Teilziel einen verständnisvollen Umgang mit historischen Weltauslegungen.[22]

Jugendliche bei der Mittelreflexion und beim Aufbau eines komplementären, kontextbezogenen Denkens zu fördern und die damit verbundene Erweiterung des Weltbildes und Wirklichkeitsverständnisses zu unterstützen, kann nach Ansicht von Fetz u. a. schon bei Elf- und Zwölfjährigen begonnen werden, und zwar mittels eines indirekten Vorgehens, das zunächst an einem kognitiv einfacheren Beispiel die Wesensunterschiede von zwei verschiedenen Sichtweisen herausarbeitet, um dies dann auf die schwierigere Problematik der verschiedenen Weltsichtparadigmen zu transferieren. Beispielsweise kann man die Schüler/-innen mit unterschiedlichen Erfahrungen von Zeit konfrontieren: So kann etwa mit den bekannten zerfließenden Uhren von Salvador Dali das menschliche Zeitgefühl illustriert werden, das je nach Lage, Beschäftigung und Stimmung die Zeit rafft oder dehnt, nach vorwärts oder nach rückwärts weist. Dagegen zeigt eine Standard-Uhr etwa im Klassenzimmer die lineare „wissenschaftliche" Zeit an, die in exakten Zeitintervallen voranschreitet.[23]

Zahlreiche ähnlich gelagerte Beispiele sind denkbar, die es Jugendlichen erleichtern, nach und nach ein komplementäres Denken aufzubauen, etwa die wissenschaftlich exakte Erfassung eines Gewitters im Vergleich zur poetischen Darstellung einer Gewitterstimmung oder die subjektive literarische Beleuchtung eines geschichtlichen Ereignisses im Gegensatz zum Versuch einer möglichst objektiven und präzisen historischen Aufarbeitung.[24]

Ergänzend zu Fetz u. a. ist aus christlicher Perspektive zu betonen, dass trotz der benannten Anfangsschwierigkeiten die Aussage von Gott als dem Schöpfer unaufgebbar bleiben muss, zumal sich im Erwachsenenalter bei religiös orientierten Menschen, wie zu sehen war, daraus keine kognitive Dissonanzen ergeben. Außerdem gilt es immer wieder, die Haltung der Jugendlichen auch mit Blick auf die Grenzen und Tragweite naturwissenschaftlicher Theorien zu schärfen.[25]

3.3 Weitere Aspekte schöpfungstheologischer Deutungsangebote im Religionsunterricht

Bei der Behandlung des christlichen Schöpfungsverständnisses im Religionsunterricht der Sekundarstufe I besteht oft die Gefahr es aufgrund der genannten Schwierigkeiten auf umweltethische Aspekte, also auf die Bewahrung der Schöpfung zu reduzieren. Ebenso problematisch wäre es aber, es nur in der Konfrontation und Konkurrenz zu naturwissenschaftlichen Welterklärungskonzepten zu betrachten.[26]

Die schöpfungstheologischen Deutungsangebote weisen bei weitem über diese Sichtweise hinaus, wenn Schöpfung nicht auf einen einmaligen Initialakt zu reduzieren ist, sondern mit dem Gedanken der creatio continua eben auch in der Schule deutlich zu machen wäre, dass die Schöpfung nicht zu Ende ist, sondern auch in der Kreativität jedes einzelnen Menschen zum Ausdruck kommt. Ein Bereich, den vor allem das ästhetische Lernen einzuholen sucht, indem es den Jugendlichen hilft bei ihrer Welt- und Selbstwahrnehmung, vor allem aber bei der Wahrnehmung des Übersehenen, Überhörten und Unerhörten und der Sensibilisierung der Sinnlichkeit und darin, das Wahrgenommene wieder zum Ausdruck bringen zu können.[27] Beim Ästhetischen handelt es sich allgemein gefasst um einen „Modus des Verhaltens zur Welt“[28], und ästhetische Bildung ist ausgelegt auf ein sinnlich orientiertes und subjektbezogenes Wahrnehmen und Deuten von Wirklichkeit. Wenn Rationalitätskonzepte nicht auf Begrifflichkeit, Gesetzmäßigkeit oder Messbarkeit verengt werden sollen, kann ein Wirklichkeitszugang „mit allen Sinnen“ ebenso wie die kognitiv-instrumentellen und moralisch-praktischen Rationalitätstypen beanspruchen eine „vernünftige“, weil über rationale Argumente vermittelbare Erkenntnisweise zu sein. Dabei sind alle drei Erkenntnisweisen aber auch untereinander verbunden und auf gegenseitigen Austausch angewiesen ist.[29]

Wenigstens ein zweiter Aspekt wäre zu nennen, der über die Auseinandersetzung des christlichen Schöpfungsverständnisses mit den Naturwissenschaften und dem Denken in Kausalketten und in Ursache-Wirkungszusammenhängen hinausreicht, und zwar die von allem Anfang an der Schöpfung einwohnende trinitarische Beziehungsdimension. Um Schöpfung als Gemeinschaft aller Geschöpfe untereinander und mit Gott erfahren zu können, bedarf es daher immer wieder einer Sensibilisierung der Wahrnehmung – ganz im Sinne des ästhetischen Lernens – zu einer erstaunenden Begegnung mit der Welt. „Durch das Nachspüren von Schöpfungserfahrungen (Gotteserfahrungen) anderer, etwa in Kunst und Literatur, kann ein Konkretionsbeispiel (mit Wiedererkennungswert?) und Angebot zu einer Öffnung für mögliche eigene Erfahrungen gegeben werden.“ Letztlich ist die Nachhaltigkeit eines solchen Lernprozesses aber „abhängig von der Ermöglichung und Neu-Versprachlichung von Schöpfungserfahrungen in neu gestalteten religionspädagogischen und katechetischen Lernräumen wie auch in ästhetischen und liturgischen Ausdrucksformen."[30]

Anmerkungen

1 Vgl. *V. Frenzl*, Seminararbeit zum Thema „Kinder denken über den Anfang der Welt nach", Katholisch-Theologische Fakultät der Universität Augsburg, Sommersemester 2004.

2 Ebd.

3 Vgl. *R. L. Fetz, K. Reich, P. Valentin*, Weltbildentwicklung und Schöpfungsverständnis. Eine strukturgenetische Untersuchung bei Kindern und Jugendlichen, Stuttgart/Berlin/Köln 2001, 167-246, bes. 344.

4 Vgl. ebd. 345.

5 Vgl. *M. Rothgangel*, Art.: Naturwissenschaft und Theologie, in: *N. Mette, F. Rickers* (Hg.), Lexikon der Religionspädagogik, Bd. 2, Neukirchen-Vluyn 2001, Sp. 1398 –1403, hier 1399; vgl. dagegen *R. L. Fetz, K. Reich, P. Valentin*, Weltbildentwicklung und Schöpfungsverständnis (s. Anm. 3), 321 bzw. 358f., die vorsichtiger von einer Übergangsphase zwischen zehn und zwölf Jahren sprechen.

6 Bestätigung finden die relativ frühen naturwissenschaftlichen Weltentstehungstheorien in dieser dritten Klasse beispielsweise in einer Umfrage der Zeitschrift „Eltern" (Heft 2/2002, 97f.) unter 1283 Kindern und Jugendlichen. „Der Umfrage zufolge erklären heutige Grundschüler/-innen die Weltentstehung zumeist rein physikalisch und nicht theologisch", vgl. *G. Kunkel*, Biblische Schöpfungserzählungen in der Grundschule. Eine Unterrichtssequenz über Evolution und Schöpfungsglauben, in: KatBl 128 (2003), 52-58, hier 54f. Zu ähnlichen Aussagen kommt auch *M. Fricke*, „Wenn Gott der Bestimmer wäre ..." – Eine Schülerinnengruppe spricht über die biblische Schöpfungserzählung, in: *A. A. Bucher, G. Büttner, P. Freudenberg-Lötz, M. Schreiner* (Hg.), „Im Himmelreich ist keiner sauer". Kinder als Exegeten (Jahrbuch für Kindertheologie; 2), Stuttgart 2003, 46-53, hier 46, der im Jahr 2001 eine Lehrer/-innenbefragung mit knapp 50 bayerischen Religionslehrkräften zum Thema „'Schwierige' alttestamentliche Texte in der Grundschule" als Voruntersuchung zu einer empirischen Erhebungen mit Kindern durchgeführt hat. Neben anderen Texten wurden von den Befragten

vor allem auch die biblischen Schöpfungserzählungen als schwierig benannt, und zwar nicht, weil es auf der Erwachsenenebene schwierig sei, „die Aussagen der Bibel und der modernen Naturwissenschaft neben einander wahr sein zu lassen“, sondern aufgrund der Schwierigkeiten auf der Kinderebene. Die Kinder würden bereits wissenschaftlichen Erklärungen kennen und daher die Glaubwürdigkeit der Bibel in Frage stellen. Das eigentliche Gespräch, das Fricke mit den Schüler/-innen führt, dreht sich allerdings weniger um die Problematik biblischer Schöpfungsglaube vs. Naturwissenschaft, sondern um die beiden Pole des „Bestimmer-Gottes“ und des selbstbestimmten Menschen. Auch *V.-J. Dietrich*, „... und dann ruht er sich vielleicht noch mal ein bisschen aus ...“ – Wie Kinder biblische Schöpfungsgeschichten (Genesis 1 und 2) auslegen, in: *G. Büttner, M. Schreiner*, „Man hat immer ein Stück Gott in sich“. Mit Kindern biblische Geschichten deuten (Jahrbuch der Kindertheologie; Sonderbd. Teil 1: AT), Stuttgart 2004, 17-30, geht es mehr um die konkrete Textgestalt und Aussage der biblischen Schöpfungsberichte als um die Gegenüberstellung unterschiedlicher Weltsichtparadigmen.

[7] Vgl. auch *G. Büttner*, Religion als evolutionärer Vorteil?! Neue Erkenntnisse zur Entstehung religiösen Denkens, in: KatBl 130 (2005), 14-21, hier 18f., der aufgrund neuerer entwicklungspsychologischer Forschungen darauf hinweist, dass man heute insgesamt Kindern bestimmte Dinge bereits in früherem Alter zutraut als bei einer ausschließlichen Orientierung am kognitivistischen Ansatz Piagets. So würden nach einer Untersuchung von *O. Petrovich*, Understanding of non-natural causality in children and adults. A case against artificialism, in: Psyche en Geloof 8 (1997), 151-165, Kinder zunächst eine natürliche Tendenz zu metaphysischen Überlegungen und einer „naiven Theologie“ zeigen. „Die Anthropomorphismen bzw. artifizialistische Vorstellungen würden dagegen erst später, durch Informationen von außen, ins Spiel gebracht.“ (vgl. *Büttner*, 19f.)

[8] Die Möglichkeit, über die eigenen Mittel des Denkens reflektieren zu können, erst mit Beginn des Jugendalters zu sehen, widerspricht allerdings dem kindertheologischen Ansatz von *F. Schweitzer*, Was ist und wozu Kindertheologie?, in: *A. A. Bucher, G. Büttner, P.Freudenberg-Lötz, M. Schreiner* (Hg.), „Im Himmelreich ist keiner sauer“. Kinder als Exegeten (Jahrbuch für Kindertheologie; 2), Stuttgart 2003, 9-18, hier 9f., nach dem der Begriff einer Kindertheologie nur dadurch zu rechtfertigen ist, „dass dem Kind über ein allgemeines religiöses Denken hinaus auch eine gleichsam *selbstreflexive Form des Denkens über religiöses Denken* zugetraut wird. Mit anderen

Worten: Mit der Rede von Kindertheologie soll hervorgehoben werden, dass Kinder beispielsweise nicht nur ein eigenes Gottesbild oder Gottesverständnis haben, sondern dass sie über dieses Verständnis auch selber und selbstständig nachdenken und dass sie dabei auch zu durchaus eigenen Antworten gelangen, die sowohl im Horizont der kindlichen Weltzugänge als auch im Sinne einer Herausforderung für Erwachsene ernst zu nehmen sind."

[9] *R. L. Fetz, K. Reich, P. Valentin*, Weltbildentwicklung und Schöpfungsverständnis (s. Anm. 3), 345f.

[10] Ebd. 346.

[11] Ebd. 347.

[12] Ebd. 257.

[13] Ebd. 296-298.

[14] Ebd. 300.

[15] Ebd. 302.

[16] Vgl. *M. Rothgangel*, Naturwissenschaft und Theologie (s. Anm. 5), Sp. 1399f.; *M. Rothgangel*, Naturwissenschaft und Theologie. Wissenschaftstheoretische Gesichtspunkte im Horizont religionspädagogischer Überlegungen, (Arbeiten zur Religionpädagogik; 15), Göttingen 1999, 77-93.

[17] Vgl. *U. Kropač*, Naturwissenschaft und Theologie im Dialog. Umbrüche in der naturwissenschaftlichen und logisch-mathematischen Erkenntnis als Herausforderung zu einem Gespräch (Studien zur systematischen Theologie und Ethik; 13), Münster 1999, 44-68.

[18] Vgl. *M. Schiefer Ferrari*, Wenn ich schwach bin, bin ich stark! Paulinische Irritationen, in: KatBl 128 (2003), 20-25.

[19] Vgl. *K. H. Reich*, Die Ontogenetische Entwicklung von Denken in Komplementarität, in: *E. P. Fischer, H. S. Herzka, K. H. Reich* (Hg.), Widersprüchliche Wirklichkeit. Neues Denken in Wissenschaft und Alltag (Serie Piper; 1554), München 1992, 29-42, hier 33f.

[20] Vgl. *K. H. Reich*, Umwege im Unterricht als Abkürzung. Schnellere Einsicht und geringerer Lernwiderstand der SchülerInnen, in: *E. Beck, T. Guldimann, M. Zutavern* (Hg.), Lernkultur im Wandel, St. Gallen 1997, 179-189, hier 187.

[21] Vgl. *K. H. Reich*, Ontogenetische Entwicklung von Denken in Komplementarität (s. Anm. 19), 34.

[22] Vgl. *R. L. Fetz, K. Reich, P. Valentin*, Weltbildentwicklung und Schöpfungsverständnis (s. Anm. 3), 322.

[23] Vgl. *K. H. Reich, A. Schröder*, Komplementäres Denken im Religionsunterricht. Ein Werkstattbericht über ein Unterrichtsprojekt zum Thema „Schöp-

fung“ und „Jesus Christus“, Freiburg i. Ü. 1995; *K. H. Reich*, Es ist nicht logisch, aber doch wahr! Anleitung zur Entwicklung eines kontextbezogenen Denkens, in: KatBl 128 (2003), 8-13. *G. Kunkel*, Biblische Schöpfungserzählungen in der Grundschule (vgl. Anm. 6), 52-58, versucht bereits für Erst- und Zweitklässler die beiden Zugangsweisen zur Weltentstehung zu verknüpfen: „Einfache physikalische Erklärungen zur Entstehung der Welt zu bieten scheint mir unbedingt auch schon in der Grundschule notwenig, um die Kinder später nicht in einen Dualismus zwischen Naturwissenschaft und Glaubensdeutung geraten zu lassen. Die Schüler/-innen sollen erfahren, dass Evolution und Schöpfung keine Gegensätze sind, sondern zwei unterschiedliche Betrachtungsweisen der einen Wirklichkeit. Der schöpferische Geist Gottes, der zum Staunen bringt, wirkt in der Evolution.“ Mit *R. L. Fetz, K. Reich, P. Valentin*, Weltbildentwicklung und Schöpfungsverständnis (s. Anm. 3), darf allerdings kritisch nachgefragt werden, ob hier nicht bei Grundschulkindern der ersten beiden Jahrgangsstufen eine nicht ihrem Alter entsprechende Fähigkeit zum komplementären Denken vorausgesetzt wird und auf dieser Stufe die physikalischen Aussagen letztlich eher in ein artifizialistisches Weltbild oder in eine Deus-ex-machina-Vorstellung eingeordnet werden, wenn beispielsweise ein achtjähriges Mädchen formuliert: „Gott haben wir die Anfangsexplosion zu verdanken!“ (vgl. *Kunkel*, 57) Werden diese Schüler/-innen später im Jugendalter, wenn sie die eigentlichen Widersprüche zwischen biblischen Schöpfungserzählungen und naturwissenschaftlicher Welterklärung zu entdecken glauben, unter Umständen nicht erst recht die Überlegungen der ersten Jahrgangsstufen als (allzu frühen) Harmonisierungs- oder Vereinnahmungsversuch und damit als willkommene Legitimation für die Ablehnung jedweder biblischer Deutung (miss)verstehen?

[24] Neben diesem Zugang über das komplementäre, kontextbezogene Denken finden sich zum Thema „Naturwissenschaft und Theologie“ vor allem für die Sekundarstufe II eine Reihe weiterer beachtenswerter religionspädagogischer Studien und didaktischer Anregungen, etwa *H.-F. Angel*, Naturwissenschaft und Technik im Religionsunterricht (Regensburger Studien zur Theologie; 37), Frankfurt a. M. 1988; *V.-J. Dieterich*, Naturwissenschaftlich-technische Welt und Natur im Religionsunterricht. Eine Untersuchung von Materialien zum Religionsunterricht in der Weimarer Republik und in der Bundesrepublik Deutschland (1918-1985), 2 Bde., Frankfurt a. M. 1990; *V.-J. Dieterich*, Glaube und Naturwissenschaft (Oberstufe Religion), Lehrerheft, Stuttgart [2]1996; Materialheft, Stuttgart [8]1996; *M. Rothgangel*, Naturwissenschaft und Theologie (s. Anm. 16); *T. Sombek, A. Vering, A. Willert*,

Das Bild von der Welt in Naturwissenschaft und Theologie (Studienbuch Religionsunterricht Sekundarstufe II; 2), Göttingen 1993. Vgl. dazu auch *M. Rothgangel*, Naturwissenschaft und Theologie (s. Anm. 5), Sp. 1398.

[25] Vgl. *M. Rothgangel*, Naturwissenschaft und Theologie (s. Anm. 5), Sp. 1402.

[26] Vgl. *G. Hunze*, Evolution – Schöpfung, in: *G. Bitter, R. Englert, G. Miller, K. E. Nipkow* (Hg.), Neues Handbuch religionspädagogischer Grundbegriffe, München 2002, 94-97, hier 94.

[27] Vgl. *G. Hilger*, Ästhetisches Lernen, in: *G. Hilger, S. Leimgruber, H.-G. Ziebertz* (Hg.), Religionsdidaktik. Ein Leitfaden für Studium, Ausbildung und Beruf, München 2001, 305-318.

[28] Vgl. *G. Otto, G. Otto (†)*, Art.: Ästhetische Erziehung, Ästhetisches Lernen, in: *N. Mette, F. Rickers* (Hg.), Lexikon der Religionspädagogik. Bd. 1, Neukirchen Vluyn 2001, Sp. 12-18, hier 13.

[29] Vgl. *G. Bitter*, Ästhetische Bildung, in: *G. Bitter, R. Englert, G. Miller, K. E. Nipkow* (Hg.), Neues Handbuch religionspädagogischer Grundbegriffe, München 2002, 233-238, hier 234.

[30] *G. Hunze*, Evolution – Schöpfung (s. Anm. 26), 97. Vgl. dazu auch *B. Grom*, Religiöse Entwicklung – nicht ohne unsere Gefühle. Wie aus kalten „warme“ Kognitionen werden können, in: KatBl 130 (2005), 25-31, 27f.: „So können auch die religiösen Einsichten in unsere Beziehung zu Gott im Zuge der Entwicklung des formalen Denkens differenzierter und reflektierter werden. Das heißt aber nicht, dass die Beziehung zu Gott deshalb auch intensiver erlebt wird. ... Fragen wir also: Wie können wir religiöse Einsichten, die sich nicht in neutralen Informationen über Bibel und Kirche erschöpfen, sondern den Heranwachsenden ‚unbedingt angehen’ wollen, so vermitteln, dass sie möglichst zu *emotional bedeutsamen Bewertungen* werden, oder in der Sprache der Rational-Emotiven Therapie: von kalten zu ‚warmen Kognitionen’, beispielsweise von: ‚Gott hat die Welt erschaffen’ zu: ‚Ich danke Gott, dass er mich erschaffen hat’?“

Autorinnen und Autoren

Ceming, Katharina, PD Dr., Vertretungsprofessur für Katholische Theologie mit Schwerpunkt Systematische Theologie an der Universität Paderborn und Privatdozentin für Fundamentaltheologie an der Universität Augsburg

Danckwardt, Marianne, Prof. Dr., Ordinaria für Musikwissenschaft an der Universität Augsburg

Fischer, Ernst Peter, Prof. Dr., Professor für Wissenschaftsgeschichte an der Universität Konstanz

Halder, Alois, Prof. Dr., Ordinarius für Philosophie an der Universität Augsburg

Ingold, Gert-Ludwig, Prof. Dr., Ordinarius für Theoretische Physik an der Universität Augsburg

Kienzler, Klaus, Prof. Dr., Ordinarius für Fundamentaltheologie an der Universität Augsburg

Lesch, Harald, Prof. Dr., Ordinarius für Theoretische Astrophysik an der Ludwig-Maximilians-Universität München und Dozent an der Hochschule für Philosophie München

Mainzer, Klaus, Prof. Dr., Ordinarius für Philosophie an der Universität Augsburg

Radlbeck-Ossmann, Regina, PD Dr., Privatdozentin für Dogmatik und Dogmengeschichte an der Katholisch-Theologischen Fakultät der Universität Regensburg und wissenschaftliche Mitarbeiterin am Lehrstuhl für Religionspädagogik

Sander, Hans Joachim, Prof. Dr., Ordinarius für Systematische Theologie an der Universität Salzburg

Schiefer Ferrari, Markus, Prof. Dr., Vertretungsprofessur für Neues Testament an der Universität Koblenz-Landau

Sedlmeier, Franz, Prof. Dr., Ordinarius für Altes Testament an der Universität Augsburg